JN312447

● 機械工学 ●
EKK-1

基礎から学ぶ 機械力学

山浦 弘

数理工学社

編者のことば

　科学技術の進歩は激しいが，それは基盤・基礎技術によって支えられているといってよい．機械工学は，それ自身が先端技術にしのぎをけずりつつも産業界の基盤・基礎技術を大きく担っている分野である．

　ITの進展に伴って様々なデータベースが活用できるようになり，授業におけるレポート作成までこれらのデータベース頼みになりつつある．また，私達の周りにある便利な機械もブラックボックス化して，機械の仕組みや原理に興味をもつことが少なくなっている．

　何気ない現象でもつぶさに観察し，なぜそうなるのか，何かに応用できないかなど知的興奮を楽しむ習慣をもたせる仕組みが必要となっている．加えて，危機的状況にある地球環境問題の克服は，技術と人間の倫理・モラルに強く依存し，技術面では機械工学の分野が大きく寄与している．人間の倫理・モラル面については本ライブラリに組み込んでいないが，講義を通じて啓蒙してゆくことを教員にお願いしたい．

　以上の背景に対応するためには，まず機械の分野の基礎となる技術（原理・原則）を学ぶ必要がある．種々の力学や機構学，材料工学などがこの領域に含まれる．

　さらに，これらの基礎領域の原理を応用しながら物理現象の仕組みの解明とその利用を目指す情報処理や制御工学，メカトロニクスなどの領域を修得し，工学的視野を広げて欲しい．

　技術を総合する領域には，国際化に対応できる設計・製図や設計法，加工プロセス，信頼性設計などが含まれる．特に，この領域は先人達の長い経験の積み重ねと有効な技術・技能の継承に基づいているので，理論化できないものも多くある．これへのチャレンジも知的興味の対象となろう．

　人間によい技術，機械を提供することは機械工学に関わる研究者・技術者の任務であり夢である．それを叶えるための基本は学生の感性を磨き育てること

といえる．無機質な知識の蓄積よりも，ゴールに行き着くプロセスに興味を持ち，達成した喜びを享受できるように，演習問題を多く取り入れるように心掛けた．本ライブラリのコア科目，アドバンスト科目ともに教育に活用されることを望む．

2005 年 6 月

編者　塚田忠夫

「機械工学」書目一覧			
第1部		第3部	
0	機械工学概論	A-1	新・工業力学
第2部		A-2	工業力学演習
1	基礎から学ぶ 機械力学	A-3	トライボロジー
2	材料力学	A-4	加工とプロセス
3	固体の弾塑性力学	A-5	生産管理工学
4	流体力学の基礎	A-6	計測と統計処理
5	粘性流体・圧縮流体	A-7	メカトロニクス
6	乱流	A-8	機械系のための 信頼性設計入門
7	熱力学	A-9	プロジェクト研究
8	伝熱工学	別巻	
9	機械材料	別巻	機械設計・製図の実際
10	機械工学のための数値計算法基礎			
11	機構学			
12	制御工学			
13	機械設計工学の基礎			
14	機械設計・製図の基礎			

(A: Advanced)

まえがき

　本書は，大学の工学部の機械系・制御系のカリキュラムにある『機械力学』の教科書または参考書としての利用を念頭に置き，執筆しました．広い意味での『機械力学』という学問は，「機械的な系に動的な力が作用したときの機械の応答を支配する法則を明らかにする」学問であり，古くから回転体などの機械の振動を予測したり，抑えたりするための理論を提供するものとして利用されてきましたが，『機械力学』は現代ではさらに，『電気・電子工学』，『制御工学』などと共にメカトロニクスを支え，IT社会の発展を促す一層重要となっている学問と言えます．従って，機械系の学生のみならず，電気系・制御系の学生にも学んでもらいたいと思います．

　『機械力学』は古くからある基礎的な学問分野ですので，これまでに『機械力学』や『振動学』を題名とする多くの優れた教科書が著名な先生方により執筆されており，浅学非才な筆者が新たな教科書を著すことに躊躇がありましたが，十年以上に渡る講義経験から，JABEEなどで大学のカリキュラムとして要求される内容と，メカトロニクスへの応用を見据えた内容の両方を網羅する教科書の必要性を感じていたため，執筆を引き受けしました．

　先程，広義の『機械力学』の定義を示しましたが，この広義の機械力学は，『工業力学』，『(狭義の) 機械力学』および『(機械) 振動学』の3つに大別されます．『工業力学』は「質点または剛体に動的な力が作用したときの，その応答を支配する法則を明らかにする学問」，『(狭義の) 機械力学』は「振動をする性質を持つ運動・振動系に動的な力が作用したときの，その応答を支配する法則を明らかにする学問」，また，『(機械) 振動学』は「振動する性質を持つ連続系に動的な力が作用したときの，その振動や発生する音を支配する法則を明らかにする学問」と言えます．これら3つの学問領域の境界は厳密ではなく，また，本書が属するライブラリ「機械工学」には『新・工業力学』と題する1冊

まえがき

が存在しますので，本書は『（狭義の）機械力学』全体と『（機械）振動学』の入り口である，「連続体の振動」までを含むように計画しました．本書1冊で，大学の学部の教育課程にある『機械力学』全体をカバーすることはできませんが，その基本的な領域は網羅し，進んだ学問領域への発展が容易になるように記述したつもりです．

本書で最も留意したのは，多くの例題の解法を示すとともにその別解を示すことです．多くの教科書では紙面の問題もあり，例題が示されていても1つの方法による解のみが示されている場合がほとんどですが，読者が教科書にない新たな問題を解こうとする場合には，複数の解法のプロセスが参考になるであろうと考え，別解を多数用意しました．また，式変形に関してもできる限り詳細に記述しました．中には，別解としてあまり意味の無い解法や式変形までも示されているかと思いますが，プロセスを示す意図を汲んでいただければ幸いです．

本書の付録Bの回転体の釣り合わせは，筆者が所属します研究室の学生実験テキストをベースに加筆したものです．テキストの整備に当たって来られた歴代の教員・職員の方々に御礼申し上げます．また，長年ご指導いただいております，小野京右東京工業大学名誉教授に深く感謝いたします．

最後に本書の刊行にあたりご尽力頂いた数理工学社の田島伸彦編集部長ならびに足立豊氏に感謝いたします．

2008年11月

著 者

目　　　次

第1章

振動現象とは　　　1

    1.1　身の周りの振動現象と振動関連技術 …………………… 2
    1.2　振動現象の観察と系のモデル化の基礎 …………………… 5
    1.3　振動解析と本書の構成 ……………………………………… 9

第2章

力学原理と運動方程式の導出　　　11

    2.1　ニュートンの運動の法則 …………………………………… 12
    2.2　1自由度振動系の運動方程式の導出 …………………… 12
    2.3　1自由度ねじり振動系の運動方程式の導出 …………… 17
    2.4　ダランベールの原理 ………………………………………… 19
    2章の問題 …………………………………………………………… 23

第3章

不減衰1自由度振動系の自由振動　　　25

    3.1　不減衰1自由度振動系の自由振動解 …………………… 26
    3.2　不減衰1自由度振動系とエネルギーの保存 …………… 32
    3.3　直動ばね要素の等価剛性 ………………………………… 36
    3.4　ねじりばね要素の等価剛性 ……………………………… 50
    3.5　等　価　質　量 ……………………………………………… 62
    3章の問題 …………………………………………………………… 78

目　次　　　　　　　　　　　vii

第4章
減衰1自由度振動系の自由振動　　　83
 4.1 減衰1自由度振動系の自由振動解 …………………… 84
 4.2 摩擦モデルと減衰振動系のパラメータ同定 ………… 98
 4.3 等 価 減 衰…………………………………………… 108
 4章の問題………………………………………………… 111

第5章
1自由度振動系の強制振動　　　113
 5.1 力励振系の調和励振応答 …………………………… 114
 5.2 基礎励振系の調和励振応答 ………………………… 131
 5.3 複素励振力を用いた調和励振応答と周波数応答関数 … 141
 5.4 周波数応答関数の図示法 …………………………… 148
 5.5 周波数応答関数に基づく機械の動力学的パラメータの
   設計 …………………………………………………… 153
 5.6 周期外力応答 ………………………………………… 163
 5.7 限られた時間だけ作用する励振力に対する応答 …… 168
 5.8 任意の励振力に対する応答 ………………………… 170
 5.9 力励振系の周波数応答関数の測定 ………………… 185
 5.10 基礎励振系の任意励振変位に対する応答 ………… 187
 5章の問題………………………………………………… 193

第6章
多自由度系の運動方程式の導出　　　195
 6.1 多質点系に対するニュートンの運動の法則 ………… 196
 6.2 多質点系に対するダランベールの原理 …………… 199
 6.3 ラグランジュの運動方程式 ………………………… 202
 6章の問題………………………………………………… 215

viii 目次

第7章

多自由度集中定数振動系の解析　　217

- 7.1 物理モデルと2自由度振動系モデル ……………… 218
- 7.2 モード解析 …………………………………………… 221
- 7.3 不減衰2自由度振動系のモード分離とその応答 ……… 228
- 7.4 比例粘性減衰を持つ2自由度振動系のモード分離とその応答 ………………………………………………… 235
- 7.5 一般粘性減衰を持つ2自由度振動系のモード分離とその応答 ………………………………………………… 238
- 7.6 動吸振器による振動系の制振 ……………………… 241
- 7.7 一般的な多自由度集中定数振動系の解析 ………… 247
- 7章の問題 ……………………………………………… 249

付録 A

連続体の振動解析　　251

- A.1 はりのねじり振動解析 ……………………………… 252
- A.2 はりの縦振動解析 …………………………………… 255
- A.3 はりの横振動解析 …………………………………… 256

付録 B

回転体の振動と釣り合わせ　　259

- B.1 回転機構 ……………………………………………… 260
- B.2 剛性ロータに作用する慣性力と釣り合わせ ……… 261
- B.3 弾性ロータの危険速度と釣り合わせ ……………… 264

参考文献　　273

索引　　274

第1章

振動現象とは

本章では,身の周りの振動の現象や振動関連技術について概説し,実際の振動現象と本書の内容の関連について述べる.

1.1 身の周りの振動現象と振動関連技術
1.2 振動現象の観察と系のモデル化の基礎
1.3 振動解析と本書の構成

1.1 身の周りの振動現象と振動関連技術

まず，身の周りの機械の運動や振動の現象を見てみよう．身の周りには，体に感じる振動として，地震による地面の振動，地震や風による建物や橋梁の振動，路面やレールの凹凸およびエンジンの振動などに起因する乗り物の振動，冷蔵庫や洗濯機などの身近な機械でも見られる機械の振動などがあり，また，音や騒音に関する振動として，スピーカ，機械の騒音などがある．さらに，風により旗や電線が揺れる現象も振動である．これらの中で，スピーカは人が音楽を楽しむために必要な振動であるが，その他の多くの振動現象は，機械の本来の性能を損なったり，破損の原因となるなど，その存在が好まれない．

例えば1995年において試運転中に液体ナトリウム漏洩事故を起こした高速増殖炉もんじゅの事故原因は不適切な設計・施工をされたナトリウム温度計の振動による疲労破壊である[3],[4]．また，2006年に起きた浜岡原子力発電所のタービン破損事故も，振動によるタービンブレードの疲労破壊が原因である．これら以外にも，表 1.1 に示すように，振動が原因で大きな社会的影響を及ぼす事故が引き起こされており，振動現象をよく知り，その原因を取り除くことは科学技術の発達した現代においても重要な課題となっている．これらの事故の多くについては，参考として挙げた，科学技術振興機構の失敗知識データベース[4] に詳しいので，興味がある人は参照して欲しい．

このような背景から，機械や建物の振動を少なくしたりなくしたりする**振動制御技術**が古くから研究，開発，利用されている．オーディオ機器の振動防止に用いられる**インシュレータ**，洗濯機や冷蔵庫などに用いられる**防振鋼板**，自動車や列車の**アクティブサスペンション**，古くから工作機械や建築構造物に用いられてきたが，近年，一戸建て住宅への適用も見られる**免振装置**，振動する機械や構造物に取り付けて振動を弱める装置である**動吸振器**，振動を嫌う精密機器の支持に用いられる**除振台**など，その存在は多岐に渡っている．また，自動車のタイヤをホイールに組み付けたときに行う**ホイールバランシング**は走行時のタイヤの振動を抑えるための予防的な振動制御技術であり，**回転体の釣り合わせ**という重要な技術の身近な例である．

一方で，振動を利用した技術も数多くあり，前述のスピーカ以外にも，古くはガリレオがその等時性を発見した振り子を利用した**振り子時計**から，現在一

般の時計に用いられている**水晶発振器**，一眼レフカメラのオートフォーカスに用いられている**超音波モータ**，自動車のナビゲーションや運動制御に用いられる**振動型ジャイロスコープ**，携帯電話のバイブレーション機能を実現している**振動モータ**など，最新の機器にも振動を利用した技術が多数採用されている．

本書では表1.1の事故原因や表1.2の振動制御技術および振動利用技術に共通する基本的原理について解説をし，機械の振動を効果的に抑圧したり，利用するための基礎的な知識を与えることを目的としているため，個々の事故原因や技術に対する説明には不十分なところがあるが，インターネットにおける検索を利用すればさまざまな情報が得られるので，興味を持った読者は調べて欲しい．

本節の最後に，身近な振動の振動数の範囲を明確にしておこう．音が問題と

表 1.1 振動が原因の主な事故

事故年	事故の概略	事故原因
1850	バス・シェーヌ吊橋の崩落	軍隊の行進による共振
1940	タコマ橋の崩落	曲げねじり連成自励振動
1964	新潟地震による石油タンクなどの火災	スロッシング
1972	蒸気タービン軸破損	共振
1991	原子力発電所蒸気発生器の伝熱細管破断	振動による疲労破壊
1995	高速増殖炉もんじゅの液体ナトリウム漏洩事故	流体励起振動
1999	H-IIロケット8号機 打ち上げ失敗	流体励起振動
2000	ミレニアムブリッジの横振動	共振
2003	十勝沖地震による石油タンクの損傷	スロッシング
2006	浜岡原子力発電所のタービン破損事故	振動による疲労破壊

表 1.2 振動関係技術の例

振動制御技術	インシュレータ，アクティブサスペンション，構造物の免振・制振，工作機械の免振装置，動吸振器，除振台，回転体の釣り合わせ
振動利用技術	スピーカ，振子時計，水晶発振器，超音波モータ，振動型ジャイロスコープ，振動モータ

なるのは多くの場合，可聴域と呼ばれる，20 Hz から 20 kHz の振動数の範囲である．一方，機械の振動は多くの場合，1 Hz から 10 kHz までであり，0.1 Hz 以下の振動が問題となる人工衛星の太陽電池パネルの振動や可聴域を超えた振動を駆動に利用している超音波モータなどの特殊な例を除き，この範囲と考えてよい．

┌─ ■ 例題 1.1 ─
│　乗用車（レシプロ 4 サイクルエンジン 4 気筒）のエンジンを 3,000 rpm（revolution per minute：1 分間あたりの回転数）で運転した場合，エンジンにおける燃料の爆発に起因する振動の振動数 (Hz) はいくらか求めよ．
└─

【解答】　自動車の回転計（タコメータまたはレブカウンター）で表示されるエンジン回転数はクランクシャフトの回転数である．また，3,000 rpm を SI 単位に変換すれば 50 Hz となる．乗用車のエンジンがレシプロ 4 サイクルエンジン 4 気筒であればクランクシャフト 1 回転で 2 回の爆発が起こるから，エンジンにおける燃料の爆発に起因した振動は 100 Hz となる．　■

┌─ ■ 例題 1.2 ─
│　毎秒 72 回転で運転される冷蔵庫用コンプレッサーの振動が 7 次成分まで観察された，観察された振動の最高振動数 (Hz) はいくらか求めよ．
└─

【解答】　回転数に同期した基本振動数は 72 Hz であるから，7 倍の振動数を持つ 7 次成分の振動数は $72 \times 7 = 504\,\text{Hz}$ である．　■

 振動の現象と振動関連技術に関する調査

　インターネットなどを利用して，振動の現象や振動関連技術について調べてみよう．例えば，振動が関連する事故であれば，(1) 振動が関連する事故名，(2) 事故が起きた日時と場所，(3) 事故の概要，(4) 関連する振動の現象，(5) 事故後になされた対策，などを短くまとめるとよい．また，振動制御技術や振動利用技術であれば，(1) 振動が関連する技術または製品名，(2) 技術や製品の概要，(3) 関連する振動の現象，(4) 製品の価格や販売個数など，を短くまとめてみよう．

1.2 振動現象の観察と系のモデル化の基礎

振動系に外力を加えず,静止している状態(これを**静的平衡状態**という)にあるときに衝撃(力積)を与えて,静的平衡状態における位置からの移動距離(これを**変位**という)を観察するとしよう.これは,例えば,一端を机の上に固定したプラスチック製の定規の先を爪で弾くような状況を考えればよい.このときの先端の変位を時間とともに記録した結果は例えば図 1.1 の一番上の図のようになる.

この変位は時間的に変化しており,その特徴を一口に表現するのは困難であるが,実は図 1.1 の下の 3 つの図に示すような異なる振動数を持ち,振幅が減少していく正弦波の重ねあわせである.ここでは正弦波として低い振動数のものから 3 つの成分を提示したが,変位は厳密に言うと無限個の振動数の成分からなっている.その理由は,現実の系では,振動系は無限の**自由度**(**Degree-of-freedom**)(コラム p.6 参照)を有する**連続体**(**continuum**)からなっており,その厳密な振動の応答は,無限個の異なった振動する性質(これを**固有振動モード**(**natural vibration mode**)という)の応答の重ねあわせでしか

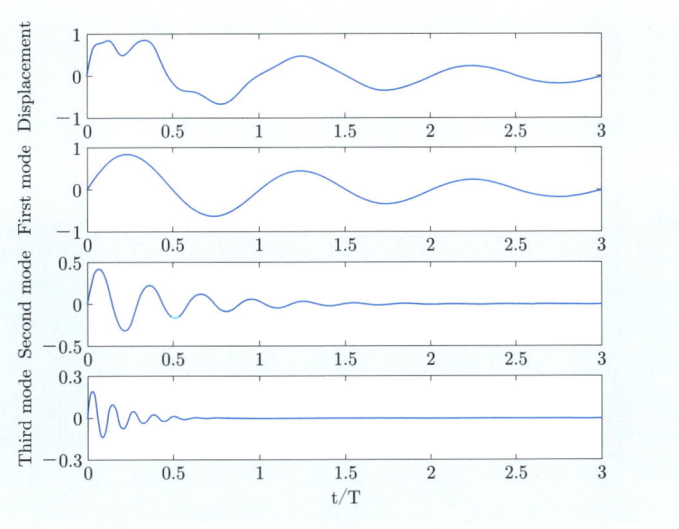

図 1.1　衝撃による振動系の応答の例

表現できないためである．

　図 1.1 のような実際の振動の現象を観察して，機械の運動の本質を表すことができる数学的なモデル（これを**解析モデル**（**analytical model** という）を見出すことを**モデル化**または**モデリング** (**modeling**) という．機械力学では解析モデルに物理的な意味を持たせるために，**質量**（**mass**），**ばね**（**spring**），**ダッシュポット**（**dashpot**）（コラム p.8 参照）などからなる単純なモデル（これを**力学モデル**（**dynamical model**）という）で表現することが一般的である．

　前述したように，図 1.1 の変位は厳密には無限個の振動モードの応答の重ねあわせであるが，衝撃が作用した直後の $t/T < 1$ 以外では，変位は最も低い振動数の波形に近いことが分かる．機械に動的に力が作用した時の機械の挙動（これを**動特性**（**dynamic characteristics**）という）を把握し，機械の振動を効果的に抑圧したり，利用するためには，系の動特性の本質を表すことができるなるべく単純な力学モデルを導出することが肝心である．その意味において，図 1.2 に示す 1 つの**振動自由度**のみを持つ **1 自由度振動系モデル** (**one degree-of-freedom system model**)（以下単に **1 自由度振動系**と呼ぶ）は，振動系の動特性を表現する最も基礎となる近似モデルであると言える．また，系の応答を線形の領域で考えている限りでは，図 1.1 から分かるように，無限の自由度を有する系の応答も実際には少ない個数の異なる振動数を持つ 1 自由度振動系モデルの応答の重ねあわせで表現できることからも，1 自由度振動系モデルについて学ぶことが重要である．

 自由度

　力学における自由度とは，「系の位置・姿勢を表現するのに必要な座標の数」であり，拘束を受けない剛体は，位置 3 自由度 + 角度（姿勢）3 自由度の 6 自由度を有していることはよく知られている．これはこれら 6 つの値を定めれば，一義に剛体の位置・姿勢を定めることができるからである．一方，実際の機械を構成している部材は，剛体ではなく変形が可能な連続体であることから，部材上の任意の位置を選択してその点の位置・姿勢を指定しても，選択した場所以外の部材の位置・姿勢を定めることはできないことから，系の位置・姿勢を定めるには無限の自由度が必要となる．自由度のなかで，特に振動の自由度のみを取り出していう場合には，**振動自由度**という用語を用いる．

1.2 振動現象の観察と系のモデル化の基礎

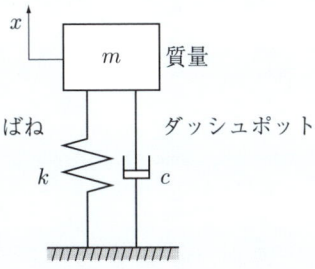

図 1.2　1自由度振動系モデル

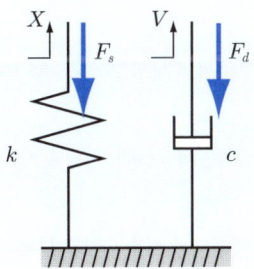

図 1.3　ばねとダッシュポット

次に，力学モデルの要素について解説しよう．図1.2に示すように，力学モデルは一般に，質量，ばね，ダッシュポットからなっている．質量は**質点**であり，大きさはなく，変形もしない．ばねは理想的なフックの**法則**が成立する要素で，ばねの伸び $X\,(\mathrm{m})$ と**ばね剛性係数**（**coefficient of stiffness**）$k\,(\mathrm{N/m})$ を用いるとその復元力 $F_s\,(\mathrm{N})$ は

$$F_s = -kX$$

と書ける．このとき右辺の負号は，図1.3に示すように，ばねの伸びの方向と復元力の方向が反対向きであることを示している．ダッシュポットは理想的な粘性減衰要素であり，ダッシュポット先端の速度 $V\,(\mathrm{m/s})$ と**粘性減衰係数**（**coefficient of viscous damping**）$c\,(\mathrm{Ns/m})$ を用いて，その抵抗力 $F_d\,(\mathrm{N})$ は

$$F_d = -cV$$

と書ける．このとき右辺の負号は，ダッシュポット先端の速度の方向と抵抗力の方向が反対向きであることを示している．

 ダッシュポット

　ダッシュポット（またはダシュポット）は，運動のエネルギを熱に変換する**減衰器**または**ダンパ（damper）**の一種である．ダッシュポットは，一般に図 1.4 のような構造をしており，作動流体がオリフィス（流路中に設けられた絞り）を通過するときの抵抗により抵抗力を発生する機構である．ダッシュポットはドアクローザや自動車，オートバイ，自転車のサスペンションなどにも用いられており，意外と身近に見ることができる．

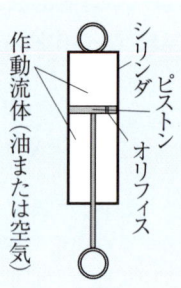

図 1.4 ダッシュポットの構造

1.3 振動解析と本書の構成

前節で1自由度振動系について学ぶことの重要性について説明したが，1自由度振動系の力学モデルの動力学的特徴を知るためには**運動方程式（equation of motion）**を導出する必要がある．そこで第2章では，1自由度振動系を対象として，運動方程式を導出する基礎となる力学原理およびそれらに基づく運動方程式の導出について示す．

次に，振動系の振動は以下のように分類できる．

(1) 自由振動（初期条件応答）
(2) 強制振動（力励振応答または基礎励振応答）
　(a) 定常振動
　　i. 調和励振力応答
　　ii. その他の周期振動
　(b) 非定常振動（過渡振動）

そこで，まず，**自由振動（free vibration）**と呼ばれる外力が作用しない場合の応答を取り上げ，第3章では減衰要素を持たない**不減衰1自由度振動系**の自由振動について，第4章では減衰要素を持つ**減衰1自由度振動系**の自由振動について示す．

また，実際の振動系においては，その振動の様子から1自由度振動系にモデル化できそうな振動系であっても，図1.2の力学モデルのような単純な構成をしていることはない．したがって，実際の振動系の構造または部品配置から，力学モデルのパラメータを決定する必要がある．例えば，図1.5は自動車のサスペンションを簡略化したモデルであるが，このような単純な構造でも，ばね-ダッシュポットの取り付け位置および取り付け角度，リンクの質量，タイヤの質量や支点からの距離などを考慮して力学モデルのパラメータを決定することが課題となる．

実際の系の構造を考慮して力学モデルにおける質量，ばね剛性係数，粘性減衰係数を定めた場合，それらは**等価質量（equivalent mass）**，**等価剛性（equivalent stiffness）**および**等価減衰（equivalent damping）**と呼ばれる．第3章では，多くの例を基にしてこの等価剛性および等価質量の求め方を

示す．また，等価減衰については第4章で示す．

第5章では，1自由度振動系の外力や基礎の変位によって励起される**強制振動（forced vibration）**について示す．ここで扱う強制振動応答は，**定常振動（steady vibration）**の一種である調和励振力応答を基礎とし，**過渡振動（transient vibration）**を含む任意外力に対する応答までをカバーする．

第6章では，1自由度振動系では近似が困難である系に対する力学モデルである，2つ以上の自由度を有する**多自由度振動系モデル（multi-degree-of-freedom system model）**（以降は単に**多自由度振動系**と呼ぶ）の運動方程式の導出について示す．

第7章では，2自由度振動系をはじめとする多自由度振動系のモード解析法について示すとともに，2自由度振動系の性質について詳しく示し，また，一般的な多自由度振動系の解析法についても示す．

さらに，はりの曲げ振動などを題材に無限の**自由度**を有する**連続体**の振動解析ならびに**回転体の釣り合わせ**について，付録A, Bで解説する．

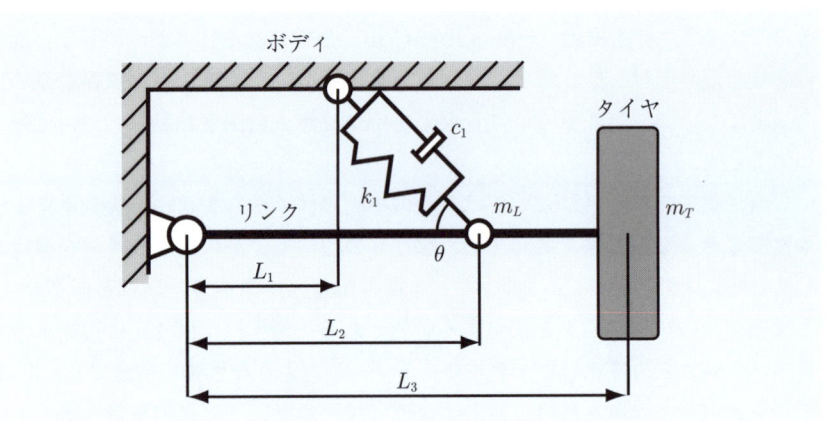

図1.5　自動車のサスペンションの簡略モデル

第2章

力学原理と運動方程式の導出

本章では振動系の**力学モデル**の運動を支配する微分方程式である**運動方程式**を導く力学法則ならびに力学原理について解説する．

本章ではまず，高等学校で学ぶ物理学や大学の工業力学において，質点の運動の運動方程式の導出に用いられるニュートン (Sir Isaac Newton) の**運動の法則**について復習する．さらに，質点や剛体が拘束力を受ける場合において，運動方程式の導出が容易となる**ダランベール** (Jean Le Rond d'Alembert) の力学原理を紹介する．

2.1 ニュートンの運動の法則
2.2 1自由度振動系の運動方程式の導出
2.3 1自由度ねじり振動系の運動方程式の導出
2.4 ダランベールの原理

2.1 ニュートンの運動の法則

ニュートンの運動の法則は力学の基礎である．高校の物理学や工業力学でも学習するが，もう一度復習しておくと以下となる．

第1法則：慣性の法則
　静止または一定速度で直線運動をする物体は，これに力が作用しないかぎり，その状態を保つ．
第2法則：運動の法則
　物体が力の作用を受けるとき，力の向きに，力の大きさに比例した運動量の変化が生じる．
第3法則：作用・反作用の法則
　力を他に及ぼした物体は，同じ大きさの反対向きの力を及ぼされる．

2.2 1自由度振動系の運動方程式の導出

運動方程式を導出するために，図2.1に示すような，外力 f (N) が作用する1自由度振動系の力学モデルと自由体図を描こう．これらの図はその描き方で運動方程式の導出の成否が決定される重要なものである．描画のポイントは次のとおりである．

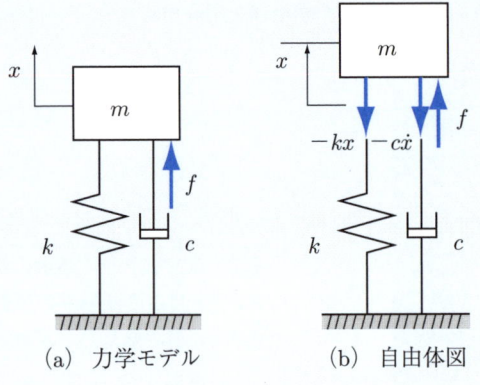

図2.1　1自由度振動系の図示と自由体図

(1) 力学モデルにおいて，質量の**変位** x の原点は，**静的平衡点**とする．これにより，運動方程式において重力の効果を考慮する必要がなくなる．(例題 2.1 参照)
(2) 変位の正方向は運動方向（図 2.1 の場合であれば上下方向）に対してどちらにとってもかまわないが，力の正方向は必ず変位の正方向に一致させる．
(3) 自由体図を描くときは，変位の正方向に質量が変位したと仮定した図を描き，ばねの復元力およびダッシュポットの抵抗力を考える．

ただし，自由体図において，$\dot{x}$ は変位 x の時間による 1 階微分，すなわち速度を表している．この自由体図に作用する力を考慮して，ニュートンの第 2 法則を用いて，1 自由度振動系の運動方程式を導出すると以下となる．

$$m\ddot{x} = -c\dot{x} - kx + f \qquad (2.1)$$

ここで，$\ddot{x}$ は変位 x の時間による 2 階微分，すなわち加速度を表しており，機械力学における運動方程式ではどこから測った変位もしくは移動距離から加速度を導出したかを明記するために，**高校の物理学で加速度を表記するのに使用してきた記号 a および α は用いない**．

式 (2.1) の運動方程式を微分方程式とみなして解くために，しばしば変位 x に関する項を左辺に移項して，

$$m\ddot{x} + c\dot{x} + kx = f$$

と表現することが多い．

変位の定義

上述の描画のポイント (1) では，変位の原点をばねの自然長ではなく静的平衡点とすることにより，運動方程式に重力の効果 (mg) を考慮する必要がなくなることを述べているが，実は，「静的平衡点から測った移動距離」を「変位」と定義することが多い．この定義を前提とすれば，「運動方程式の導出に変位を用いれば，運動方程式に重力の効果を考慮する必要はない」とも言える．この事実は例題 2.1 で確認できる．

■例題 2.1

図 2.2 の 1 自由度振動系は質量 m (kg) の質量とばね剛性係数 k(N/m) のばねからなっている．図において O はばねの自然長の位置であり，O から測った質量の移動距離を X (m) とする．また，このばね–質量系が静的平衡状態にあるときの位置を o とし，o を原点とする変位 x(m) を図のように定義する．重力加速度は図の下向きに g(m/s^2) である．この図の記号を用いて 1 自由度振動系において静的平衡点を原点とする変位を用いれば，運動方程式に重力が影響しないことを示しなさい．

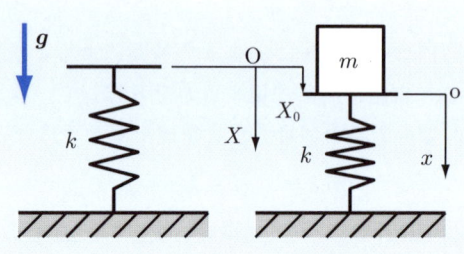

図 2.2 移動距離と変位

【解答】 まず，移動距離 X (m) を用いて系の運動方程式を導出すると，系に作用している力は，重力とばねの復元力であるから，

$$m\ddot{X} = -kX + mg \tag{2.2}$$

となる．移動距離 X (m) は変位 x (m) に対してばねの静的変位 $X_0 = \dfrac{mg}{k}$ だけ長いので，

$$X = x + X_0 = x + \frac{mg}{k} \tag{2.3}$$

と書ける．式 (2.3) を式 (2.2) に代入すると，

$$m\left(\ddot{x} + \frac{d^2}{dt^2}\frac{mg}{k}\right) = -k\left(x + \frac{mg}{k}\right) + mg$$

であるから，整理して，

$$m\ddot{x} = -kx$$

となる．これにより，「1 自由度振動系において，静的平衡点を原点とする変位を用いれば，運動方程式に重力が影響しない」ことが示された． ∎

例題 2.2

図 2.3(a) に示すような，重さのない長さ L (m) のひもの一端に質量 m(kg) の質点が固定され，ひものもう一端は天井に固定されて，鉛直面内で揺動運動する理想的な**単振り子**（**simple pendulum**）の運動方程式を，ニュートンの法則を直接適用して導出しなさい．

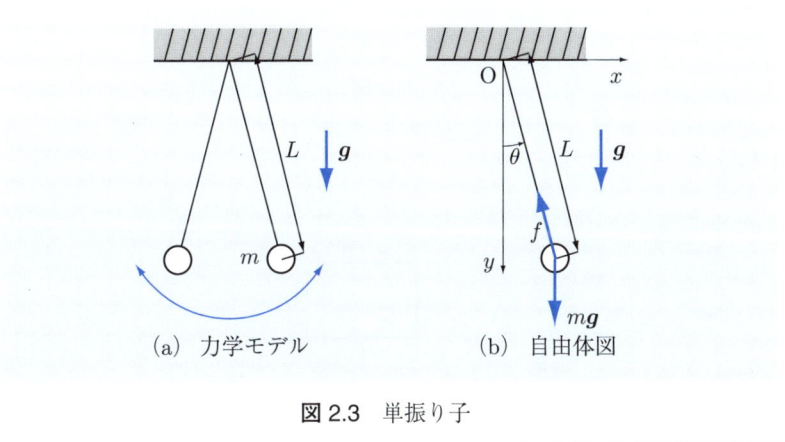

(a) 力学モデル　　(b) 自由体図

図 2.3　単振り子

【解答】 座標 O–xy および角変位 θ (rad) を図 2.3(b) のように定め，ひもの張力を f (N) とおき，ニュートンの法則を用いて x 方向および y 方向の運動方程式を導出すると以下となる．

$$m\ddot{x} = -f\sin\theta, \quad m\ddot{y} = mg - f\cos\theta$$

これらの式から，ひもの張力 f を消去すると，

$$m\ddot{x}\cos\theta - m\ddot{y}\sin\theta = -mg\sin\theta$$

が得られるが，さらに

$$x = L\sin\theta, \quad y = L\cos\theta$$

を考慮すると，

$$\ddot{x} = -L\dot{\theta}^2\sin\theta + L\ddot{\theta}\cos\theta, \quad \ddot{y} = -L\dot{\theta}^2\cos\theta - L\ddot{\theta}\sin\theta$$

であるから，運動方程式

$$L\ddot{\theta} + g\sin\theta = 0 \tag{2.4}$$

を得る．さらに，式 (2.4) は θ に関して非線形微分方程式となってしまっているので，微小振動 $|\theta| \ll 1$ を仮定して，$\sin\theta \approx \theta$ と近似して式を線形化すると，よく知られた単振り子の運動方程式

$$\ddot{\theta} + \frac{g}{L}\theta = 0 \tag{2.5}$$

を最終的に得る．式 (2.5) の運動方程式の中に，重力加速度 g が含まれているのは，「1 自由度振動系において，静的平衡点を原点とする変位を用いれば，運動方程式に重力が影響しない」という命題に反するわけではなく，単振り子が図 2.4 に示すような 1 自由度振動系にモデル化でき，そのばね剛性が重力加速度に依存しているだけである．

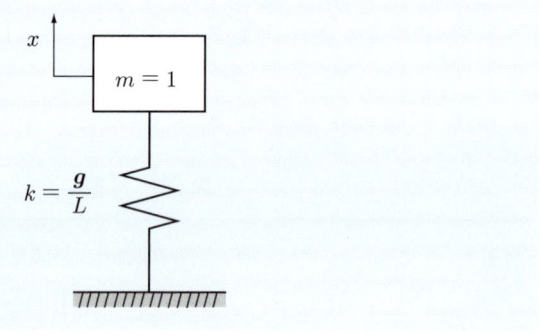

図 2.4　単振り子の 1 自由度振動系モデル

 角度 θ の線形化の範囲

式 (2.4) から (2.5) への変形において，微小振動 $|\theta| \ll 1$ と仮定して，$\sin\theta \approx \theta$ と近似しているが，この近似式はどのくらいの角度まで成立するであろうか考えてみよう．関数電卓などですぐに計算できるが，$\theta = \pi/6 \approx 0.524$ に対して，$\sin\theta = \sin\pi/6 = 0.5$ であるから，$|\theta| < \pi/6$ の範囲では，5% 以内の誤差で近似式 $\sin\theta \approx \theta$ が成立していることが分かる．

2.3　1自由度ねじり振動系の運動方程式の導出

ある点 O を通る回転軸まわりの慣性モーメントが I_O (kgm^2) の剛体に，トルク t (Nm) が作用するとき，剛体の回転運動に対する運動方程式は，回転の角変位を θ (rad) として，ニュートンの運動方程式を応用して

$$I_O \ddot{\theta} = t \tag{2.6}$$

となる．

この式 (2.6) に基づき，図 2.5 に示す 1 自由度ねじり振動系の力学モデルの運動方程式を導出しよう．角変位が θ (rad) であり，角速度が $\dot{\theta}$ (rad/s) のとき，剛性係数 k_t (Nm/rad) のねじりばねの復元トルクは $-k_t \theta$ (Nm) であり，ねじり減衰係数 c_t (Nms/rad) の回転型ダッシュポット（ロータリーダンパ）の抵抗トルクは $-c_t \dot{\theta}$ (Nm) であるから，運動方程式は

$$I_O \ddot{\theta} = -c_t \dot{\theta} - k_t \theta + t$$

または，

$$I_O \ddot{\theta} + c_t \dot{\theta} + k_t \theta = t$$

となる．

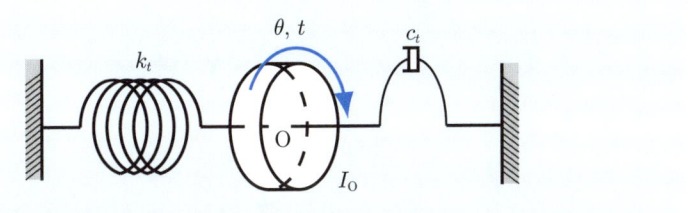

図 2.5　1自由度ねじり振動系の力学モデル

■ 例題 2.3

　例題 2.2 で取り上げた単振り子をねじり振動系とみなして，その運動方程式を導出せよ．

【解答】　まず，質点 m の振り子の支点である O 点まわりの慣性モーメント I_O (kgm^2) は

$$I_{\mathrm{O}} = mL^2$$

で計算できる．振り子の質点に作用している力は，ひもの張力 f (N) と重力 mg (N) であるが，張力 f (N) の力の作用線は O 点を通っているので，張力 f (N) の O 点まわりの力のモーメントは 0 であり，系に作用している力のモーメント t (Nm) は

$$t = -mgL\sin\theta$$

で計算できる．これらより，ねじり振動の運動方程式

$$mL^2\ddot{\theta} = -mgL\sin\theta$$

が得られる．さらに，式を整理すれば，

$$\ddot{\theta} + \frac{g}{L}\sin\theta = 0 \tag{2.7}$$

が得られ，式 (2.7) は式 (2.4) に一致していることが確認できる．

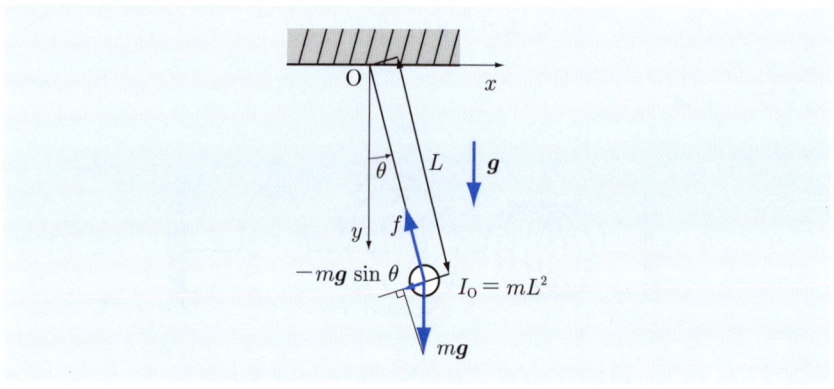

図 2.6 ねじり振動とみなした単振り子の力学モデル

2.4 ダランベールの原理

例題 2.2 および例題 2.3 で取り扱った単振り子におけるひもの張力 f のように，運動に直接寄与しない拘束力が系に含まれる場合には，ニュートンの第 2 法則を用いるよりも，以下のダランベールの原理を用いる方が容易に運動方程式を導出できる．

ダランベールの原理は静力学における**仮想仕事の原理**を動力学に応用したものであり，図 2.7(b) に示すように，加速度の向きを反対に変えたベクトルを質量倍したものを一種の力（これを**慣性力**という）とみなし，「慣性力を含む系に作用する力の合力は任意の**仮想変位**に対して仕事をしない」ことを利用して運動方程式を導出できる力学原理である．

力および加速度を大きさと方向を持つベクトル量として定義し，ダランベールの原理を式で表現すると以下となる．

$$\delta \boldsymbol{x} \cdot \left(\sum \boldsymbol{f}_i - m\ddot{\boldsymbol{x}} \right) = 0 \tag{2.8}$$

ここで，$\delta \boldsymbol{x}$ は任意の大きさと任意の方向を持つ質点の仮想的な変位ベクトル（これを仮想変位という）を表しており，式 (2.8) の左辺の $\cdot$ はベクトルの内積を表している．

このとき，仮想変位は任意の方向の変位を仮定してかまわないので，系に拘束力が作用している場合には，拘束力の合力に対して仕事をしない方向，すなわち，拘束力の合力と直交する方向に仮想変位を仮定すれば運動方程式に拘束力は陽に現れない．

また，図 2.7(b) の場合，慣性力を含めて考えれば質点に作用する合力は釣り

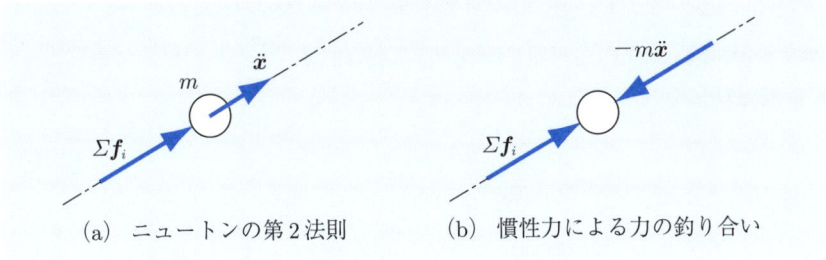

(a) ニュートンの第 2 法則　　(b) 慣性力による力の釣り合い

図 2.7　ニュートンの法則とダランベールの原理の比較

合っており,「慣性力を含めれば力の釣り合いが成立する」と言い換えてもよいが,これは一般には成り立たないので注意が必要である.力の釣り合いではなく原理に従って仮想変位による仕事を考慮しなければならない場合の例を例題 3.2 に示す.

■ 例題 2.4

図 2.8 は摩擦のないレール上を移動する剛体を表している.レールの方向と外力 f (N) の方向の間に θ の角度があり,剛体にレールからの反力 f_p (N) が作用する場合について,レール上を移動する剛体の運動方程式をニュートンの第 2 法則とダランベールの原理を用いて導出せよ.

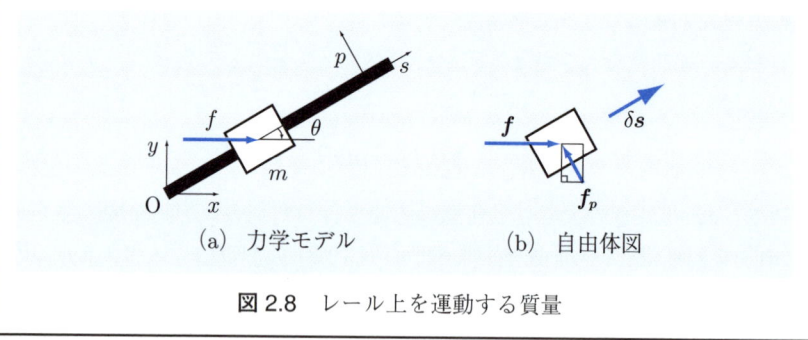

(a) 力学モデル　　(b) 自由体図

図 2.8 レール上を運動する質量

【解答】 図 2.8 のように,座標 O–xy をとると,ニュートンの第 2 法則では,まず,

$$m\ddot{x} = f - f_p \sin\theta, \quad m\ddot{y} = f_p \cos\theta$$

が導出され,これらより,レールから受ける反力 f_p (N) を消去すると,

$$m(\ddot{x}\cos\theta + \ddot{y}\sin\theta) = f\cos\theta \tag{2.9}$$

となるが,式 (2.9) の左辺の $(\ddot{x}\cos\theta + \ddot{y}\sin\theta)$ は,レールに沿って取った座標 s の加速度に等しいから,

$$m\ddot{s} = f\cos\theta \tag{2.10}$$

を得る.

一方,ダランベールの原理において,仮想変位を拘束力と直交する s 方向にとれば,

2.4 ダランベールの原理　　　21

$$\delta \boldsymbol{s} \cdot \{\boldsymbol{f} + \boldsymbol{f}_p - m(\ddot{\boldsymbol{s}} + \ddot{\boldsymbol{p}})\} = 0 \tag{2.11}$$

より，

$$|\delta \boldsymbol{s}||\boldsymbol{f}|\cos\theta - |\delta \boldsymbol{s}||m\ddot{\boldsymbol{s}}| = 0$$

すなわち，

$$|\delta \boldsymbol{s}|(|\boldsymbol{f}|\cos\theta - m|\ddot{\boldsymbol{s}}|) = 0$$

であるから，

$$f = |\boldsymbol{f}|, \quad \ddot{s} = |\ddot{\boldsymbol{s}}|$$

とおけば，

$$m\ddot{s} = f\cos\theta \tag{2.12}$$

を得る．式 (2.12) は式 (2.10) に一致している．ここでは念のため式 (2.11) において拘束力 f_p および慣性力の仮想変位と直交する成分 $m\ddot{\boldsymbol{p}}$ を明記したが，以降の式には現れないことが確認できるので，式 (2.11) の段階でこれらを無視してしまってもかまわないことが分かる． ∎

■例題 2.5

単振り子の運動方程式をダランベールの原理を用いて導出せよ．

【解答】 ひもの張力 f (N) は拘束力であるので，f に直交する方向の仮想変位 δs を仮定する．このとき，拘束力を無視して仮想仕事の原理を式で表現すると，

$$\delta \boldsymbol{s} \cdot (m\boldsymbol{g} - m\ddot{\boldsymbol{s}}) = 0$$

を得る．この式より，

$$|\delta \boldsymbol{s}||m\boldsymbol{g}|\cos\left(\frac{\pi}{2} + \theta\right) - |\delta \boldsymbol{s}||m\ddot{\boldsymbol{s}}| = 0$$

すなわち，

$$|\delta \boldsymbol{s}|(-m|\boldsymbol{g}|\sin\theta - m|\ddot{\boldsymbol{s}}|) = 0$$

であるから，

$$g = |\boldsymbol{g}|, \quad L\ddot{\theta} = |\ddot{\boldsymbol{s}}|$$

を考慮すれば，運動方程式

$$L\ddot{\theta} + g\sin\theta = 0$$

すなわち，

$$\ddot{\theta} + \frac{g}{L}\sin\theta = 0$$

を得る．

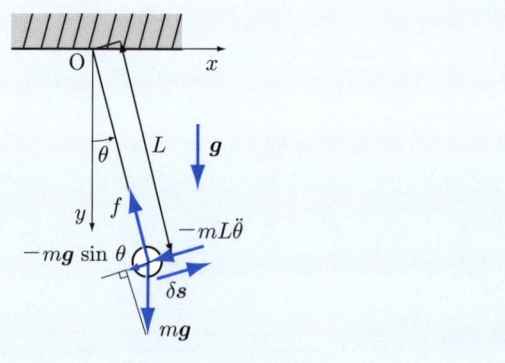

図 2.9　単振り子の慣性力と仮想変位

2章の問題

□**1** 図 2.10 に示す 2 つの 1 自由度振動系において，それぞれの静的平衡点を原点とする変位 x (m) を定義した．
(1) 図 2.10 (a) の力学モデルに対して，運動方程式を導出しなさい．
(2) 図 2.10 (a) において，質量に外力が作用するとき，外力の正方向は上下どちらの方向に選択すべきか答えなさい．
(3) 図 2.10 (b) の力学モデルに対して，運動方程式を導出しなさい．
(4) 図 2.10 (b) において，質量に外力が作用するとき，外力の正方向は上下どちらの方向に選択すべきか答えなさい．

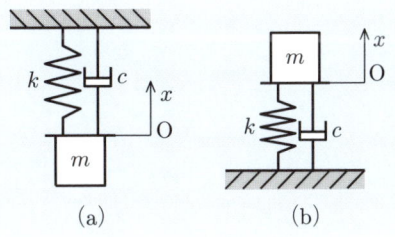

図 2.10　変位座標の方向と運動方程式

□**2** 図 2.11 のように水平面と角度 θ(rad) だけ傾いた摩擦のない斜面に置かれた，質量 m(kg)，ばね剛性 k(N/m) のばねおよび粘性減衰係数 c(Ns/m) のダッシュポットからなる 1 自由度振動系の運動方程式を，静的平衡点を原点とした変位 x(m) に関して導出しなさい．

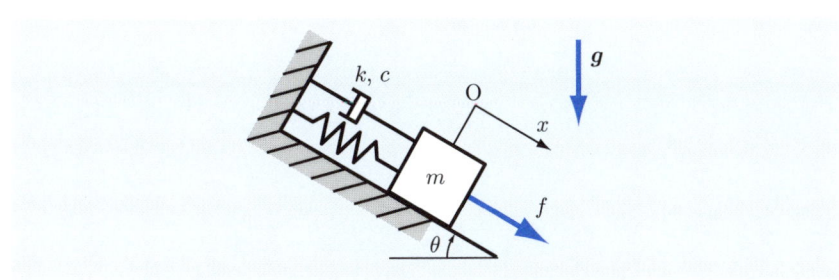

図 2.11　斜面に置かれた 1 自由度振動系

第3章

不減衰1自由度振動系の自由振動

本章では，減衰を持たない不減衰1自由度振動系を対象に，系に作用する外力はなく，初期条件によって振動が励起されている自由振動について示すとともに，実際の系のパラメータから，力学モデルのパラメータを計算する等価剛性，等価質量の求め方を示す．自由振動は初期条件によって決定されるから，初期条件応答とも呼ばれる．

3.1　不減衰1自由度振動系の自由振動解
3.2　不減衰1自由度振動系とエネルギーの保存
3.3　直動ばね要素の等価剛性
3.4　ねじりばね要素の等価剛性
3.5　等価質量

3.1 不減衰 1 自由度振動系の自由振動解

減衰を持たない 1 自由度振動系を**不減衰 1 自由度振動系**（**undamped one-degree-of-freedom system**）という．本節では不減衰 1 自由度振動系の自由振動解について解説する．

図 3.1 は不減衰 1 自由度振動系の力学モデルである．図の m (kg) は質量，k (N/m) はばね剛性，x (m) は変位である．この力学モデルに対し第 2 章で解説したニュートンの第 2 法則またはダランベールの原理を用いて運動方程式を導出すると，

$$m\ddot{x} = -kx$$

となる．これを変位 x に関する微分方程式とみなして，変位 x に関係する項を全て左辺に移項すると，

$$m\ddot{x} + kx = 0 \tag{3.1}$$

となる．ここで，新たなパラメータ

$$\omega_n = \sqrt{\frac{k}{m}}$$

を導入して式を変形すると，以下を得る．

$$\ddot{x} + \omega_n^2 x = 0 \tag{3.2}$$

式 (3.2) は数学における同次微分方程式であるから，同次微分方程式を解くテクニックを用いれば，解が得られる．すなわち，まず，

$$x(t) = Xe^{\lambda t}$$

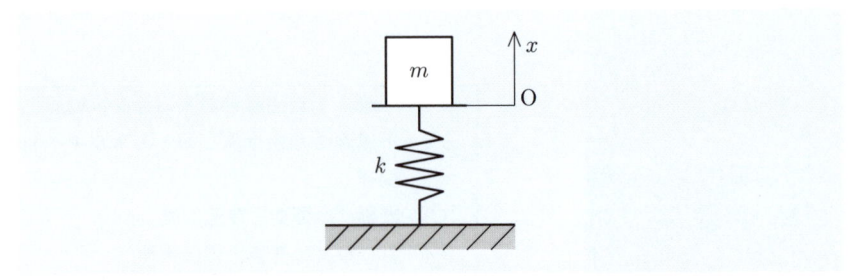

図 3.1　不減衰 1 自由度振動系の力学モデル

3.1 不減衰 1 自由度振動系の自由振動解

と仮定し，式 (3.2) に代入して整理すると，

$$(\lambda^2 + \omega_n^2)Xe^{\lambda t} = 0 \tag{3.3}$$

を得る．ここで $X = 0$ は無意味な解であり，また，$e^{\lambda t}$ はどのような場合でも 0 にはならないことを考慮すると，$Xe^{\lambda t} \neq 0$ であるから，式 (3.3) が成立するためには，

$$\lambda^2 + \omega_n^2 = 0 \tag{3.4}$$

である必要がある．式 (3.4) は後に示すように，系の特性を表す式であるため，特性方程式と呼ばれている．特性方程式 (3.4) を λ について解くと，特性根

$$\lambda = \pm i\omega_n$$

が得られる．ここで i は虚数単位 ($i = \sqrt{-1}$) を表している．これらの特性根を用いて，変位 x の特解を定めることができる．すなわち

$$x(t) = e^{i\omega_n t} \quad \text{および} \quad x(t) = e^{-i\omega_n t}$$

の 2 つの時間関数が変位 x の特解である．n 階の同次微分方程式の全ての解を表すことができる一般解は，n 個の線形独立な特解の線形和であるから，D_1 および D_2 を定数として，一般解を

$$x(t) = D_1 e^{i\omega_n t} + D_2 e^{-i\omega_n t} \tag{3.5}$$

と書くことができる．ただし，$x(t)$ が実数であることを考慮すると，定数 D_2 は定数 D_1 の共役な複素数である必要がある．

$$D_2 = D_1^* = \text{Re}\{D_1\} - i\text{Im}\{D_1\} \tag{3.6}$$

ここで，上付き添え字 $*$ は共役を表す記号であり，Re, Im はそれぞれ引数の実数部，虚数部を表している．式 (3.5) を式 (3.6) およびオイラーの公式

$$e^{\pm i\theta} = \cos\theta \pm i\sin\theta$$

を考慮して変形すると，

$$x(t) = (\text{Re}\{D_1\} + i\,\text{Im}\{D_1\})(\cos\omega_n t - i\sin\omega_n t)$$

$$+ (\text{Re}\{D_1\} - i\,\text{Im}\{D_1\})(\cos\omega_n t + i\sin\omega_n t)$$
$$= 2\text{Re}\{D_1\}\cos\omega_n t + 2\text{Im}\{D_1\}\sin\omega_n t$$

が得られるので，実数 C_1, C_2 を

$$C_1 = 2\text{Re}\{D_1\}, \quad C_2 = 2\text{Im}\{D_1\}$$

とおくと，一般解として

$$x(t) = C_1\cos\omega_n t + C_2\sin\omega_n t \tag{3.7}$$

を得る．この時点でも実数 C_1, C_2 は未定定数であるが，自由振動応答 $x(t)$ の初期条件，

$$x(0) = x_0, \quad \dot{x}(0) = v_0$$

が与えられている場合，式 (3.7) より，

$$\dot{x}(t) = -\omega_n C_1 \sin\omega_n t + \omega_n C_2 \cos\omega_n t$$

であることを考慮すると，以下の連立方程式を得る．

$$x_0 = C_1, \quad v_0 = \omega_n C_2$$

これらを C_1, C_2 について解くと，

$$C_1 = x_0, \quad C_2 = \frac{v_0}{\omega_n}$$

となるから，初期条件応答 $x(t)$ は最終的に

$$x(t) = x_0 \cos\omega_n t + \frac{v_0}{\omega_n}\sin\omega_n t \tag{3.8}$$

となる．この式が本節で最も重要な不減衰 1 自由度振動系の自由振動応答を表す式である．

さらに，式 (3.8) を変形すると，

$$x(t) = A\cos(\omega_n t - \phi) \tag{3.9}$$

が得られる．ここで，

$$A = \sqrt{C_1^2 + C_2^2} = \sqrt{x_0^2 + \left(\frac{v_0}{\omega_n}\right)^2}$$

3.1 不減衰1自由度振動系の自由振動解

$$\phi = \tan^{-1}\left\{\frac{C_2}{C_1}\right\} = \tan^{-1}\left\{\frac{v_0}{x_0\omega_n}\right\}$$

である．式 (3.9) から，以下のことが分かる．

(1) 自由振動応答は初期変位および初期速度の値にかかわらず，常に角振動数 ω_n (rad/s) の正弦波（余弦波）で表される．
(2) 自由振動の振幅 A は初期変位と初期速度に依存しているが，時間に関して一定である．
(3) 自由振動応答は位相遅れ ϕ を持っており，ϕ も初期変位と初期速度に依存している．

ここで，(1) に示すように，自由振動応答の角振動数 ω_n (rad/s) は，初期条件に依存しない，系に固有の角振動数であることから，**固有角振動数（natural angular frequency）**と呼ばれる重要な量である．そこで定義を再記しておこう．

$$\omega_n = \sqrt{\frac{k}{m}}$$

下付添え字の n は，natural（形容詞：固有の）を表している．

式 (3.8) または (3.9) を図に描くと図 3.2 となる．ここで，自由振動の周期 T_n (s) は，固有角振動数 ω_n (rad/s) を用いて

$$T_n = \frac{2\pi}{\omega_n}$$

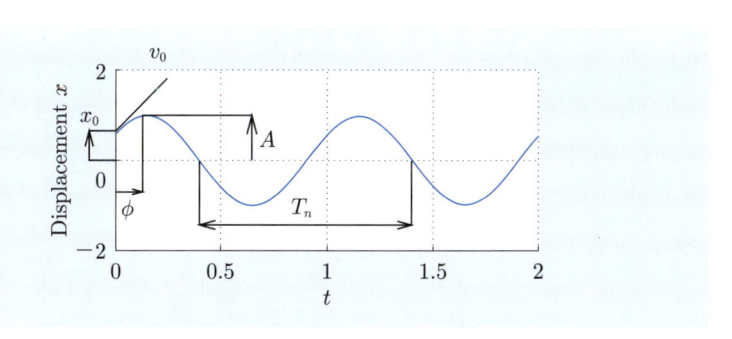

図 3.2 不減衰1自由度振動系の自由振動応答

と定義される．これを**固有周期**（**natural period**）といい，固有周期 T_n (s) の逆数を**固有振動数**（**natural frequency**）という．

$$f_n = \frac{1}{T_n} = \frac{\omega_n}{2\pi}$$

固有振動数 f_n の単位は Hz であり，その次元は $[\mathrm{s}^{-1}]$ である．固有角振動数は，数学的には重要であるが，人間が理解にしにくいので，多くの場合固有振動数を使って系の特徴を表現する場合が多い．

例題 3.1

鉛直に吊り下げられたばねとその先端に付けられた質量からなる 1 自由度振動系を考える．質量の重さは 200 g であり，ばねは静的平衡状態のとき自然長から 0.02 mm 伸びている．重力加速度を $g = 9.8\,\mathrm{m/s^2}$ として，この系の固有振動数を計算しなさい．

【**解答**】 質量 m の単位は kg とするため，$m = 0.2\,\mathrm{kg}$ である．0.2 kg の質量に対してばねの伸びが 0.02 mm であれば，ばね剛性は簡単に $0.2/0.02 = 10\,\mathrm{kgf/mm}$ と書けるが，SI 単位系にそろえて，$k = 98 \times 10^3\,\mathrm{N/m}$ とすべきである．これらより，固有角振動数は以下のように計算できる．

$$\omega_n = \sqrt{\frac{k}{m}} = \sqrt{\frac{98 \times 10^3}{0.2}} = \sqrt{49 \times 10^4} = 700\,\mathrm{rad/s} \qquad (3.10)$$

したがって，固有振動数は以下となる．

$$f_n = \frac{\omega_n}{2\pi} = \frac{700}{6.28} \approx 111\,\mathrm{Hz}$$

ここで，初期変位 x_0 (m) および 初期速度 v_0 (m/s) の与え方について説明しておく．振動系に意図して初期条件を与える場合には，初期変位と初期速度を同時に与えることは少ない．初期変位を与える場合には，静的な力 F (N)

$$F = kx_0$$

を系に与え，$t = 0$ において，力 F を瞬時に取り除くことにより，初期速度 $v_0 = 0$ としながら，初期変位 x_0 (m) を実現するのが一般的である．また，初

3.1 不減衰1自由度振動系の自由振動解

期速度を与える場合には，静的平衡状態にある系に対してごく短時間だけ作用する動的な力 $f(t)$ (N) を用いて力積

$$\int_0^\epsilon f(t)dt = mv_0 \tag{3.11}$$

を与えることにより，初期変位 $x_0 = 0$ としながら，初期速度 v_0 を実現する．ただし，ここでは動的な力のごく短い作用時間を ϵ (s) としている．式 (3.11) の力積により，系に初期速度が与えられるのは，力積を与える前後の運動量保存則で説明できる．

単位の話

平成5年に制定された日本の計量法ではSI単位系を用いることが定められており，国際的に見ても多くの国でSI単位系を使用することが義務付けられている．日本ではkgfなどSI単位以外の単位を使用することは少なくなってきたが，いかなる場合でもSI単位を使用するようにする必要がある．特に，プログラム中の変数の値は単位を同時に持たないので，人によって解釈する単位が異なれば結果は違う意味を持つ場合もあり，注意が必要である．例えば，NASAが1999年に火星の周回軌道に投入したマーズ・クライミット・オービターは，機体製作者とNASAの間で単位のとり違いがあり，周回軌道投入後に火星に墜落してしまい，1億2500万ドルの制作費や長年に渡る多くの人の努力が無駄になってしまった[4]．振動の問題で言えば，その数字が「固有角振動数」（単位：rad/s）なのか「固有振動数」（単位：Hz）なのかを混同してしまうと，致命的な機械の欠陥となる可能性がある．したがって，値には必ず単位をつけるとともに，日頃から正しい用語を用いてやり取りをすることを心がけてもらいたい．

3.2 不減衰1自由度振動系とエネルギーの保存

不減衰1自由度振動系が自由振動をしており，変位 x, 速度 $\dot{x}$ である瞬間を考える．このとき，質量 m の持つ運動エネルギー T (J) は

$$T = \frac{1}{2}m\dot{x}^2$$

であり，ばねに蓄えられているポテンシャルエネルギー U (J) は

$$U = \int_0^x kx dx$$
$$= \frac{1}{2}kx^2$$

である．例題 3.2 に示すように，重力によるポテンシャルエネルギーは考慮する必要がないので，系の持つ力学的エネルギー E (J) は運動エネルギー T (J) とばねに蓄えられているポテンシャルエネルギー U (J) の和となる．

$$E = T + U$$
$$= \frac{1}{2}m\dot{x}^2 + \frac{1}{2}kx^2$$

力学的エネルギー E (J) の時間 t による微分を求めると，

$$\frac{dE}{dt} = \frac{1}{2}m\frac{d}{dt}\{\dot{x}^2\} + \frac{1}{2}k\frac{d}{dt}\{x^2\}$$
$$= \frac{1}{2}m\frac{d}{d\dot{x}}\{\dot{x}^2\}\frac{d\dot{x}}{dt} + \frac{1}{2}k\frac{d}{dx}\{x^2\}\frac{dx}{dt}$$
$$= \frac{1}{2}m\{2\dot{x}\}\ddot{x} + \frac{1}{2}k\{2x\}\dot{x}$$
$$= (m\ddot{x} + kx)\dot{x}$$

となるが，運動方程式 (3.1) を考慮すれば，

$$\frac{dE}{dt} = 0$$

となる．これは「不減衰1自由度振動系の力学的エネルギーは一定」であることを示している．このことは系に減衰要素を含まない不減衰系であるため，当然とも言えるが，一度は式で確かめておきたい事実である．

次に，力学的エネルギーの絶対値について考察しよう．不減衰1自由度振動系の力学的エネルギーは自由振動中は不変であるので，系の初期条件で定めら

3.2 不減衰1自由度振動系とエネルギーの保存

れる力学的エネルギー E (J) が保存される．したがって，力学的エネルギーを初期条件

$$x(0) = x_0, \ \dot{x}(0) = v_0$$

から計算すると，

$$\begin{aligned}
E &= T + U \\
&= \frac{1}{2}mv_0^2 + \frac{1}{2}kx_0^2 \\
&= \frac{1}{2}k\frac{m}{k}v_0^2 + \frac{1}{2}kx_0^2 \\
&= \frac{1}{2}k\frac{v_0^2}{\omega_n^2} + \frac{1}{2}kx_0^2 \\
&= \frac{1}{2}kA^2 \\
&= \frac{1}{2}m\omega_n^2 A^2
\end{aligned}$$

などと計算できる．

次に，振動系の自由振動においては，変位 x および速度 $\dot{x}$ が周期的に 0 になる特徴がある．変位 $x = 0$ の瞬間には，$U = 0$ となり，$T = E$ となる．このときの T は最大値となるため，

$$T_{\max} = E \tag{3.12}$$

と書くことができる．また，速度 $\dot{x} = 0$ の瞬間には，$T = 0$ となり，$U = E$ となる．このときの U は最大値となるため，

$$U_{\max} = E \tag{3.13}$$

と書くことができる．式 (3.12) および (3.13) から分かるように，

$$T_{\max} = U_{\max}$$

となることが，不減衰振動系の特徴であると言える．第 3.5 節では，この特徴を利用してばね要素の等価質量を求める **レイリー法** について解説する．

例題 3.2

図 3.3 は天井から下げられたばねに質量がついている不減衰 1 自由度振動系である．図において，記号 x は変位を示している．このような系において，質量が重力場で上下に移動しても重力場によるポテンシャルエネルギーの変化を考慮しなくてよいことを示せ．

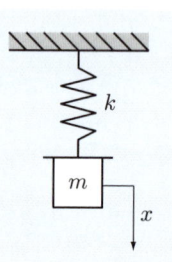

図 3.3 不減衰 1 自由度振動系

【解答】 まず，重力のポテンシャルエネルギーの原点は任意の位置に選択できるので，ばねの自然長から X_1 (m) の位置に選択する．このとき，ばねのポテンシャルエネルギーのみを考慮すればよいので，

$$U_1 = \frac{1}{2}kX_1^2$$

と書ける．別の位置 X_2 (m) においては，重力のポテンシャルエネルギーも考慮して，

$$U_2 = \frac{1}{2}kX_2^2 + mg(X_1 - X_2)$$

となる．ここで，自然長から静的平衡位置までのばねの伸びを X_0 とし，変位 $x_1 = X_1 - X_0$，$x_2 = X_2 - X_0$ を用い，ばねの伸び X_0 による復元力が質量に作用する重力 mg と釣り合っている，すなわち $mg - kX_0 = 0$ である，ことを考慮しつつ，これらの差を計算すると，

$$\begin{aligned}
U_1 - U_2 &= \frac{1}{2}kX_1^2 - \frac{1}{2}kX_2^2 - mg(X_1 - X_2) \\
&= \frac{1}{2}k(X_1 + X_2)(X_1 - X_2) - mg(X_1 - X_2) \\
&= (X_1 - X_2)\left\{\frac{1}{2}k(X_1 + X_2) - mg\right\}
\end{aligned}$$

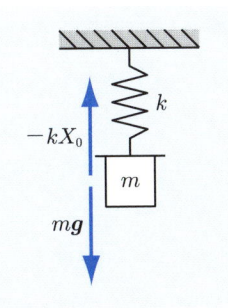

3.2 不減衰1自由度振動系とエネルギーの保存

図 3.4 重力と静的ばね力の釣り合い

$$
\begin{aligned}
&= (X_0 + x_1 - X_0 - x_2)\left\{\frac{1}{2}k(X_0 + x_1 + X_0 + x_2) - mg\right\} \\
&= (x_1 - x_2)\left\{\frac{1}{2}k(x_1 + x_2) + kX_0 - mg\right\} \\
&= \frac{1}{2}k(x_1^2 - x_2^2)
\end{aligned}
$$

となる．この結果から，ポテンシャルエネルギーとして変位を用いたばねのポテンシャルエネルギーのみを考慮すればよいことが分かる．ここで，重力のポテンシャルエネルギーの原点は変位 x の原点である静的平衡点にとる必要がないことに注意する必要がある．重力のポテンシャルエネルギーがその原点の位置によらず2点間のポテンシャルエネルギーの差に影響しない理由は，質量に作用する重力 mg と釣り合ったばね力 kX_0 が常に作用しており，質量を上下方向に移動したときにこれらの力による仕事は常に0であるからである，と解釈できる．

3.3　直動ばね要素の等価剛性

図 3.5 に示す**コイルばね**は**直動ばね**要素として最も基本的な要素である．コイルばねの素線径 d (m)，平均径 D (m)，巻き数 n (回)，横弾性係数 G (Pa) とすれば，材料力学より，そのばね剛性 k (N/m) は以下の式で与えられる．

$$k = \frac{Gd^4}{8nD^3}$$

ただし，コイルばねの材料がばね鋼であれば横弾性係数 G (Pa) は 7.85×10^{10} Pa としてよい．

自由応答の特徴から，1自由度振動系にモデル化できそうな系のばね要素は，図 3.5 に示すような単純な 1 つのコイルばねとは限らない．そこで以下では様々な形状や配置の直動ばね要素に対する等価剛性 k (N/m) を示す．

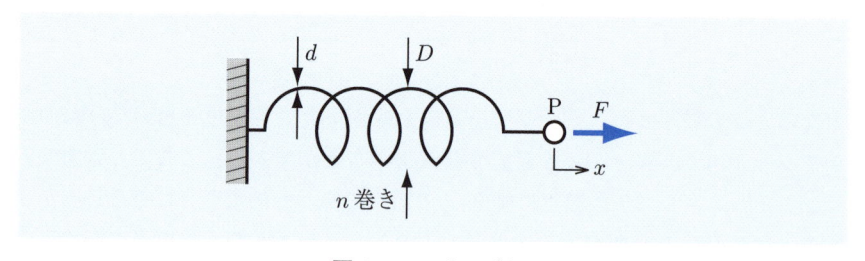

図 3.5　コイルばね

3.3.1　傾斜ばね

図 3.6 (a) は変位の方向に対して θ (rad) 傾いた**傾斜ばね**の例を示している．力点 P が微小変位 x だけ変位したとき，$\theta' = \theta$ としてよいから，傾斜ばねは $x\cos\theta$ だけ伸びる．

したがって，ばねの復元力は $-k_1 x \cos\theta$ であるが，x の運動方向成分だけが振動系に対する実際の復元力となるので，$-k_1 x \cos^2\theta$ である．これを等価剛性 k を用いて $-kx$ と置けば，等価剛性は

$$k = k_1 \cos^2\theta \tag{3.14}$$

となる．

3.3 直動ばね要素の等価剛性

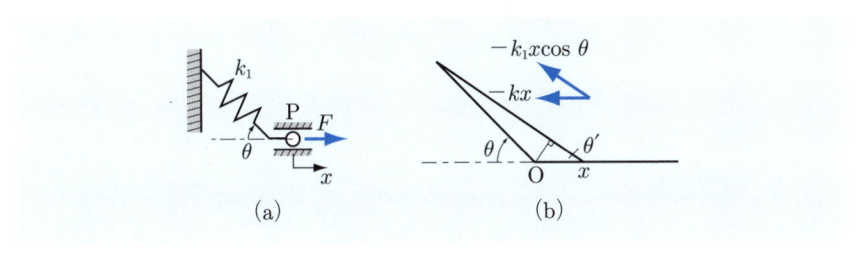

図 3.6 傾斜ばね

3.3.2 並列ばね

図 3.7 は 2 つのばねが並列ばねとなっている例を示している．並列ばねはその構成から「**複数のばねの変位が同一**」であることが特徴であり，図 3.7(b) のように，一見直列結合に見える場合も並列ばねという．並列ばねの場合，変位が共通であるから，力の作用点 P に作用する静的な力 F (N) と復元力の間には

$$F = k_1 x + k_2 x$$

の関係式が成り立つ．上式より，

$$F = (k_1 + k_2)x$$

と書けるから，並列ばねの等価剛性は

$$k = k_1 + k_2$$

となる．

一般にばね剛性 k_i (N/m) ($i = 1, \cdots, n$) の n 個のばねが並列ばねとなっている場合には，その等価剛性は

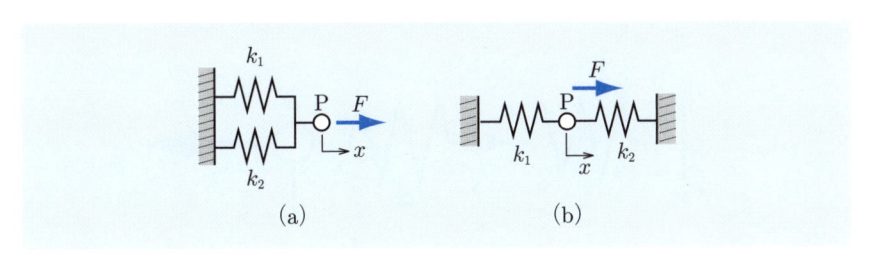

図 3.7 並列ばね

$$k = \sum_{i=1}^{n} k_i$$

で計算できる.

3.3.3 直列ばね

図 3.8 は 2 つのばねが**直列ばね**となっている例を示している.直列ばねはその構成から「**複数のばねの作用力が同一**」であることが特徴である.直列ばねの場合,作用力が共通であるから,力の作用点 P に作用する静的な力 F (N) と復元力の間には

$$F = k_1 x_1$$
$$= k_2 x_2$$

の関係式が成り立つ.ここで,x_1 (m),x_2 (m) はばね剛性 k_1 (N/m),k_2 (N/m) のばねの変位である.ばね要素全体の変位 x (m) は x_1 と x_2 の和であるから,

$$\begin{aligned} x &= x_1 + x_2 \\ &= \frac{F}{k_1} + \frac{F}{k_2} \\ &= \frac{F(k_1 + k_2)}{k_1 k_2} \end{aligned}$$

と書けるから,直列ばねの等価剛性は

$$k = \frac{k_1 k_2}{k_1 + k_2}$$

となる.

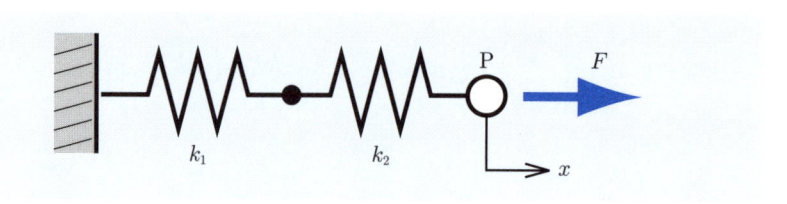

図 3.8 直列ばね

3.3　直動ばね要素の等価剛性

一般にばね剛性 k_i (N/m) ($i=1,\cdots,n$) の n 個のばねが直列ばねとなっている場合には，その等価剛性は

$$k = \left\{ \sum_{i=1}^{n} k_i^{-1} \right\}^{-1}$$

で計算できる．

3.3.4　てこばね

図 3.9 は一端を回転自由支持された曲げ剛性が無限大とみなせる剛なはりとばねからなる，てこばねである．てこばねのはりの一点に力が作用すると，はりは回転支持点を中心として回転運動するが，微小変位の範囲で直動ばねと利用されることがある．

てこばねの力の作用点 P の変位を x (m)，ばねの伸びを x_1 (m) とおくと，回転支持点まわりのモーメントの釣り合い式は，

$$-FL + k_1 x_1 L_1 = 0 \tag{3.15}$$

となる．また，幾何学的関係より，

$$x_1 = \frac{L_1}{L} x \tag{3.16}$$

であるから，式 (3.15) および (3.16) より，

$$F = \frac{L_1^2}{L^2} k_1 x$$

が成立する．したがって，てこばねの等価剛性は

$$k = \frac{L_1^2}{L^2} k_1 \tag{3.17}$$

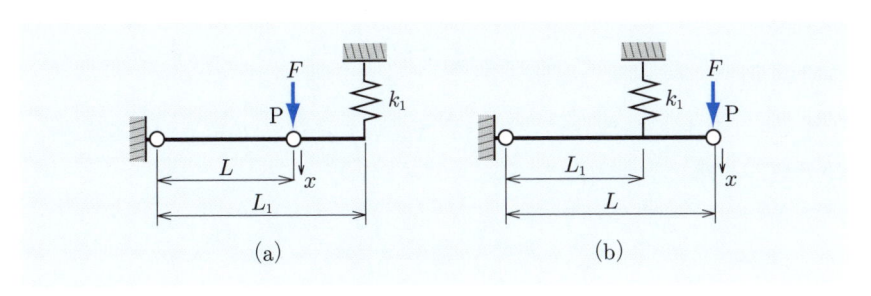

図 3.9　てこばね

となる.

一般にばね剛性 k_i (N/m) ($i = 1, \cdots, n$) の n 個のばねが L_i (m) ($i = 1, \cdots, n$) の位置でてこばねに取り付けられている場合には，位置 L (m) におけるその等価剛性は

$$k = \left\{ \sum_{i=1}^{n} L_i^2 k_i \right\} / L^2$$

で計算できる.

■ **例題 3.3**

図 3.10 は，曲げ剛性が無限大で質量のないはり，ばね剛性 k_1 (N/m) で傾斜角 $\pi/4$ (rad) の傾斜ばねおよび質量 m からなる系である．m の位置における直動ばねの等価剛性，運動方程式および固有振動数を示しなさい．

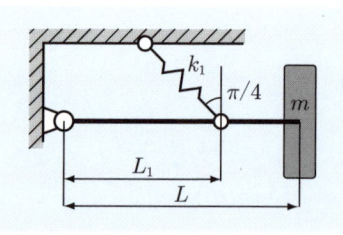

図 3.10 傾斜ばねを有するてこばね

【**解答**】 ばね剛性 k_1 (N/m) の傾斜ばねの角度は $\pi/4$ (rad) であるから，傾斜ばねの公式 (3.14) を用いてばねの取り付け位置での等価剛性 k_1' (N/m) を計算すると，

$$k_1' = k_1 \cos^2\left(\frac{\pi}{4}\right) = \frac{k_1}{2}$$

となる．これをてこばねの公式 (3.17) を用いて質量 m の位置での等価剛性 k (N/m) に換算しなおせば，

$$k = \frac{L_1^2}{L^2} k_1' = \frac{L_1^2}{2L^2} k_1$$

と計算できる．また，静的平衡点からの変位を x (m) とし，質量 m (kg)，等

価剛性 k (N/m) を用いれば運動方程式は

$$m\ddot{x} + kx = 0 \quad \text{または} \quad m\ddot{x} + \frac{L_1^2}{2L^2}k_1 x = 0$$

となる．ここで，静的平衡点からの変位を用いているため，運動方程式中に重力の影響を考慮しなくてよいことに注意しよう．この式から固有振動数 f_n (Hz) は

$$\begin{aligned}f_n &= \frac{1}{2\pi}\sqrt{\frac{k}{m}} \\ &= \frac{1}{2\pi}\frac{L_1}{L}\sqrt{\frac{k_1}{2m}}\end{aligned}$$

と計算できる．

3.3.5 分配ばね

図 3.11 は曲げ剛性が無限大とみなせる剛なはりと 2 つのばねからなる，分配ばねである．はりの傾きを 0 に拘束した場合，このばね系は並列ばねとなるが，はりの傾きを許容する場合には分配ばねとして扱わなくてはならない．

分配ばねの力の作用点 P の変位を x (m)，2 つのばねにおける変位を x_1 (m)，x_2 (m) とおくと，まず，回転支持点まわりのモーメントの釣り合い式は，

$$-FL_1 + k_2 x_2 L = 0 \tag{3.18}$$

となる．また，力の釣り合い式より，

$$-F + k_1 x_1 + k_2 x_2 = 0 \tag{3.19}$$

さらに，幾何学的関係より，

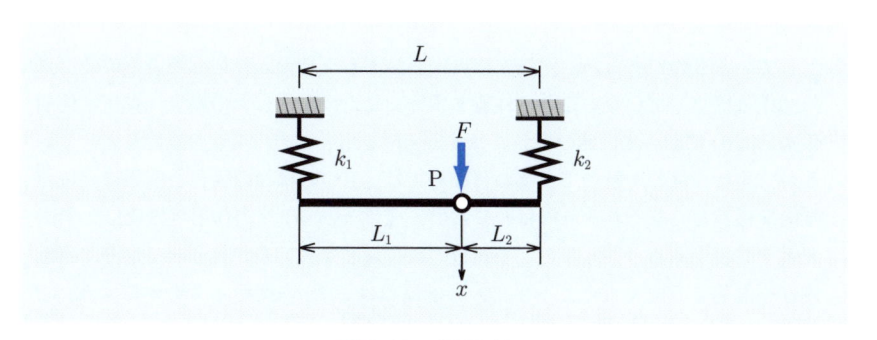

図 3.11　分配ばね

$$x = \frac{L_2 x_1 + L_1 x_2}{L} \tag{3.20}$$

であるから，式 (3.18)～(3.20) より，導入した x_1 および x_2 を消去して，変位 x と作用力 F との関係を導けばよい．式を整理すれば

$$F = \frac{L^2 k_1 k_2}{k_1 L_1^2 + k_2 L_2^2} x$$

が得られるから，分配ばねの等価剛性は

$$k = \frac{k_1 k_2 L^2}{k_1 L_1^2 + k_2 L_2^2} \tag{3.21}$$

となる．

☕ てこばねと分配ばねの等価剛性の計算

分配ばねの等価剛性の計算にはモーメントの釣り合い式 (3.18) と幾何学的関係式 (3.20) に加え，力の釣り合い式 (3.19) を使用したが，てこばねの等価剛性の計算にはモーメントの釣り合い式 (3.15) と幾何学的関係式 (3.16) のみを用いた．これはてこばねの場合，回転支持点における支持力を求める必要がないためである．特に，しばしば見られる間違いとして，てこばねの場合に力の釣り合い式

$$-F + k_1 x_1 = 0 \tag{3.22}$$

としているものがあるが，回転支持点においても支持力が作用しているので，式 (3.22) は成立していないことに注意しよう．また，分配ばねの場合，幾何学的関係式 (3.20) において両側のばねにおける変位を用いて力作用点の変位を表しているが，複数のばねを持つてこばねにおいては，1 つのばねの場合と同様に，幾何学的関係式としてそれぞれのばねにおける変位 x_i (m) を力作用点の変位 x (m) で表す必要がある．さもないと未知数の数に対して式の数が足りなくなり，等価剛性を計算できなくなる．さらに，分配ばねは p.78 の問題 4 で分かるように 2 つのてこばねが直列ばねとなっていると見なすこともできる．

■ 例題 3.4

分配ばねが傾きを拘束しなくても並列ばねと見なせる力作用点位置を求めなさい．

【解答】 分配ばねの等価剛性は式 (3.21) より，

$$k = \frac{k_1 k_2 L^2}{k_1 L_1^2 + k_2 L_2^2}$$

で計算できるから，これが並列ばねの等価剛性

$$k = k_1 + k_2$$

に等しいためには，

$$\frac{k_1 k_2 L^2}{k_1 L_1^2 + k_2 L_2^2} = k_1 + k_2$$

とおいて，$L_2 = L - L_1$ を代入して L_2 を消去し，L_1 について解けば，

$$\{(k_1 + k_2)L_1 - k_2 L\}^2 = 0$$

を得る．すなわち，求める力作用点位置は以下となる．

$$L_1 = \frac{k_2}{k_1 + k_2} L$$

3.3.6 片持ちはり

図 3.12 は有限の曲げ剛性を持つ**片持ちはり**である．このような片持ちはり構造も現実の機械の中で直動ばねとして利用されている．長さ L (m)，ヤング率 E (Pa)，**断面 2 次モーメント**（コラム p. 44 を参照）I (m^4) の一様な片持ち

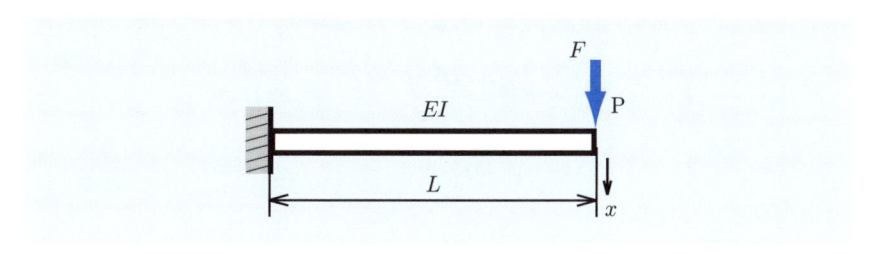

図 3.12　片持ちはり

はりの先端に力 F (N) が作用したときのはりの静たわみは，材料力学より，はりの左端の原点を取り，たわみ方向に w 座標，はりに沿った方向に y 座標を取れば，

$$w(y) = \frac{F}{6EI}y^2(3L - y) \tag{3.23}$$

と求められている．この式 (3.23) より，力 F (N) と先端の変位 $x = w(L)$ (m) との関係を求めれば，

$$x = \frac{L^3}{3EI}F$$

☕ 断面2次モーメント

　はりの曲がりにくさを決めているのは，はりの材料のヤング率 E (Pa) と断面の形状で定まる断面2次モーメント I (m^4) である．詳しくは材料力学の教科書を参照していただきたいが，断面2次モーメントは図心を通る曲げに対する中立軸から断面内に垂直にとった座標 z を用いて，

$$I = \int_A z^2 dA$$

で計算される．例えば，幅 b (m)，高さ h (m) の長方形断面であれば

$$I = 2\int_0^{h/2} z^2 b dz = 2b\left[\frac{z^3}{3}\right]_0^{h/2} = \frac{bh^3}{12}$$

と計算できる．同様に，直径 D (m) の円形断面であれば，以下となる．

$$\begin{aligned}
I &= 4\int_0^{D/2} z^2\sqrt{\frac{D^2}{4} - z^2}\,dz \\
&= 4\int_0^{\pi/2} \left\{\frac{D^2}{4}\sin\theta^2\right\}\left\{\frac{D}{2}\cos\theta\right\}\left\{\frac{D}{2}\cos\theta d\theta\right\} \\
&= \frac{D^4}{4}\int_0^{\pi/2} \sin^2\theta\cos^2\theta d\theta = \frac{D^4}{4}\int_0^{\pi/2}\left(\frac{1}{2}\sin 2\theta\right)^2 d\theta \\
&= \frac{D^4}{4}\int_0^{\pi/2} \frac{1}{4}\left\{\frac{1}{2}(1-\cos 4\theta)\right\}d\theta = \frac{D^4}{32}\left[\theta - \frac{1}{4}\sin 4\theta\right]_0^{\pi/2} = \frac{D^4}{32}\frac{\pi}{2} \\
&= \frac{\pi D^4}{64}
\end{aligned}$$

と書けるので，等価剛性は

$$k = \frac{3EI}{L^3} \tag{3.24}$$

となる．はりの材質が軟鋼であればヤング率 E (Pa) は 2.06×10^{11} Pa である．

3.3.7 両端単純支持はり

図 3.13 は有限の曲げ剛性を持つ**両端単純支持はり**である．長さ L (m)，ヤング率 E (Pa)，断面 2 次モーメント I (m^4) の一様な両端単純支持はりの一端から L_1 (m) の位置に力 F が作用したときのはりの静たわみは，材料力学より，はりの左端に原点を取り，たわみ方向に w 座標，はりに沿った方向に y 座標を取れば，

$$w(y) = \begin{cases} -\dfrac{F}{6EI}\dfrac{L_2}{L}y(y^2 - 2L_1 L + L_1^2) & (0 \leq y \leq L_1) \\ -\dfrac{F}{6EI}\dfrac{L_1}{L}(L-y)(y^2 - 2Ly + L_1^2) & (L_1 \leq y \leq L) \end{cases} \tag{3.25}$$

と書ける．この式より，力 F (N) と力点の変位 $x = w(L_1)$ (m) との関係を求めれば，

$$x = \frac{L_1^2 L_2^2}{3EIL}F$$

と書けるので，等価剛性は

$$k = \frac{3EIL}{L_1^2 L_2^2} \tag{3.26}$$

となる．

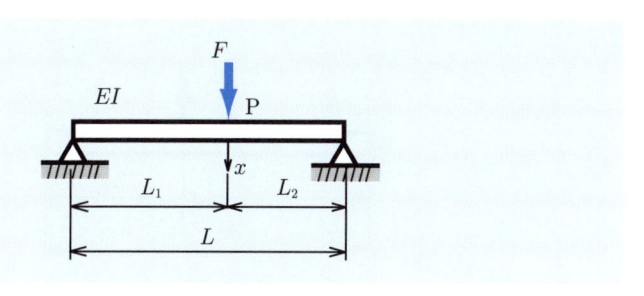

図 3.13 両端単純支持はり

例題 3.5

長さ L (m),ヤング率 E (Pa),断面 2 次モーメント I (m^4) の質量が無視できる一様な両端単純支持はりの中央に質量 m (kg) が存在する場合の等価剛性,運動方程式および固有振動数 f_n (Hz) を求めなさい.

【解答】 式 (3.26) において,$L_1 = L_2 = L/2$ を代入すれば,

$$k = \frac{3EIL}{(L/2)^2(L/2)^2} = \frac{48EI}{L^3} \tag{3.27}$$

を得る.次に,静的平衡点からの変位 x (m) を用い,質量 m (kg),等価剛性 k (N/m) を考慮すると,運動方程式

$$m\ddot{x} + kx = 0$$

を得る.ここで,質量 m (kg) による静たわみ量は小さいとしてその影響を考慮せず,また,静的平衡点からの変位を用いているので,運動方程式中に重力の影響を考慮しなくてよいことに注意しよう.さらに,この式から固有振動数 f_n (Hz) を以下のように計算できる.

$$f_n = \frac{1}{2\pi}\sqrt{\frac{k}{m}} = \frac{1}{2\pi}\sqrt{\frac{48EI}{mL^3}}$$

3.3.8 両端固定はり

図 3.14 は有限の曲げ剛性を持つ**両端固定はり**である.長さ L (m),ヤング率 E (Pa),断面 2 次モーメント I (m^4) の一様な両端固定はりの一端から L_1

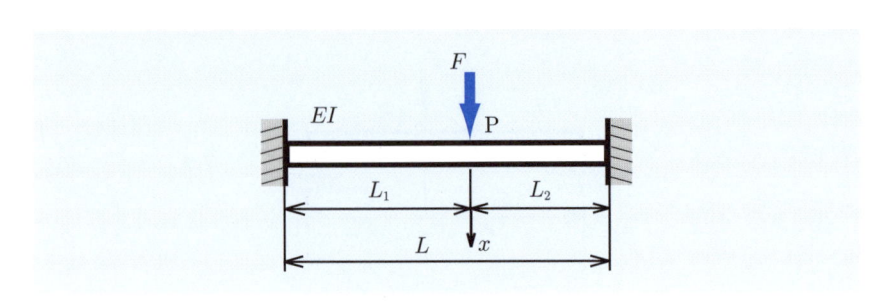

図 3.14 両端固定はり

(m) の位置に力 F (N) が作用したときのはりの静たわみは,材料力学より,たわみ方向に w 座標,はりに沿った方向に y 座標を取れば,

$$w(y) = \begin{cases} \dfrac{FL}{6EI}\dfrac{L_2^2}{L^2}\dfrac{y^2}{L^2}\{3L_1L - (3L_1+L_2)y\} & (0 \le y \le L_1) \\ \dfrac{FL}{6EI}\dfrac{L_2^2}{L^2}\dfrac{y^2}{L^2}\{3L_1L - (3L_1+L_2)y\} \\ \qquad + \dfrac{F(y-L_1)^3}{6EI} & (L_1 \le y \le L) \end{cases} \quad (3.28)$$

と書ける.この式より,力 F (N) と力点の変位 $x = w(L_1)$ (m) との関係を求めれば,

$$x = \frac{L_1^3 L_2^3}{3EIL^3} F$$

と書けるので,等価剛性は

$$k = \frac{3EIL^3}{L_1^3 L_2^3} \quad (3.29)$$

となる.

───■ 例題 3.6 ───

長さ L (m),ヤング率 E (Pa),断面 2 次モーメント I (m^4) の一様な両端固定はりの中央における等価剛性を求めなさい.

【解答】 式 (3.29) において,$L_1 = L_2 = L/2$ を代入すれば,

$$k = \frac{3EIL^3}{(L/2)^3(L/2)^3} = \frac{192EI}{L^3}$$

を得る. ■

例題 3.5 の等価剛性の式 (3.27) と,比較により,両端での支持条件を単純支持から固定に変更すると等価剛性は 4 倍になることに注意して欲しい.

3.3.9 2 枚平行板ばね

図 3.15 は有限の曲げ剛性を持つ **2 枚平行板ばね** である.2 枚平行板ばねは,同じ諸元の 2 枚の片持ちはりの間に変形しないスペーサを挟んで固定した構造

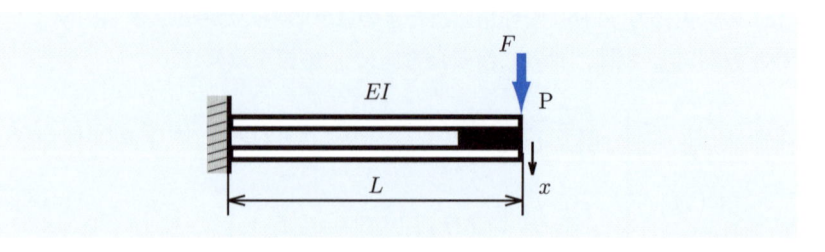

図 3.15　2 枚平行板ばね

を持ち，片持ちはりの先端に力が作用したときに，傾きを 0 にしたい場合に用いられる．長さ L (m)，ヤング率 E (Pa)，断面 2 次モーメント I (m^4) の 2 本のはりからなる 2 枚平行板ばねの先端に力 F (N) が作用したときのはりの静たわみは，長さ $2L$ (m)，固定端から力点の位置 L (m) の両端固定はりのたわみ曲線を利用して計算できる．すなわち，たわみ方向に w 座標，はりに沿った方向に y 座標を取れば，式 (3.28) より，

$$w(y) = \frac{F(2L)}{6EI} \frac{L^2}{(2L)^2} \frac{y^2}{(2L)^2} \{3L(2L) - (3L+L)y\}$$
$$= \frac{F}{24EI} y^2 (3L - 2y) \qquad (0 \leq y \leq L)$$

と書ける．この式より，力 F (N) と力点の変位 $x = w(L)$ (m) との関係を求めれば，

$$x = \frac{L^3}{24EI} F$$

と書けるので，等価剛性は

$$k = \frac{24EI}{L^3} \qquad (3.30)$$

となる．

式 (3.24) と (3.30) の比較から，2 枚平行板ばねは片持ちはりを 2 枚に増やした効果とともに，境界条件を変更した効果があり，2 枚平行板ばねは 1 つの片持ちはりの 8 倍もの等価剛性が得られることに注意して欲しい．

■ 例題 3.7

図 3.16 は軸受で支持された弾性軸のモデルである．軸受剛性は k_1 (N/m) および k_2 (N/m)，軸の長さ L (m)，ヤング率 E (Pa)，断面 2 次モーメント I (m^4) であるとき，力作用点位置における等価剛性 k (N/m) を求めなさい．

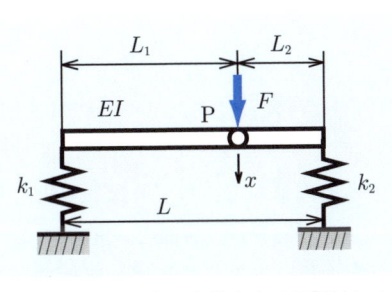

図 3.16 軸受で支持された弾性軸

【解答】 軸受で支持された弾性軸の支持点は，単純支持と見なせるため，弾性軸を両端単純支持はりと見なせば，弾性軸に作用する力はそのまま 2 つの軸受に分配されて作用する．すなわち「**複数のばねの作用力が同一**」であるから，この系は両端単純支持はりと分配ばねが直列に結合している系と見なせる．両端単純支持はりの等価剛性を k_a (N/m) とすれば，式 (3.26) より，

$$k_a = \frac{3EIL}{L_1^2 L_2^2}$$

が得られ，分配ばねの等価剛性を k_b (N/m) とすれば，式 (3.21) より，

$$k_b = \frac{k_1 k_2 L^2}{k_1 L_1^2 + k_2 L_2^2}$$

が得られる．したがって，系全体の等価剛性は

$$k = \frac{k_a k_b}{k_a + k_b}$$

で計算できる．

3.4 ねじりばね要素の等価剛性

図 3.17 に示す**コイルばねはねじりばね要素**としても基本的な要素である．コイルばねの素線径 d (m)，平均径 D (m)，巻き数 n (回)，ヤング率 E (Pa) とすれば，材料力学より，そのねじりばね剛性 k_t (Nm/rad) は以下の式で与えられる．

$$k_t = \frac{Ed^4}{64nD^3}$$

ただし，コイルばねの材料がばね鋼であればヤング率 E (Pa) は 2.06×10^{11} Pa としてよい．

また，図 3.18 に示す**らせんばね**も，ねじりばね要素として基本的な要素である．らせんばねのヤング率 E (Pa)，断面 2 次モーメント I (m^4)，長さを L (m) とすれば，材料力学より，そのねじりばね剛性 k_t (Nm/rad) は以下の式で与えられる．

$$k_t = \frac{EI}{L}$$

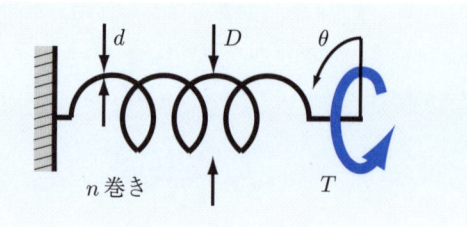

図 3.17　コイルばね

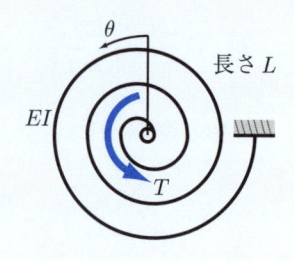

図 3.18　らせんばね

3.4 ねじりばね要素の等価剛性

ただし,らせんばねの材料がばね鋼であればヤング率 E (Pa) は 2.06×10^{11} Pa としてよい.

自由応答の特徴から,1自由度ねじり振動系にモデル化できそうな系のねじりばね要素は,図 3.17 および 3.18 に示すような単純な1つのねじりばねとは限らない.そこで以下では様々な形状や配置のねじりばね要素に対する等価剛性 k_t (Nm/rad) を示す.

3.4.1 一端固定軸

図 3.19 は有限のねじり剛性を持つ**一端固定軸**である.このような一端固定軸構造も現実の機械の中でねじりばねとして利用されている.長さ L (m),横弾性係数 G (Pa),**断面 2 次極モーメント**(コラム p.52 参照)I_P (m^4) の一様な一端固定軸の先端にトルク T (Nm) が作用したときの軸の静的ねじり変位は,材料力学より,ねじり方向に ϕ 座標,はりに沿った方向に y 座標を取れば,

$$\phi(y) = \frac{T}{GI_P} y \tag{3.31}$$

と求められている.この式 (3.31) より,トルク T (Nm) と先端の変位 $\theta = \phi(L)$ (rad) との関係を求めれば,

$$\theta = \frac{L}{GI_P} T$$

と書けるので,ねじりの等価剛性は

$$k_t = \frac{GI_P}{L}$$

となる.軸の材質が軟鋼であれば横弾性係数 G (Pa) は 8.23×10^{10} Pa である.

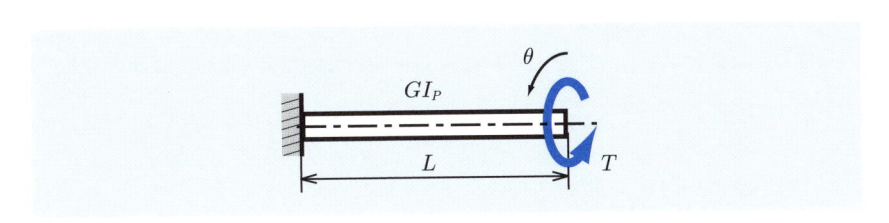

図 3.19 一端固定軸

3.4.2 一端固定段付き軸

図 3.20 は有限のねじり剛性を持つ**一端固定段付き軸**である.材質は一様として,横弾性係数 G (Pa) とし,長さ L_1 (m) の部分の断面 2 次極モーメントを I_{P1} (m^4),長さ L_2 (m) の部分の断面 2 次極モーメントを I_{P2} (m^4) としたときに,先端にトルク T (Nm) が作用したときには,「**複数の軸に作用するトルクは同一**」であり,軸の静的ねじり変位は,それぞれの軸のねじり変位の和になる.これは第 3.3.3 項の直動ばねにおける直列ばねと同じ関係である.したがって,長さ L_1 (m) の部分のねじり剛性を k_{t1} (Nm/rad),長さ L_2 (m) の部分のねじり剛性を k_{t2} (Nm/rad) とおけば,それぞれは,

$$k_{ti} = \frac{GI_{Pi}}{L_i} \qquad (i=1,2)$$

☕ 断面 2 次極モーメント

軸のねじりにくさを決めているのは,軸の材料の横弾性係数 G (Pa) と断面の形状で定まる断面 2 次極モーメント I_P (m^4) である.詳しくは材料力学の教科書を参照していただきたいが,断面 2 次極モーメントはねじりの中心から断面内の微小要素までの距離 r (m) を用いて,

$$I_P = \int_A r^2 dA$$

で計算される.例えば,直径 D (m) の円形断面であれば,以下となる.

$$I_P = \int_0^{D/2} r^2 2\pi r dz = 2\pi \left[\frac{1}{4}r^4\right]_0^{D/2} = 2\pi \frac{1}{4}\frac{D^4}{16}$$
$$= \frac{\pi D^4}{32}$$

同様に,外直径 D_o (m) 内直径 D_i (m) の中空円形断面であれば,以下となる.

$$I_P = \int_{D_i/2}^{D_o/2} r^2 2\pi r dz = 2\pi \left[\frac{1}{4}r^4\right]_{D_i/2}^{D_o/2} = 2\pi \frac{1}{4}\left(\frac{D_o^4}{16} - \frac{D_i^4}{16}\right)$$
$$= \frac{\pi(D_o^4 - D_i^4)}{32}$$

3.4 ねじりばね要素の等価剛性

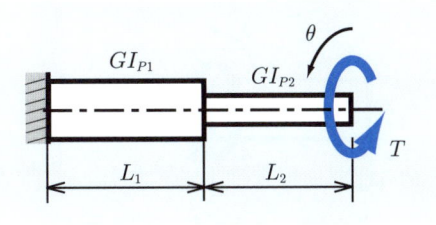

図 3.20 一端固定段付き軸

と求められ，これらを用いてトルク T (Nm) と先端の角変位 θ (rad) との関係を求めれば，

$$\theta = \frac{T}{k_{t1}} + \frac{T}{k_{t2}} = \frac{k_{t1} + k_{t2}}{k_{t1} k_{t2}} T$$

と書けるので，ねじりの等価剛性は以下となる．

$$k_t = \frac{k_{t1} k_{t2}}{k_{t1} + k_{t2}}$$

3.4.3 両端固定段付き軸

図 3.21 は有限のねじり剛性を持つ**両端固定段付き軸**である．材質は一様として，横弾性係数 G (Pa) とし，長さ L_1 (m) の部分の断面 2 次極モーメントを I_{P1} (m^4)，長さ L_2 (m) の部分の断面 2 次極モーメントを I_{P2} (m^4) としたときに，先端にトルク T (Nm) が作用したときには，「**複数の軸の角変位は同一**」となり，トルクはそれぞれの軸の復元トルクの和となる．これは第 3.3.2 項の直動ばねにおける並列ばねと同じ関係である．したがって，長さ L_1 (m) 部分のねじり剛性を k_{t1} (Nm/rad)，長さ L_2 (m) 部分のねじり剛性を k_{t2} (Nm/rad) とおけばそれぞれは，

$$k_{ti} = \frac{G I_{Pi}}{L_i} \qquad (i = 1, 2)$$

と求められ，これらを用いてトルク T (Nm) と先端の角変位 θ (rad) との関係を求めれば，

$$T = k_{t1}\theta + k_{t2}\theta = (k_{t1} + k_{t2})\theta$$

と書けるので，ねじりの等価剛性は以下となる．

$$k_t = k_{t1} + k_{t2}$$

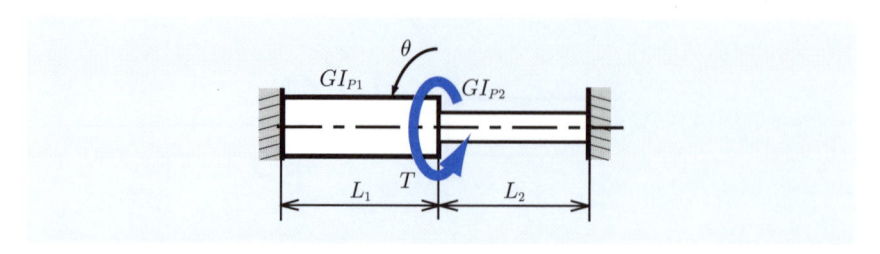

図 3.21 両端固定段付き軸

3.4.4 てこばね

図 3.22 は一端を回転自由支持された曲げ剛性が無限大とみなせる剛なはりとばねからなる，てこばねである．てこばねのはりの一点に力が作用すると，はりは回転支持点を中心として回転運動するため，ねじりばねとして利用されることがある．てこばねの回転支持点まわりに作用するトルクを T (Nm) とし，角変位を θ (rad) としたとき，回転支持点まわりのモーメントの釣り合い式は，

$$T = L_1(\theta L_1 k_1) = L_1^2 k_1 \theta$$

となるので，てこばねのねじりばねとしての等価剛性は

$$k_t = L_1^2 k_1 \tag{3.32}$$

となる．

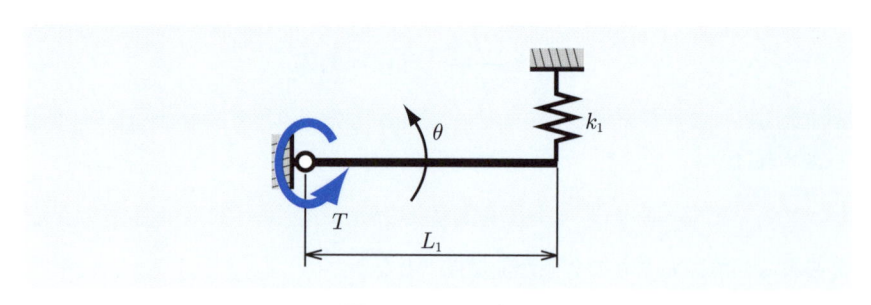

図 3.22 てこばね

3.4 ねじりばね要素の等価剛性

■ 例題 3.8

図 3.22 に示すてこばねにおいて，回転支持点から L (m) の位置に質量 m (kg) が取り付けられている場合の固有振動数 f_n (Hz) を求めなさい．

【解答】 てこばねのねじりばねとしての等価剛性は式 (3.32) より，

$$k_t = L_1^2 k_1$$

と書ける．また，質量 m (kg) の回転支持点まわりの慣性モーメント I_O (kgm^2) は

$$I_O = mL^2$$

と計算できるから，固有振動数は

$$f_n = \frac{1}{2\pi}\sqrt{\frac{k_t}{I_O}} = \frac{1}{2\pi}\sqrt{\frac{L_1^2 k_1}{mL^2}} = \frac{1}{2\pi}\frac{L_1}{L}\sqrt{\frac{k_1}{m}} \qquad (3.33)$$

と計算できる．

一方，てこばねの位置 L (m) における直動ばねとしての等価剛性は，式 (3.17) より，

$$k = \frac{L_1^2}{L^2}k_1$$

であるから，これを用いて固有振動数を計算すれば，

$$f_n = \frac{1}{2\pi}\sqrt{\frac{k}{m}} = \frac{1}{2\pi}\sqrt{\frac{L_1^2 k_1}{mL^2}} = \frac{1}{2\pi}\frac{L_1}{L}\sqrt{\frac{k_1}{m}}$$

となり，当然であるがねじり振動系として見なした結果の式 (3.33) と一致する．

このようにどちらか一方の考え方を理解していれば固有振動数を計算することが可能であるが，どちらの方法でも解が得られるように等価剛性や慣性モーメントについて理解して欲しい．

3.4.5 片持ちはり

図 3.23 は有限の曲げ剛性を持つ**片持ちはり**である．このような片持ちはり構造も現実の機械の中でねじりばねとして利用されることがある．長さ L (m)，ヤング率 E (Pa)，断面 2 次モーメント I (m^4) の一様な片持ちはりの先端にトルク T (Nm) が作用したときのはりの傾き角は，材料力学より，傾き方向に ϕ 座標，はりに沿った方向に y 座標を取れば，

$$\phi(y) = \frac{T}{EI} y \tag{3.34}$$

と求められている．この式 (3.34) より，トルク T (Nm) と先端の角変位 $\theta = \phi(L)$ (rad) との関係を求めれば，

$$\theta = \frac{L}{EI} T$$

と書けるので，等価剛性は

$$k_t = \frac{EI}{L}$$

となる．はりの材質が軟鋼であればヤング率 E (Pa) は 2.06×10^{11} Pa である．

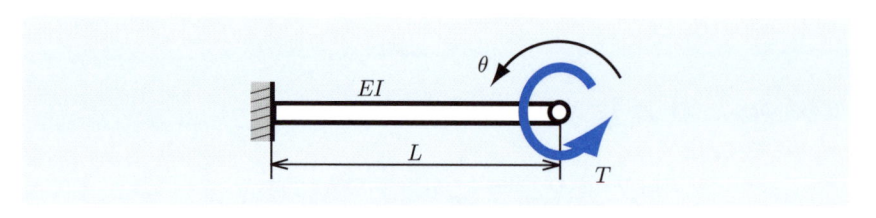

図 3.23 片持ちはり

3.4.6 両端単純支持はり

図 3.24 は有限の曲げ剛性を持つ**両端単純支持はり**である．このような両端単純支持はりの途中に集中トルクが作用すれば，傾きを生じるため，ねじりばねとして利用可能である．長さ L (m)，ヤング率 E (Pa)，断面 2 次モーメント I (m^4) の一様な両端単純支持はりの一点にトルク T (Nm) が作用したときのはりの傾き角は，材料力学より，傾き方向に ϕ 座標，はりに沿った方向に y 座

3.4 ねじりばね要素の等価剛性

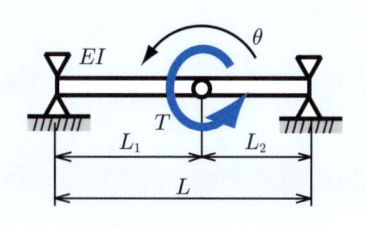

図 3.24 両端単純支持はり

標を取れば，

$$\phi(y) = \begin{cases} -\dfrac{T}{6EI}\dfrac{1}{L}\{3y^2 - (2L_1L_2 + L_1^2 - 2L_2^2)\} & (0 \leq y \leq L_1) \\ -\dfrac{T}{6EI}\dfrac{1}{L}\{3(L-y)^2 - (2L_1L_2 + L_2^2 - 2L_1^2)\} & (L_1 \leq y \leq L) \end{cases} \quad (3.35)$$

と求められている．この式 (3.35) より，トルク T (Nm) と作用点の角変位 $\theta = \phi(L_1)$ (rad) との関係を求めれば，

$$\theta = \frac{T}{3EIL}(L_1L_2 - L_1^2 - L_2^2)$$

と書けるので，等価剛性は

$$k_t = \frac{3EIL}{L_1L_2 - L_1^2 - L_2^2}$$

となる．はりの材質が軟鋼であればヤング率 E (Pa) は 2.06×10^{11} Pa である．

3.4.7 単振り子と倒立振り子

第 2 章で，単振り子の運動方程式の導出を行ったが，ねじりばねの等価剛性を求めておこう．

前述したように質点 m の振り子の支点である O 点まわりの慣性モーメント I_O (kgm^2) は

$$I_O = mL^2$$

で計算でき，重力に起因した系に作用している力のモーメント t (Nm) は

$$t = -mgL\sin\theta$$

であるから，運動方程式は

$$mL^2\ddot{\theta} + mgL\sin\theta = 0$$

となる．微小振動 $|\theta| << 1$ を仮定して，$\sin\theta \approx \theta$ と近似してこれを線形化すれば

$$mL^2\ddot{\theta} + mgL\theta = 0$$

となる．すなわち単振り子におけるねじりばねの等価剛性は

$$k_t = mgL \quad (3.36)$$

となる．

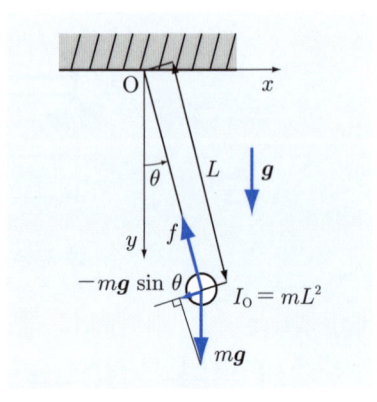

図 3.25 ねじり振動とみなした単振り子の力学モデル

■ **例題 3.9**

図 3.26 は，質量 m (kg) と重さのない棒からなる単振り子の棒にばね剛性 k_1 (N/m) の直動ばねが結合されている系である．微小振動を仮定してこの系の等価剛性を求めなさい．

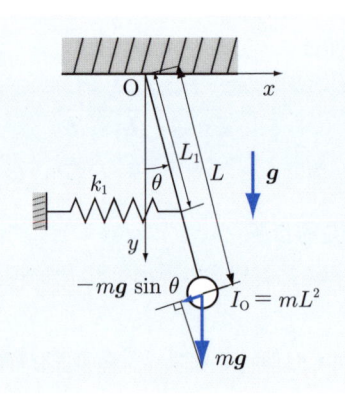

図 3.26 直動ばねを有する単振り子

【**解答**】 直動ばねはてこばねとして，式 (3.32) より，

$$k_{t1} = L_1^2 k_1$$

3.4 ねじりばね要素の等価剛性

のねじりの等価剛性を持つ．一方，重力によるねじりの等価剛性は式 (3.36) より，

$$k_{t2} = mgL$$

である．これらのばねの角変位は同一であるから，並列ばねと見なせるので，系全体のねじりの等価ばねは，

$$k_t = k_{t1} + k_{t2}$$

と計算できる．

図 3.27 は，質量 m (kg) と重さのない棒からなる単振り子を倒立させた**倒立振り子**である．この倒立振り子の等価剛性を求めるとともに，その初期条件応答を求めよう．

質量 m (kg) に作用するモーメントは，角変位座標 θ と同じ向きに

$$mgL\sin\theta$$

であるから，ねじり振動の運動方程式

$$mL^2\ddot{\theta} = mgL\sin\theta$$

を変形し，微小振動 $|\theta| << 1$ を仮定して，$\sin\theta \approx \theta$ と近似して線形化すれば，

$$mL^2\ddot{\theta} - mgL\theta = 0 \tag{3.37}$$

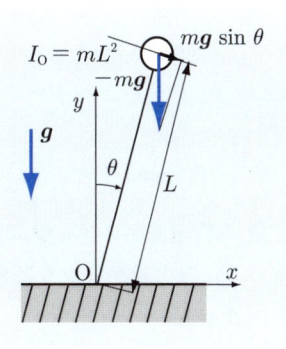

図 3.27 倒立振り子

を得る.すなわちねじりばねの等価剛性は

$$k_t = -mgL$$

と計算できる.このねじりばねの等価剛性は負であることに注意する.次に,

$$\omega_n = \sqrt{\frac{g}{L}}$$

として式 (3.37) を変形すると,

$$\ddot{\theta} - \omega_n^2 \theta = 0$$

となるので,$\theta = \Theta_0 e^{\lambda t}$ を仮定して代入すると,

$$(\lambda^2 - \omega_n^2)\Theta e^{\lambda t} = 0$$

を得る.ここで $\Theta = 0$ は無意味な解であり,また,$e^{\lambda t}$ はどのような場合でも 0 にはならないことを考慮すると,$\Theta e^{\lambda t} \neq 0$ であるから,次の特性方程式を得る.

$$\lambda^2 - \omega_n^2 = 0 \tag{3.38}$$

特性方程式 (3.38) を λ について解くと,特性根

$$\lambda = \pm \omega_n$$

が得られる.これらの特性根を用いて,角変位 θ の特解を定めることができる.すなわち

$$\theta(t) = e^{\omega_n t} \tag{3.39}$$

および

$$\theta(t) = e^{-\omega_n t} \tag{3.40}$$

の 2 つの時間関数が角変位 θ の特解である.n 階の同次微分方程式の全ての解を表すことができる一般解は,n 個の線形独立な特解の線形和であるから,C_1 および C_2 を定数として,一般解を

$$\theta(t) = C_1 e^{-\omega_n t} + C_2 e^{-\omega_n t} \tag{3.41}$$

3.4 ねじりばね要素の等価剛性

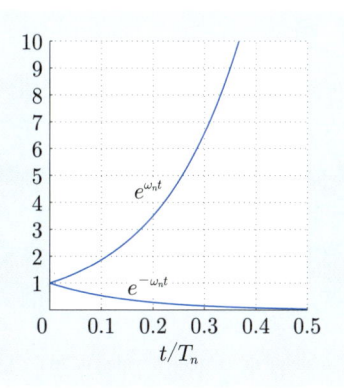

図 3.28 倒立振り子の特解

と書くことができる.ここで,2つの特解を表す式 (3.39) および (3.40) について考えてみると,図 3.28 に示すように,式 (3.39) の解は時間とともに発散する.倒立振り子が静的平衡点にあれば式 (3.41) において $C_1 = C_2 = 0$ となるため,常に $\theta(t) = 0$ であるが,倒立振り子が静的平衡点にないか,静的平衡点にあっても僅かな外乱が作用すれば,倒立振り子の角変位は時間とともに増大して倒れてしまう.このように変位や角変位が時間とともに増大して行くことを**不安定**といい,倒立振り子の例のように負の剛性に起因する不安定を**静的不安定**と呼ぶ.

3.5 等価質量

第3.3節および第3.4節において，実際の機構に用いられている直動ばね要素やねじりばね要素から力学モデルの等価剛性を導出する方法を示したが，実際の機構では，(1) 質量が剛体であり並進運動と回転運動の両方をする，(2) 同期して振動する質量が複数ある，(3) ばね要素の質量を考慮する必要がある，などのケースにおいて，力学モデルの**等価質量**を導出する必要がある場合も少なくない．そこで本節では，様々なケースにおいて等価質量の導出方法について解説する．

3.5.1 並進運動と回転運動の両方を含む系

■ 例題 3.10

図 3.29 はばねと円柱からなる1自由度振動系である．円柱は一様で，質量 m_1 (kg)，回転軸まわりの慣性モーメント I_G (kgm^2)，半径 r (m) であり，ばね剛性 k (N/m) である．ばねと円柱の結合部の摩擦はなく，地面と円柱の間のすべりはないものとして系の等価質量および固有振動数 f_n (Hz) を求めなさい．

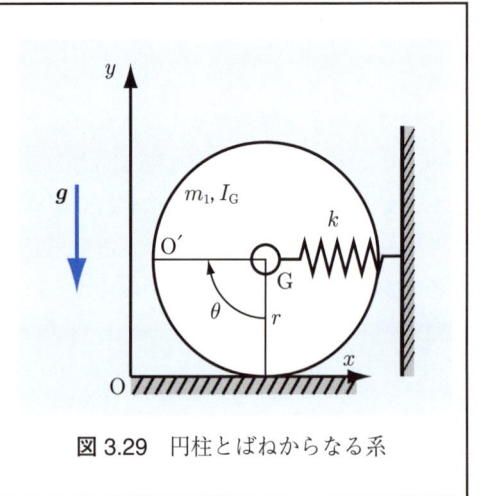

図 3.29 円柱とばねからなる系

【解答】 接地点で円柱が地面から x 方向に受ける力を f_x とおくと，x 方向の運動方程式は

$$m_1 \ddot{x} = f_x - kx$$

と書ける．回転運動の運動方程式は

$$I_G \ddot{\theta} = -r f_x$$

となり，拘束力 f_x を消去するとともに，接地点が滑らずに運動する条件

3.5 等価質量

$$\theta = \frac{x}{r}$$

を代入して整理すれば，

$$\left(m_1 + \frac{I_G}{r^2}\right)\ddot{x} + kx = 0$$

が得られる．したがって，等価質量 m (kg) は

$$m = m_1 + \frac{I_G}{r^2}$$

と計算でき，固有振動数 f_n (Hz) は以下のように計算できる．

$$f_n = \frac{1}{2\pi}\sqrt{\frac{k}{m}} = \frac{1}{2\pi}\sqrt{\frac{k}{m_1 + (I_G/r^2)}}$$

3.5.2 同期して運動する複数の質量要素がある系

例題 3.11

図 3.30 はプーリを有する 1 自由度振動系のモデルである．質量 m_1 (kg)，ばね剛性 k (N/m)，プーリの半径 r (m)，回転軸まわりの慣性モーメント I_O (kgm^2) である．ばねおよびロープの重さおよびロープの伸びを無視し，ロープとプーリ間のすべりがないとして，この系の固有振動数 f_n (Hz) を求めなさい．

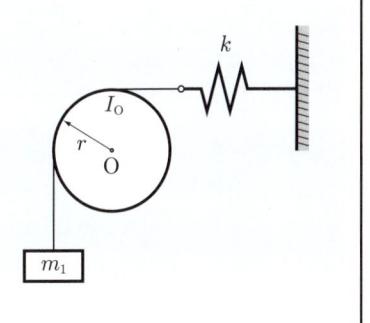

図 3.30 プーリを有する 1 自由度振動系

【解答】 質量の変位を x (m)，プーリの回転角を θ (rad) とし，質量近傍でのロープの張力を T_1 (N)，ばね近傍でのロープの張力を T_2 (N) とおくと，ニュートンの運動の法則より，

$$m_1\ddot{x} = -T_1, \quad I_O\ddot{\theta} = r(T_1 - T_2)$$

を得る．ここで，変位 x (m) は静的平衡点からの変位であるため，運動方程式には重力の影響を考えなくてよい．上の 2 式より T_1 (N) を消去し，ロープの

伸びはないので，$T_2 = kx$ を考慮すると，

$$m_1 \ddot{x} + \frac{I_\mathrm{O}}{r}\ddot{\theta} = -kx$$

となる．さらにロープとプーリ間のすべりがない条件式 $x = r\theta$ を考慮すると，最終的に運動方程式

$$\left(m_1 + \frac{I_\mathrm{O}}{r^2}\right)\ddot{x} + kx = 0$$

を得るため，固有振動数 f_n (Hz) は

$$f_n = \frac{1}{2}\pi\sqrt{\frac{k}{m_1 + (I_\mathrm{O}/r^2)}}$$

と書ける．これはこの系の等価質量 m (kg) が

$$m = m_1 + \frac{I_\mathrm{O}}{r^2}$$

であることを意味している．

■例題 3.12

　図 3.31 はてこばねを用いた 1 自由度振動系のモデルである．質量 m_1 (kg)，ばね剛性 k_1 (N/m)，ばね取り付け位置 L_1 (m)，曲げ剛性を無限大としてよいはりの長さ L (m) であり，はりの質量 m_2 (kg) が無視できないとする．この系をねじり振動系と考えて，固有振動数 f_n (Hz) を求めなさい．

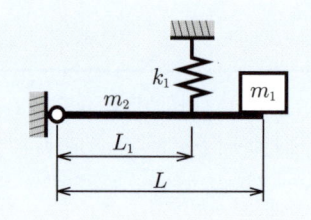

図 3.31　てこばねを有する 1 自由度振動系

3.5 等価質量

【解答】 てこばねのねじりばねの等価剛性は

$$k_t = L_1^2 k_1$$

であり，はり–質量系の回転自由支持点まわりの慣性モーメント I_O (kgm^2) は

$$I_O = m_1 L^2 + \int_0^L \frac{m_2}{L} r^2 dr = m_1 L^2 + \frac{1}{3} m_2 L^2$$
$$= \left(m_1 + \frac{1}{3} m_2 \right) L^2 \tag{3.42}$$

と計算できるから，固有振動数 f_n (Hz) は

$$f_n = \frac{1}{2\pi} \sqrt{\frac{k_t}{I_O}} = \frac{1}{2\pi} \frac{L_1}{L} \sqrt{\frac{k_1}{m_1 + (m_2/3)}} \tag{3.43}$$

と計算できる． ■

例題 3.12 に対する別解を与えるために，図 3.31 のてこばねを用いた 1 自由度振動系を，直線振動する振動系と見なし，その運動方程式を求める問題を考えよう．質量 m (kg) の加速度を $\ddot{x}$ とすると，回転自由支持点から r (m) の位置にあるはりの微小要素 dr の加速度は

$$\frac{r}{L} \ddot{x} \tag{3.44}$$

と考えてよい．そこで運動方程式を導出したときに，

$$m\ddot{x} = -kx$$

となる等価剛性 k (N/m) ならびに等価質量 m (kg) は

$$k = \frac{L_1^2}{L^2} k_1$$

ならびに

$$m = m_1 + \int_0^L \frac{m_1}{L} \frac{r}{L} dr = m_1 + \frac{m_2}{L^2} \int_0^L r dr = m_1 + \frac{m_2}{L^2} \frac{1}{2} L^2$$
$$= m_1 + \frac{m_2}{2} \tag{3.45}$$

と計算できると考えられる．しかし，式 (3.45) の結果は式 (3.42) から予想される直線振動の等価質量

$$m = m_1 + \frac{m_2}{3}$$

と一致しない．これはなぜであろうか．

その理由は，ニュートンの運動の法則を剛体に適用した場合，並進運動と回転運動を分離して，剛体各部の一様な変位や剛体各部の一様な角変位しか想定していないためである．したがって，例題 3.12 のように一様な角変位を持つものとすれば運動方程式を正しく導出できるが，直線振動する振動系として見なすとその変位は一様ではないため正しい運動方程式を導出できない．

しかし，ダランベールの原理を用いれば，一様ではない変位や角変位も考慮できる．すなわち，質量 m_1 (kg) の位置において δx の仮想変位を考えると回転自由支持点から r (m) の位置にあるはりの微小要素 dr の仮想変位は

$$\frac{r}{L}\delta x$$

となる．微小要素の加速度の式 (3.44) は正しいので，ダランベールの原理に基づき式を立てれば，

$$\delta x(-kx) - \delta x m_1 \ddot{x} - \int_0^L \frac{r}{L}\delta x \frac{m_2}{L}\frac{r}{L}\ddot{x} dr = 0$$

となるので，

$$\delta x \left(-kx - m_1\ddot{x} - \frac{m_2}{L^3}\int_0^L r^2 dr \ddot{x}\right) = 0$$

とまとめられ，最終的に運動方程式

$$\left(m_1 + \frac{m_2}{3}\right)\ddot{x} + kx = 0$$

を得る．この運動方程式から計算できる固有振動数 f_n (Hz) は

$$f_n = \frac{1}{2\pi}\sqrt{\frac{k}{m_1 + (m_2/3)}} = \frac{1}{2\pi}\frac{L_1}{L}\sqrt{\frac{k_1}{m_1 + (m_2/3)}}$$

となり，式 (3.43) に一致する．このことは逆に，慣性モーメントはダランベールの原理を用いて系の等価質量を評価した結果であるとも言うことができる．

この例はダランベールの原理とニュートンの運動の法則を区別し，前者の有効性を示すよい例である．

例題 3.13

図 3.32 は，質量 m (kg)，質量中心まわりの慣性モーメント I_G (kgm²)，回転自由支持点 O と質量中心 G 間の距離 L (m) の物理振子である．この系の運動方程式を求めなさい．

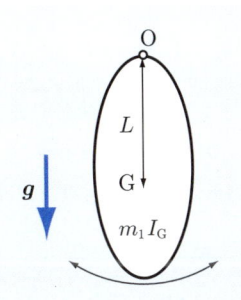

図 3.32 物理振子（複振り子）

【解答】 各部が同期して運動する剛体の任意点まわりの回転運動は，その点まわりの慣性モーメントを用いた回転運動の運動方程式で記述できる．物理振子の O 点まわりの慣性モーメント I_O (kgm²) は，

$$I_O = I_G + mL^2$$

で計算でき，角変位を θ (rad) とおけば，系に作用するモーメントは

$$t = -m_1 gL \sin\theta$$

であるから，運動方程式は

$$I_O \ddot{\theta} = -m_1 gL \sin\theta$$

となる．

3.5.3 エネルギー法

第 3.5.1 項や第 3.5.2 項のような場合には，系のエネルギーに着目した，エネルギー法を用いても，等価剛性および等価質量を求めることができる．

1 自由度振動系のある瞬間の運動エネルギー T (J) とポテンシャルエネルギー U (J) は等価質量 m (kg)，等価剛性 k (N/m) および適当な変位座標 x

(m) を用いて

$$T = \frac{1}{2}m\dot{x}^2, \quad U = \frac{1}{2}kx^2$$

と書ける．または，等価慣性モーメント I_O (kgm^2)，等価ねじりばね剛性 k_t (Nm/rad) および適当な角変位座標 θ (rad) を用いて

$$T = \frac{1}{2}I_O\dot{\theta}^2, \quad U = \frac{1}{2}k_t\theta^2$$

と書けるはずである．したがって，ある瞬間の運動に着目し，系の運動エネルギー T (J) およびポテンシャルエネルギー U (J) を計算することによって，等価剛性および等価質量を求めることができる．以下の例題でこのことを示そう．

▪ 例題 3.14

例題 3.10 で取り上げた図 3.29 のばねと円柱からなる 1 自由度振動系の等価質量を求めなさい．

【解答】 ある瞬間に円柱の質量中心が変位 x，速度 $\dot{x}$ であったとする．このとき，円柱の角速度は $\dot{\theta} = \dot{x}/r$ であるから，系全体の運動エネルギーは

$$T = \frac{1}{2}m_1\dot{x}^2 + \frac{1}{2}I_G\dot{\theta}^2 = \frac{1}{2}m_1\dot{x}^2 + \frac{1}{2}I_G\frac{\dot{x}^2}{r^2} = \frac{1}{2}\left(m_1 + \frac{I_G}{r^2}\right)\dot{x}^2$$

と計算できる．したがって，等価質量は

$$m = m_1 + \frac{I_G}{r^2}$$

である． ▪

▪ 例題 3.15

例題 3.12 で取り上げた図 3.31 のてこばねを用いた 1 自由度振動系の等価慣性モーメントおよび等価ねじりばね剛性をエネルギー法を用いて求めなさい．

【解答】 ある瞬間に質量 m_1 が回転自由支持点に関して角変位 θ，速度 $\dot{\theta}$ であったとする．このとき，系全体の運動エネルギーは

$$T = \frac{1}{2}\left(m_1L^2\right)\dot{\theta}^2 + \frac{1}{2}\left(\frac{1}{3}m_2L^2\right)\dot{\theta}^2$$

$$= \frac{1}{2}\left(m_1 L^2 + \frac{1}{3}m_2 L^2\right)\dot{\theta}^2$$

と計算できる．したがって，等価慣性モーメントは

$$I_{\mathrm{O}} = \left(m_1 + \frac{1}{3}m_2\right)L^2$$

である．また，ばねの変位は $x_1 = L_1\theta$ であるから，系全体のポテンシャルエネルギーは

$$\begin{aligned}U &= \frac{1}{2}k_1 x_1^2 \\ &= \frac{1}{2}k_1(L_1\theta)^2 \\ &= \frac{1}{2}k_1 L_1^2 \theta^2\end{aligned}$$

と計算でき，等価ねじりばね剛性は

$$k_t = k_1 L_1^2$$

となる．

3.5.4　ばね要素の質量を考慮する系：レイリー法

ばね要素の質量を考慮し，等価質量を求めて固有振動数を計算する方法として，**レイリー法**（**Rayleigh method**）がある．

レイリー法は，まず，自由振動状態を想定し，振動の様子（これを**振動モード形**または**モード形**という）を仮定し，第3.2節で示した不減衰系の力学的エネルギー保存則に基づく振動系の特徴である，「**自由振動している振動系の運動エネルギーの最大値はポテンシャルエネルギーの最大値に等しい**」という関係式を用いて等価質量を求めて固有振動数を計算する近似計算法である．

ここで，「計算法」ではなく「近似計算法」と述べたのは，振動モード形を仮定しているからであり，仮定した振動モード形が真の解に近いかどうかで近似の精度が変化する．逆に，近似の精度を犠牲にすれば，単純な振動モード形を仮定することによって簡易に固有振動数を予測することも可能である．以下では例題を通じて，レイリー法について学ぼう．

例題 3.16

図 3.33 は質量 m_1 (kg) の質量とばね剛性 k (N/m), 質量 m_2 (kg), 長さ L (m) のばねからなる 1 自由度振動系である. レイリー法を用いてばねの質量を考慮して, 固有振動数 f_n (Hz) を求めなさい.

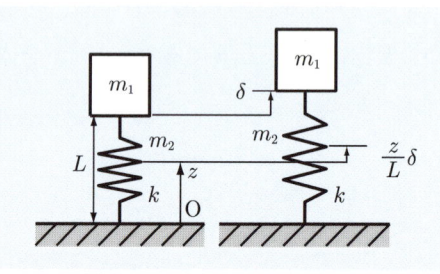

図 3.33 質量を無視できないばねを持つ 1 自由度振動系

【解答】 系が自由振動している状態を想定すると, そのときの角振動数は ω_n (rad/s), すなわち固有角振動数であるとしてよい. 質量 m_1 の振動の振幅を δ (m) と仮定すれば, 質量 m_1 の変位 $x_1(t)$ (m) は適当な時刻を $t = 0$ として,

$$x_1(t) = \delta \sin \omega_n t \tag{3.46}$$

と書ける. このとき, 速度は

$$\dot{x}_1(t) = \delta \omega_n \cos \omega_n t$$

と書けるから, 速度の最大値 $\dot{x}_{1\,\mathrm{max}}$ は

$$\dot{x}_{1\,\mathrm{max}} = \delta \omega_n$$

である. したがって, 質量 m_1 の運動エネルギーの最大値は

$$T_{1\,\mathrm{max}} = \frac{1}{2} m_1 (\delta \omega_n)^2 = \frac{1}{2} m_1 \delta^2 \omega_n^2$$

となる. 一方, ばねの固定点を原点 O として上向きに z 軸を取ると, 不完全ばね部の長さを無視できるとして, 静的平衡状態のときに位置 z (m) にあるばねの微小要素の振動の振幅 $A(z)$ は $z = 0$ に対応して $A(0) = 0$ であり, $z = L$ に対応して $A(L) = \delta$ であるから, この間を線形近似して,

$$A(z) = \frac{z}{L} \delta$$

3.5 等価質量

と考えてよい．この問題の場合にはこれが振動モード形を仮定したことになる．
次に位置 z (m) におけるばねの振動を式 (3.46) を参考に

$$x_2(z,t) = A(z)\sin\omega_n t$$

と仮定すれば，その速度は

$$\dot{x}_2(z,t) = A(z)\omega_n \cos\omega_n t$$

と書け，各位置における速度の最大値 $\dot{x}_{2\max}(z)$ は

$$\dot{x}_{2\max}(z) = A(z)\omega_n$$

と表される．静的平衡状態のときに位置 z (m) にあるばねの微小要素の長さを dz とおき，ばねの単位長さあたりの質量

$$\rho = \frac{m_2}{L}$$

を考慮すると，微小要素の運動エネルギーの最大値は

$$dT_2(z) = \frac{1}{2}(\rho dz)\{A(z)\omega_n\}^2 \tag{3.47}$$

となる．ばね全体の運動エネルギーの最大値は式 (3.47) をばねの全長にわたって積分すればよいので，

$$\begin{aligned}
T_{2\max} &= \int_0^L \frac{1}{2}\rho\{A(z)\omega_n\}^2 dz = \frac{1}{2}\frac{m_2\omega_n^2}{L}\int_0^L \left\{\frac{z}{L}\delta\right\}^2 dz \\
&= \frac{1}{2}\frac{m_2\delta^2\omega_n^2}{L^3}\int_0^L \{z^2\}dz = \frac{1}{2}\frac{m_2\delta^2\omega_n^2}{L^3}\left[\frac{z^3}{3}\right]_0^L \\
&= \frac{1}{2}\frac{m_2}{3}\delta^2\omega_n^2
\end{aligned}$$

と計算できる．したがって，系全体の運動エネルギーの最大値は，

$$\begin{aligned}
T_{\max} = T_{1\max} + T_{2\max} &= \frac{1}{2}m_1\delta^2\omega_n^2 + \frac{1}{2}\frac{m_2}{3}\delta^2\omega_n^2 \\
&= \frac{1}{2}\left(m_1 + \frac{m_2}{3}\right)\delta^2\omega_n^2
\end{aligned} \tag{3.48}$$

となる．式 (3.48) より，この系の等価質量は

$$m = m_1 + \frac{m_2}{3}$$

であると分かる．

一方，ポテンシャルエネルギーの最大値は，質量 m_1 の変位が最大になり，$x_1(t) = \delta$ となったときにばねに蓄えられているエネルギーであるから，

$$U_{\max} = \frac{1}{2}k\delta^2 \qquad (3.49)$$

で計算できる．式 (3.48) と (3.49) を等しいとおけば，

$$\frac{1}{2}\left(m_1 + \frac{m_2}{3}\right)\delta^2\omega_n^2 = \frac{1}{2}k\delta^2$$

より，

$$\omega_n^2 = \frac{k}{m_1 + (m_2/3)}$$

となるので，固有振動数 f_n (Hz) は

$$f_n = \frac{1}{2\pi}\omega_n = \frac{1}{2\pi}\sqrt{\frac{k}{m_1 + (m_2/3)}}$$

となる． ■

■例題 3.17

図 3.34 は，長さ L (m)，ヤング率 E (Pa)，断面 2 次モーメント I (m^4)，質量 m_2 (kg) の一様な両端単純支持はりの中央に質量 m_1 (kg) を持つ 1 自由度振動系である．質量 m_1 の大きさははりの長さに比べ無視できるとし，振動モード形を静たわみ曲線で仮定して，レイリー法を用いてはりの質量を考慮して，固有振動数 f_n (Hz) を求めなさい．

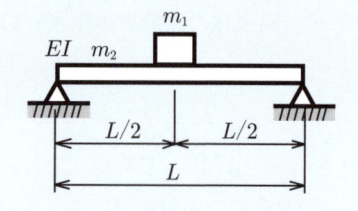

図 3.34　質量を無視できない両端単純支持はりと質量からなる 1 自由度振動系

3.5 等価質量

【解答】 系が自由振動している状態を想定すると，そのときの角振動数は ω_n (rad/s)，すなわち固有角振動数であるとしてよい．質量 m_1 の振動の振幅を δ (m) と仮定すれば，例題 3.16 と同様に質量 m_1 の運動エネルギーの最大値は

$$T_{1\max} = \frac{1}{2}m_1(\delta\omega_n)^2 = \frac{1}{2}m_1\delta^2\omega_n^2$$

となる．

一方，両端単純支持はりの中央に力 F (N) が作用した場合のはりの静たわみ曲線は，はりの左端に原点を取り，たわみ方向に w 座標，はりに沿った方向に y 座標を取れば，式 (3.25) で表されるため，$L_1 = L_2 = L/2$ を代入すれば，

$$w(y) = \frac{F}{48EI}y(3L^2 - 4y^2) \qquad (0 \leq y \leq L/2) \qquad (3.50)$$

となる．はりの中央の変位 $w(L/2)$ を自由振動の振幅である δ とおけば，

$$\delta = \frac{L^3}{48EI}F$$

であるから，式 (3.50) から力 F (N) を消去して，

$$w(y) = \frac{\delta}{L^3}y(3L^2 - 4y^2) \qquad (0 \leq y \leq L/2)$$

を得る．このとき，$w(y)$ は位置 y における自由振動の振幅に一致すると仮定する．すなわちこの問題では $w(y)$ が仮定した振動モード形である．自由振動の振幅を仮定したので，例題 3.16 のように，位置 y (m) における速度の最大値 $\dot{x}_{2\max}(z)$ は

$$\dot{x}_{2\max}(y) = w(y)\omega_n$$

と書け，静的平衡状態のときに位置 y (m) にあるはりの微小要素の長さを dy とおき，はりの単位長さあたりの質量

$$\rho = \frac{m_2}{L}$$

を考慮すると，微小要素の運動エネルギーの最大値は

$$dT_2(y) = \frac{1}{2}(\rho dy)\{w(y)\omega_n\}^2 \qquad (3.51)$$

となる．はり全体の運動エネルギーの最大値は式 (3.51) をはりの全長にわたって積分すればよいが，はりの左半分だけ計算して 2 倍しても同じなので，

$$\begin{aligned}
T_{2\max} &= 2\int_0^{L/2} \frac{1}{2}\rho\{w(y)\omega_n\}^2 dy \\
&= \frac{1}{2}2\frac{m_2\omega_n^2}{L}\int_0^{L/2}\left\{\frac{\delta}{L^3}y(3L^2-4y^2)\right\}^2 dy \\
&= \frac{1}{2}\frac{2m_2\delta^2\omega_n^2}{L^7}\int_0^{L/2}\{y^2(9L^4-24L^2y^2+16y^4)\}dy \\
&= \frac{1}{2}\frac{2m_2\delta^2\omega_n^2}{L^7}\left[3L^4y^3-\frac{24}{5}L^2y^5+\frac{16}{7}y^7\right]_0^{L/2} \\
&= \frac{1}{2}\frac{2m_2}{L^7}\left(\frac{3L^7}{8}-\frac{24L^7}{5\times 32}+\frac{16L^7}{7\times 128}\right)\delta^2\omega_n^2 \\
&= \frac{1}{2}m_2\left(\frac{3}{4}-\frac{3}{5\times 2}+\frac{1}{7\times 4}\right)\delta^2\omega_n^2 \\
&= \frac{1}{2}m_2\frac{105-42+5}{140}\delta^2\omega_n^2 = \frac{1}{2}\frac{68m_2}{140}\delta^2\omega_n^2 \\
&= \frac{1}{2}\frac{17m_2}{35}\delta^2\omega_n^2
\end{aligned}$$

したがって，系全体の運動エネルギーの最大値は，

$$\begin{aligned}
T_{\max} = T_{1\max}+T_{2\max} &= \frac{1}{2}m_1\delta^2\omega_n^2+\frac{1}{2}\frac{17m_2}{35}\delta^2\omega_n^2 \\
&= \frac{1}{2}\left(m_1+\frac{17m_2}{35}\right)\delta^2\omega_n^2 \quad (3.52)
\end{aligned}$$

となる．この時点ではりの等価質量は $17m_2/35$ と評価されていることが分かる．

さらに，はりの等価剛性は

$$k = \frac{48EI}{L^3}$$

であり，これを用いてポテンシャルエネルギーの最大値を

$$U_{\max} = \frac{1}{2}k\delta^2 \quad (3.53)$$

で計算できる．式 (3.52) と (3.53) を等しいとおけば，

$$\frac{1}{2}\left(m_1+\frac{17m_2}{35}\right)\delta^2\omega_n^2 = \frac{1}{2}k\delta^2$$

より，

$$\omega_n^2 = \frac{k}{m_1 + (17m_2/35)}$$

となるので，固有振動数 f_n (Hz) は

$$f_n = \frac{1}{2\pi}\omega_n = \frac{1}{2\pi}\sqrt{\frac{k}{m_1 + (17m_2/35)}}$$

または

$$f_n = \frac{1}{2\pi}\sqrt{\frac{49EI}{L^3\{m_1 + (17m_2/35)\}}}$$

となる．■

例題 3.17 では静たわみ曲線を仮定して，等価質量を計算し，固有振動数を計算したが，境界条件が合っていれば，それほど厳密な曲線を振動モード形として仮定しなくても，それほど変わらない近似解が得られる．以下の例題でそのことを確かめよう．

■ 例題 3.18

図 3.34 は，長さ L (m)，ヤング率 E (Pa)，断面 2 次モーメント I (m^4)，質量 m_2 (kg) の一様な両端単純支持はりの中央に質量 m_1 (kg) を持つ 1 自由度振動系である．質量 m_1 の大きさははりの長さに比べ無視できるとすれば，単純支持でははりの変位を拘束するが，傾きは拘束しないことを考えると，はりの左端に原点を取り，たわみ方向に w 座標，はりに沿った方向に y 座標を取って，振動モード形を

$$w(y) = \delta \sin\left(\frac{\pi y}{L}\right) \tag{3.54}$$

で仮定することができる．この振動モード形とレイリー法を用いてはりの質量を考慮して，固有振動数 f_n (Hz) を求めなさい．

【解答】 系が自由振動している状態を想定すると，そのときの角振動数は ω_n (rad/s)，すなわち固有角振動数であるとしてよい．質量 m_1 の振動の振幅を δ

(m) と仮定すれば，例題 3.13 と同様に質量 m_1 の運動エネルギーの最大値は

$$T_{1\max} = \frac{1}{2}m_1(\delta\omega_n)^2 = \frac{1}{2}m_1\delta^2\omega_n^2$$

となる．

一方，振動モード形を式 (3.54) で近似すれば，位置 y (m) における速度の最大値 $\dot{x}_{2\max}(z)$ は

$$\dot{x}_{2\max}(y) = w(y)\omega_n$$

と書け，静的平衡状態のときに位置 y (m) にあるはりの微小要素の長さを dy とおき，はりの単位長さあたりの質量

$$\rho = \frac{m_2}{L}$$

を考慮すると，微小要素の運動エネルギーの最大値は

$$dT_2(y) = \frac{1}{2}(\rho dy)\{w(y)\omega_n\}^2 \tag{3.55}$$

となる．はり全体の運動エネルギーの最大値は式 (3.55) をはりの全長にわたって積分すればよいが，はりの左半分だけ計算して 2 倍しても同じなので，

$$\begin{aligned}
T_{2\max} &= 2\int_0^{L/2} \frac{1}{2}\rho\{w(y)\omega_n\}^2 dy = \frac{1}{2}2\frac{m_2\delta^2\omega_n^2}{L}\int_0^{L/2}\left\{\delta\sin\left(\frac{\pi y}{L}\right)\right\}^2 dy \\
&= \frac{1}{2}\frac{2m_2\delta^2\omega_n^2}{L}\int_0^{L/2}\frac{1}{2}\left\{1-\cos\left(\frac{2\pi y}{L}\right)\right\}dy \\
&= \frac{1}{2}\frac{m_2\delta^2\omega_n^2}{L}\left[y-\frac{L}{2\pi}\sin\left(\frac{2\pi y}{L}\right)\right]_0^{L/2} = \frac{1}{2}\frac{m_2\delta^2\omega_n^2}{L}\frac{L}{2} \\
&= \frac{1}{2}\frac{m_2}{2}\delta^2\omega_n^2
\end{aligned}$$

したがって，系全体の運動エネルギーの最大値は，

$$\begin{aligned}
T_{\max} &= T_{1\max} + T_{2\max} = \frac{1}{2}m_1\delta^2\omega_n^2 + \frac{1}{2}\frac{m_2}{2}\delta^2\omega_n^2 \\
&= \frac{1}{2}\left(m_1+\frac{m_2}{2}\right)\delta^2\omega_n^2 \tag{3.56}
\end{aligned}$$

となる．この時点で，はりの等価質量をここでは $m_2/2$ と評価していることが明らかであり，静たわみ曲線を用いた例題 3.17 の場合の $17m_2/35$ に非常に近いことが分かる．

3.5 等価質量

さらに，はりのポテンシャルエネルギーの最大値は式 (3.53) と同じであるから式 (3.56) と (3.53) を等しいとおけば，

$$\frac{1}{2}\left(m_1 + \frac{m_2}{2}\right)\delta^2\omega_n^2 = \frac{1}{2}k\delta^2$$

より，

$$\omega_n^2 = \frac{k}{m_1 + (m_2/2)}$$

となるので，固有振動数 f_n (Hz) は

$$f_n = \frac{1}{2\pi}\omega_n = \frac{1}{2\pi}\sqrt{\frac{k}{m_1 + (m_2/2)}}$$

または

$$f_n = \frac{1}{2\pi}\sqrt{\frac{49EI}{L^3\{m_1 + (m_2/2)\}}} \tag{3.57}$$

となる．

3章の問題

☐ **1** 図 3.35 に示す系の固有振動数 f_n (Hz) を求めなさい.

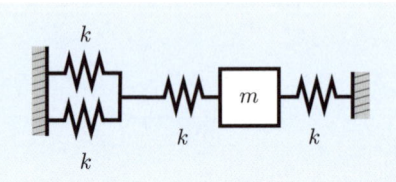

図 3.35 並列ばねと直列ばねの組み合わさった系

☐ **2** 図 3.36 に示す系の固有振動数 f_n (Hz) を求めなさい.

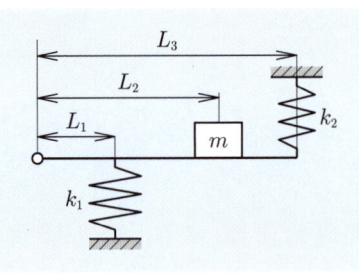

図 3.36 複数のばねを持つてこばねの系

☐ **3** 分配ばねが並列ばねと等価になる力作用点位置 L_1 (m) を求めた例題 3.4 に対して, 左右のばねに等しい変位 x (m) を仮定して, モーメントの釣り合い式から L_1 (m) を求める別解を示しなさい.

☐ **4** 以下の問いを通じて, 分配ばねは直列結合された 2 つのてこばねと等価であることを示しなさい.

(1) 図 3.11 の分配ばねの力作用点位置に静的な力 F (N) が作用した場合, ばね支持点の 1 つを回転自由支持に変更しても, 他のばね支持点に作用するばね力には変化がないことを示しなさい.

(2) 図 3.11 の左側のばね支持点を回転自由支持に変更したとき, てこばねと見なせる. このとき力作用点位置における変位 x_1 (m) を表す式を求めなさい.

(3) 図 3.11 の右側のばね支持点を回転自由支持に変更したとき, 別のてこばねと見

なせる．このとき力作用点位置における変位 x_2 (m) を表す式を求めなさい．
(4) 上で求めた x_1 (m) および x_2 (m) を利用して，力作用点位置における分配ばねの等価剛性 k (N/m) を表す式 (3.21) を導きなさい．

□5 図 3.37 (a), (b) においてばねの結合点における両端単純支持はりの等価剛性を k_a (N/m)，直動ばねの剛性を k_b (N/m) としたとき，これらの系の等価剛性をそれぞれ求めなさい．

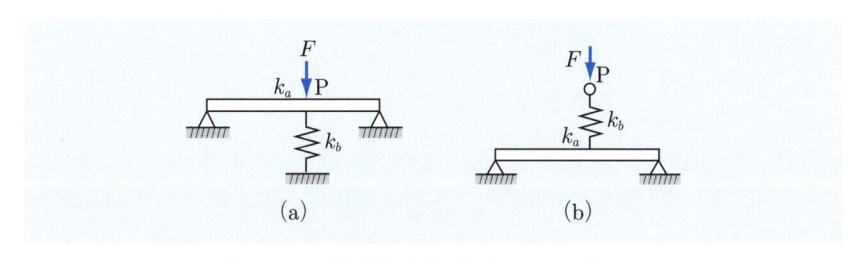

図 3.37 弾性軸と直動ばねからなる系

□6 図 3.38 において質量が無視できる片持ちはりの等価剛性を k_a (N/m) とおいたとき，系の固有振動数 f_n (Hz) を求めなさい．

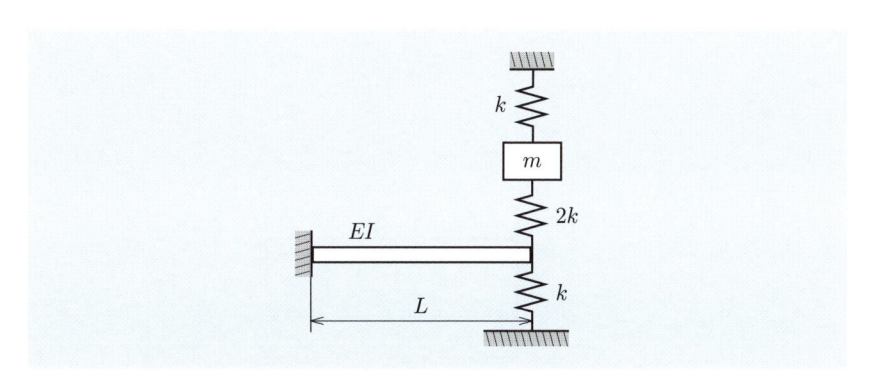

図 3.38 直列ばねと片持ちはりが組み合わさった系

□7 図 3.39 はプーリを有する 1 自由度振動系のモデルである．質量 m_1 (kg)，ばね剛性 k (N/m)，小プーリの半径 r_1 (m)，大プーリの半径 r_2 (m)，回転軸周りの慣性モーメント I_O (kgm^2) である．ばねおよびロープの重さおよびロープの伸びを無視し，ロープとプーリ間のすべりがないとして，この系の固有振動数 f_n (Hz) を求めなさい．

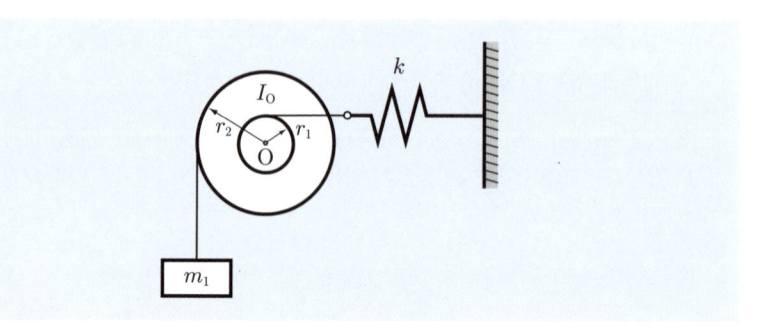

図 3.39 プーリとばね，質量からなる系

☐ **8** 図 3.40 は，長さ L (m)，ヤング率 E (Pa)，断面 2 次モーメント I (m^4)，質量 m_2 (kg) の一様な両端固定はりの中央に質量 m_1 (kg) を持つ 1 自由度振動系である．質量 m_1 の大きさははりの長さに比べ無視できるとし，振動モード形を静たわみ曲線で仮定して，レイリー法を用いてはりの質量を考慮して，固有振動数 f_n (Hz) を求めなさい．ただし，はりの中央に力 F (N) が作用したときの静たわみ曲線は，はりの左端に原点を取り，たわみ方向に w 座標，はりに沿った方向に y 座標をとって求めた式 (3.28) に $L_1 = L_2 = L/2$ を代入して，

$$w(y) = \frac{F}{48EI} y^2 (3L - 4y)$$

と表される．

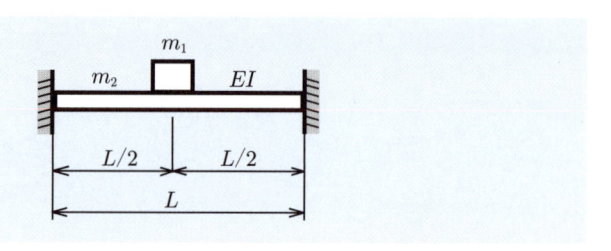

図 3.40 質量を無視できない両端固定はりと質量からなる 1 自由度振動系

☐ **9** 前問と同じ図 3.40 の系に対して，固定支持ははりの変位とともに傾きを拘束することを考えると，振動モード形を

$$w(y) = \frac{\delta}{2} \left\{ 1 - \cos\left(\frac{2\pi x}{L}\right) \right\}$$

と仮定することができる．この振動モード形とレイリー法を用いてはりの質量を考慮して，固有振動数 f_n (Hz) を求めなさい．

☐ **10** 図 3.41 は，長さ L (m)，ヤング率 E (Pa)，断面 2 次モーメント I (m^4)，質量 m_2 (kg) の一様な片持ちはりの先端に質量 m_1 (kg) を持つ 1 自由度振動系である．質量 m_1 の大きさははりの長さに比べ無視できるとし，振動モード形を式 (3.23) に示す静たわみ曲線で仮定して，レイリー法を用いてはりの質量を考慮して，固有振動数 f_n (Hz) を求めなさい．

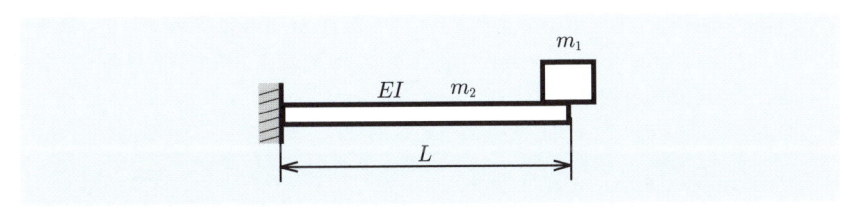

図 3.41 質量を無視できない片持ちはりと質量からなる 1 自由度振動系

☐ **11** 図 3.42 は，長さ L (m)，ヤング率 E (Pa)，断面 2 次モーメント I (m^4)，全体の質量 m_2 (kg) の一様な 2 枚平行板ばねの先端に質量 m_1 (kg) を持つ 1 自由度振動系である．質量 m_1 の大きさは 2 枚平行板ばねの長さに比べ無視できるとし，振動モード形を静たわみ曲線で仮定して，レイリー法を用いてはりの質量を考慮して，固有振動数 f_n (Hz) を求めなさい．

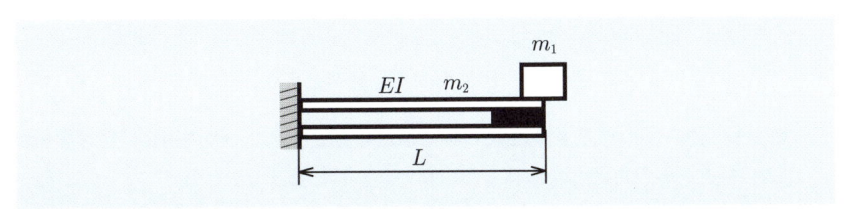

図 3.42 質量を無視できない 2 枚平行板ばねと質量からなる 1 自由度振動系

☐ **12** 図 3.43 は，長さ L (m)，質量 m_1 (kg) の 2 本の剛性を無限大と考えてよいはりと 2 本のばね剛性 k_1 (N/m) ばねからなる系である．2 本のはりをつなぐリンクの質量は無視できるとして，固有振動数 f_n (Hz) を求めなさい．

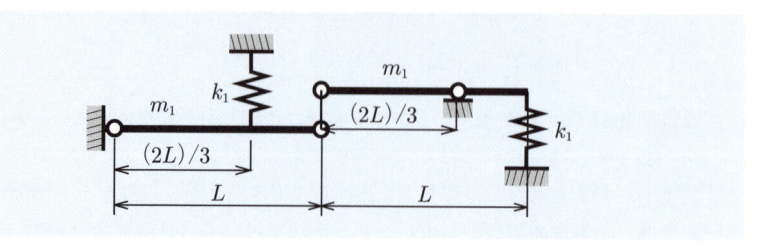

図 3.43 質量を無視できないはりとばねからなる 1 自由度振動系

☐ **13** 図 3.44 は，半径 R (m) の円筒の内側を質量 m_1 (kg)，重心まわりの慣性モーメント I_G (kgm²)，半径 r (m) の円柱が滑らずに鉛直面内で揺動運動する系である．この系の固有振動数 f_n (Hz) を求めなさい．

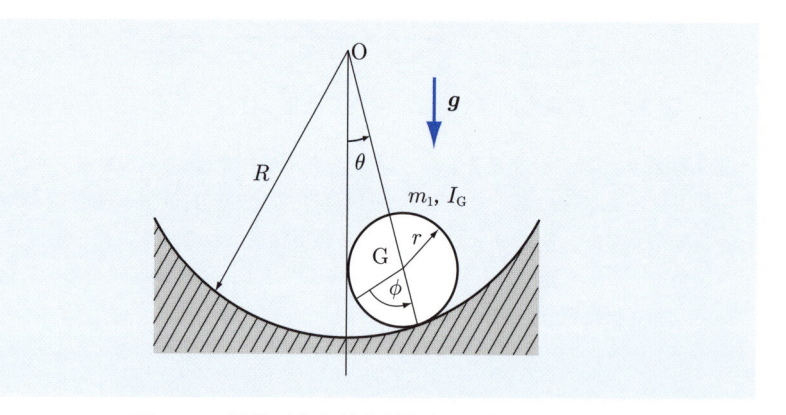

図 3.44 円筒面内を揺動運動する円柱

ヒント：滑らずに揺動するため，$r\phi = R\theta$ である．また，図の円柱は絶対座標から見れば $\phi - \theta$ の角度しか回転していないことに注意する．

第4章

減衰1自由度振動系の自由振動

　本章では，減衰を有する減衰1自由度振動系を対象に，初期条件によって振動が励起されている自由振動について解説するとともに，実験により得られた自由振動応答から力学モデルの動力学パラメータを定めるパラメータ同定，ならびに減衰要素の粘性減衰係数と配置から力学モデルの粘性減衰係数を計算する等価減衰の求め方について解説する．

> 4.1　減衰1自由度振動系の自由振動解
> 4.2　摩擦モデルと減衰振動系のパラメータ同定
> 4.3　等価減衰

4.1 減衰1自由度振動系の自由振動解

減衰を有する1自由度振動系を**減衰1自由度振動系**（**damped one-degree-of-freedom system**）という．本節では減衰1自由度振動系の自由振動解について解説する．

図 4.1 は減衰1自由度振動系の力学モデルである．図の m (kg) は質量，k (N/m) はばね剛性，c (Ns/m) は減衰係数，x (m) は変位である．減衰に関連して減衰係数以外に，以降で減衰比，対数減衰率という用語が出てくるが，それぞれ別の量であるので，注意して欲しい．この力学モデルに対し第2章で解説したニュートンの第2法則またはダランベールの原理を用いて運動方程式を導出すると，

$$m\ddot{x} = -c\dot{x} - kx$$

となる．これを変位 x に関する微分方程式とみなして，変位 x に関係する項を全て左辺に移項すると，

$$m\ddot{x} + c\dot{x} + kx = 0 \tag{4.1}$$

となる．ここで，固有角振動数

$$\omega_n = \sqrt{\frac{k}{m}}$$

とともに，**減衰比**と呼ばれる新たなパラメータ

$$\zeta = \frac{c}{2\sqrt{mk}}$$

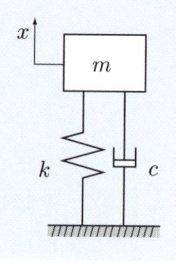

図 4.1 減衰1自由度振動系の力学モデル

4.1 減衰1自由度振動系の自由振動解

を導入して式を変形すると,以下を得る.

$$\ddot{x} + 2\zeta\omega_n\dot{x} + \omega_n^2 x = 0 \quad (4.2)$$

式 (4.2) は数学における同次微分方程式であるから,同次微分方程式を解くテクニックを用いれば,解が得られる.すなわち,まず,

$$x(t) = Xe^{\lambda t}$$

と仮定し,式 (4.2) に代入して整理すると,

$$(\lambda^2 + 2\zeta\omega_n\lambda + \omega_n^2)Xe^{\lambda t} = 0 \quad (4.3)$$

を得る.ここで $X = 0$ は無意味な解であり,また,$e^{\lambda t}$ はどのような場合でも 0 にはならないことを考慮すると,$Xe^{\lambda t} \neq 0$ であるから,式 (4.3) が成立するためには,

$$\lambda^2 + 2\zeta\omega_n\lambda + \omega_n^2 = 0 \quad (4.4)$$

である必要がある.式 (4.4) は系の特性を定める特性方程式である.特性方程式 (4.4) を λ について解くと,2つの特性根が得られるため,それを λ_1 および λ_2 とおくと,

$$\lambda_1 = -\zeta\omega_n - \omega_n\sqrt{\zeta^2 - 1}, \quad \lambda_2 = -\zeta\omega_n + \omega_n\sqrt{\zeta^2 - 1} \quad (4.5)$$

が得られる.これらの特性根を用いて,変位 x の特解を定めることができるが,その特解およびその特徴は ζ の大きさに依存しており,5つに分類できる.そこで以下ではその5つの場合について個別に議論する.

4.1.1 過減衰系

減衰比 $\zeta > 1$ の場合,減衰係数 $c > 2\sqrt{mk}$ であり,式 (4.5) に示す2つの特性根 λ_1, λ_2 はともに負の実数となり,$\lambda_1 < \lambda_2$ という関係を満たす.このとき,2つの特解は

$$x(t) = e^{\lambda_1 t} = e^{\left(-\zeta\omega_n - \omega_n\sqrt{\zeta^2 - 1}\right)t}$$

および

$$x(t) = e^{\lambda_2 t} = e^{\left(-\zeta\omega_n + \omega_n\sqrt{\zeta^2 - 1}\right)t}$$

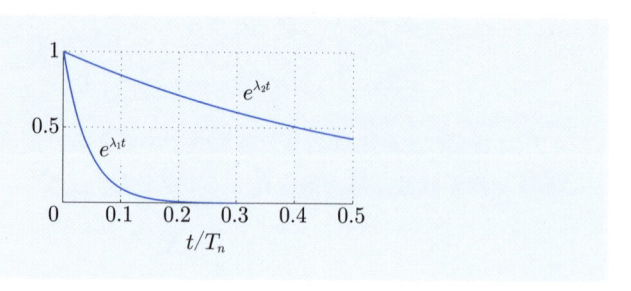

図 4.2 過減衰系の特解 ($\zeta = 2$)

と表される.この特解の一例を図 4.2 に示す.この図から,各々の特解が振動することなく,時間とともに減衰しているのが分かる.また,特性根 λ_1 に対応する特解 $e^{\lambda_1 t}$ の方が早く減衰し,λ_2 に対応する特解 $e^{\lambda_2 t}$ の方がゆっくりと減衰している.$\zeta > 1$ の場合を考えているが,この領域で ζ を大きくすると λ_2 の絶対値は小さくなるため,対応する特解の減衰の度合いは弱くなる.

次に,一般解について考えよう.n 階の同次微分方程式の全ての解を表すことができる一般解は,n 個の線形独立な特解の線形和であるから,D_1 および D_2 を定数として,一般解を

$$x(t) = D_1 e^{\lambda_1 t} + D_2 e^{\lambda_2 t} \tag{4.6}$$

と書くことができる.式 (4.6) の時間微分を求めれば

$$\dot{x}(t) = \lambda_1 D_1 e^{\lambda_1 t} + \lambda_2 D_2 e^{\lambda_2 t}$$

であるから,自由振動応答 $x(t)$ の初期条件,

$$x(0) = x_0, \quad \dot{x}(0) = v_0$$

が与えられている場合,以下の連立方程式

$$x_0 = D_1 + D_2, \quad v_0 = \lambda_1 D_1 + \lambda_2 D_2$$

を得る.これらを D_1, D_2 について解くと,

$$D_1 = \frac{v_0 - \lambda_2 x_0}{\lambda_1 - \lambda_2}, \quad D_2 = \frac{v_0 - \lambda_1 x_0}{\lambda_2 - \lambda_1}$$

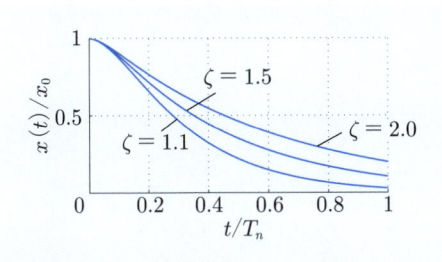

4.1 減衰1自由度振動系の自由振動解

図 4.3 過減衰系の初期変位応答 $(v_0 = 0)$

となるから,初期条件応答 $x(t)$ は最終的に以下となる.

$$x(t) = \frac{v_0 - \lambda_2 x_0}{\lambda_1 - \lambda_2} e^{\lambda_1 t} + \frac{v_0 - \lambda_1 x_0}{\lambda_2 - \lambda_1} e^{\lambda_2 t}$$
$$= \frac{1}{\lambda_2 - \lambda_1} \left\{ \left(\lambda_2 e^{\lambda_1 t} - \lambda_1 e^{\lambda_2 t} \right) x_0 + \left(-e^{\lambda_1 t} + e^{\lambda_2 t} \right) v_0 \right\}$$

図 4.3 は初期変位応答の例を示している.特解のところで述べたが,$\zeta > 1$ の範囲では,ζ が大きいほど特解の1つの応答が遅くなるため,初期変位応答が $x = 0$ に近くなるまでの時間は ζ が大きい方が長くなる.この状態を**過減衰**(**overdamping**)状態といい,過減衰状態にある系を**過減衰系**(**overdamped system**)と呼ぶ.

4.1.2 臨界減衰系

減衰比 $\zeta = 1$ の場合,減衰係数 $c = 2\sqrt{mk}$ であり,式 (4.5) に示す2つの特性根 λ_1, λ_2 は1つの負の実数

$$\lambda_1 = \lambda_2 = -\omega_n$$

となる.このとき,1つの特解は

$$x(t) = e^{\lambda_1 t} = e^{-\omega_n t}$$

であるが,λ_2 を用いても同じ特解となってしまい,一般解の作成に必要な2つの線形独立な特解が得られない.そこで,特解として,

$$x(t) = t e^{\lambda_1 t} = t e^{-\omega_n t} \tag{4.7}$$

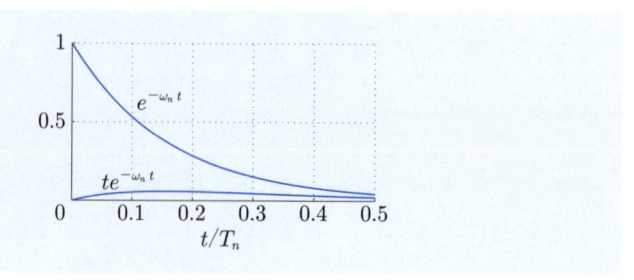

図 4.4 臨界減衰系の特解

を与える．(この特解の正当性については，コラム p.90 を参照のこと．) これらの特解を図 4.4 に示す．この図から，式 (4.7) で表される 2 つ目の特解は，最初は増加し，$t = 0.15T_n$ 近傍で極大値を持つが，それ以降は 2 つの特解は振動することなく，時間とともに減衰しているのが分かる．

次に，一般解について考えよう．D_1 および D_2 を定数として，一般解を

$$x(t) = D_1 e^{-\omega_n t} + D_2 t e^{-\omega_n t} \tag{4.8}$$

と書くことができる．式 (4.8) の時間微分を求めれば

$$\dot{x}(t) = -\omega_n D_1 e^{-\omega_n t} + D_2 e^{-\omega_n t} - \omega_n D_2 t e^{-\omega_n t}$$

であるから，自由振動応答 $x(t)$ の初期条件，

$$x(0) = x_0, \quad \dot{x}(0) = v_0$$

が与えられている場合，以下の連立方程式

$$x_0 = D_1, \quad v_0 = -\omega_n D_1 + D_2$$

を得る．これらを D_1, D_2 について解くと，

$$D_1 = x_0, \quad D_2 = v_0 + \omega_n x_0$$

となるから，初期条件応答 $x(t)$ は最終的に以下となる．

$$x(t) = x_0 e^{-\omega_n t} + (v_0 + \omega_n x_0) t e^{-\omega_n t}$$
$$= x_0 (1 + \omega_n t) e^{-\omega_n t} + v_0 t e^{-\omega_n t}$$

4.1 減衰1自由度振動系の自由振動解

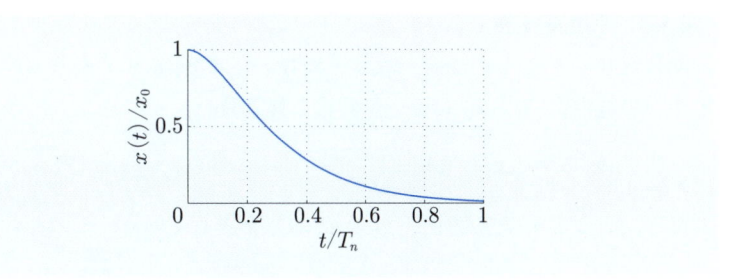

図 4.5 臨界減衰系の初期変位応答 ($v_0 = 0$)

図 4.5 は初期変位応答を示している．初期変位応答は単調減少しており，図 4.3 との比較から，超過減衰の場合に比べて短い時間で $x = 0$ に向かっていることが分かる．次の第 4.1.3 項で見るように，$\zeta < 1$ の場合には $\zeta \geq 1$ の場合と応答の様子が全く異なる．そのため，現象が変化する境目を表す「臨界 (critical)」という用語を用いて，$\zeta = 1$ の状態を**臨界減衰（critical damping）**状態といい，臨界減衰状態にある系を**臨界減衰系（critical damping system）**と呼ぶ．また，$\zeta = 1$ に対応する減衰係数 $c = 2\sqrt{mk}$ (Ns/m) を**臨界減衰係数（critical damping coefficient）**と呼び，記号 c_c (Ns/m) で表現されることもある．

■例題 4.1

等価質量 $m = 50$ g，等価剛性 $k = 50$ N/mm の1自由度振動系の臨界減衰係数 c_c (Ns/m) を求めなさい．

【解答】 単位を SI にそろえると，$m = 0.05$ kg，$k = 5.0 \times 10^4$ N/m であるから，臨界減衰係数 c_c (Ns/m) は

$$c_c = 2\sqrt{0.05 \times 5.0 \times 10^4}$$
$$= 1.0 \times 10^2 \quad \text{(Ns/m)}$$

となる．

4.1.3 不足減衰系

減衰比 $0 < \zeta < 1$ の場合，減衰係数 $0 < c < 2\sqrt{mk}$ であり，式 (4.5) に示す 2 つの特性根 λ_1, λ_2 は互いに共役な複素数

$$\lambda_1 = -\zeta\omega_n - i\omega_n\sqrt{1-\zeta^2}, \quad \lambda_2 = -\zeta\omega_n + i\omega_n\sqrt{1-\zeta^2}$$

となる．ここで i は虚数単位 ($i = \sqrt{-1}$) を表している．このとき，

$$\omega_d = \omega_n\sqrt{1-\zeta^2}$$

とおけば，特性根は

$$\lambda_1 = -\zeta\omega_n - i\omega_d, \quad \lambda_2 = -\zeta\omega_n + i\omega_d$$

と書け，特解は

$$x(t) = e^{\lambda_1 t} = e^{-\zeta\omega_n t}e^{-i\omega_d t}$$

および

$$x(t) = e^{\lambda_2 t} = e^{-\zeta\omega_n t}e^{i\omega_d t}$$

☕ **特性根が重根の場合の特解**

特性根が重根の場合の特解として式 (4.7) を用いたが，式 (4.7) が元の微分方程式を満たしていることを示そう．式 (4.7) を微分すると，

$$\dot{x}(t) = e^{-\omega_n t} - \omega_n t e^{-\omega_n t} = (1-\omega_n t)e^{-\omega_n t}$$
$$\ddot{x}(t) = -\omega_n e^{-\omega_n t} - \omega_n(1-\omega_n t)e^{-\omega_n t} = -\omega_n(2-\omega_n t)e^{-\omega_n t}$$

であるから，$\zeta = 1$ を考慮して元の微分方程式 (4.2) の左辺に代入すれば，

$$\begin{aligned}&\ddot{x} + 2\zeta\omega_n\dot{x} + \omega_n^2 x \\ &= -\omega_n(2-\omega_n t)e^{-\omega_n t} + 2\omega_n(1-\omega_n t)e^{-\omega_n t} + \omega_n^2 t e^{-\omega_n t} \\ &= \{(-2\omega_n + 2\omega_n) + (\omega_n^2 - 2\omega_n^2 + \omega_n^2)t\}e^{-\omega_n t} \\ &= 0\end{aligned}$$

となり，特解 (4.7) が元の微分方程式を満たすことが確認できる．

4.1 減衰1自由度振動系の自由振動解

となる.これらの特解は複素数であり,直接は図に表示できない.

次に,一般解について考えよう.D_1 および D_2 を定数として,式 (4.6) と同じ形で一般解を書くことができる.

$$x(t) = D_1 e^{\lambda_1 t} + D_2 e^{\lambda_2 t} \tag{4.9}$$

ここで,$e^{\lambda_1 t}$ と $e^{\lambda_2 t}$ は互いに共役な複素数となるから,変位 $x(t)$ が実数になるためには定数 D_2 は定数 D_1 の共役な複素数である必要がある.

$$D_2 = D_1^* = \mathrm{Re}\{D_1\} - i\mathrm{Im}\{D_1\}$$

ここで,上付き添え字 $*$ は共役を表す記号であり,Re, Im は引数の実数部,虚数部を表している.これを式 (4.9) に代入してオイラーの公式を用いて整理すると,

$$\begin{aligned}
x(t) &= \left(\mathrm{Re}\{D_1\} + i\mathrm{Im}\{D_1\}\right) e^{-\zeta\omega_n t} e^{-i\omega_d t} \\
&\quad + \left(\mathrm{Re}\{D_1\} - i\mathrm{Im}\{D_1\}\right) e^{-\zeta\omega_n t} e^{i\omega_d t} \\
&= e^{-\zeta\omega_n t} \{\mathrm{Re}\{D_1\}\cos\omega_d t + \mathrm{Im}\{D_1\}\sin\omega_d t \\
&\qquad + i\mathrm{Im}\{D_1\}\cos\omega_d t - i\mathrm{Re}\{D_1\}\sin\omega_d t \\
&\qquad + \mathrm{Re}\{D_1\}\cos\omega_d t + \mathrm{Im}\{D_1\}\sin\omega_d t \\
&\qquad - i\mathrm{Im}\{D_1\}\cos\omega_d t + i\mathrm{Re}\{D_1\}\sin\omega_d t\} \\
&= e^{-\zeta\omega_n t} \{2\mathrm{Re}\{D_1\}\cos\omega_d t + 2\mathrm{Im}\{D_1\}\sin\omega_d t\}
\end{aligned}$$

となる.そこで,

$$C_1 = 2\mathrm{Re}\{D_1\}, \quad C_2 = 2\mathrm{Im}\{D_1\}$$

とおけば,変位 $x(t)$ の一般解は以下のように書ける.

$$x(t) = e^{-\zeta\omega_n t} \{C_1 \cos\omega_d t + C_2 \sin\omega_d t\} \tag{4.10}$$

ここで,自由振動応答 $x(t)$ の初期条件,

$$x(0) = x_0, \quad \dot{x}(0) = v_0$$

が与えられている場合の解を求めよう.式 (4.10) を時間で微分すると,

$$\dot{x}(t) = -\zeta\omega_n e^{-\zeta\omega_n t} \{C_1 \cos\omega_d t + C_2 \sin\omega_d t\}$$

$$+ e^{-\zeta\omega_n t}\omega_d \{-C_1 \sin\omega_d t + C_2 \cos\omega_d t\}$$
$$= e^{-\zeta\omega_n t}\{(-\zeta\omega_n C_1 + \omega_d C_2)\cos\omega_d t$$
$$+ (-\omega_d C_1 - \zeta\omega_n C_2)\sin\omega_d t\}$$

であるから，初期条件を適用すれば

$$x_0 = C_1, \quad v_0 = -\zeta\omega_n C_1 + \omega_d C_2$$

となり，これを解いて，

$$C_1 = x_0, \quad C_2 = \frac{v_0 + \zeta\omega_n x_0}{\omega_d}$$

となる．従って初期条件応答は以下のように書ける．

$$x(t) = e^{-\zeta\omega_n t}\left\{x_0 \cos\omega_d t + \frac{v_0 + \zeta\omega_n x_0}{\omega_d}\sin\omega_d t\right\}$$
$$= A e^{-\zeta\omega_n t}\sin(\omega_d t + \phi) \tag{4.11}$$

ただし，

$$A = \sqrt{C_1^2 + C_2^2} = \sqrt{x_0^2 + \left(\frac{v_0 + \zeta\omega_n x_0}{\omega_d}\right)^2}$$
$$\phi = \tan^{-1}\left\{\frac{C_1}{C_2}\right\} = \tan^{-1}\left\{\frac{x_0 \omega_d}{v_0 + \zeta\omega_n x_0}\right\}$$

である．このように変形すれば，式 (4.11) は

$$x_1(t) = A e^{-\zeta\omega_n t}, \quad x_2(t) = \sin(\omega_d t + \phi)$$

の 2 つの部分に分けることができる．この $x_1(t)$ は時刻 t が増加するに従って単調減少する関数であり，$x_2(t)$ は振幅一定の正弦波である．図 4.6 に，それぞれ，$x_1(t)$ および $x_2(t)$ を破線と点線で示している．これらを乗じたものが初期条件応答 $x(t)$ となり，$x_1(t)$ は応答 $x(t)$ の包絡線であるといえる．

また，この初期条件応答の式を見ると ω_d (rad/s) は不減衰 1 自由度振動系における固有角振動数 ω_n (rad/s) と同じように自由振動の振動数を定めていることが分かる．そこで，この角振動数 ω_d (rad/s) を**減衰固有角振動数（damped natural angular frequency）**と呼ぶ．また，これまで固有角振動数と呼ん

4.1 減衰1自由度振動系の自由振動解

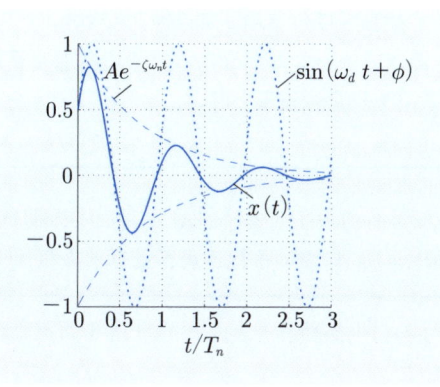

図 4.6 不足減衰系の初期条件応答の一例

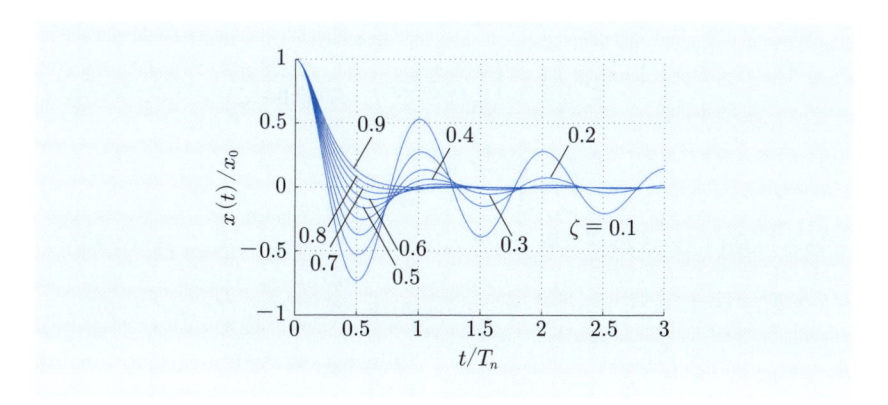

図 4.7 不足減衰系の初期変位応答 ($v_0 = 0$)

できた ω_n (rad/s) は，減衰が存在しない場合の角振動数であることを強調する意味で，**不減衰固有角振動数（undamped natural angular frequency）**と呼ばれることもある．減衰固有振動数 ω_d (rad) は減衰 ζ が大きくなるほど小さくなり，粘性減衰の場合には固有周期が減衰の強さによって変化することが分かる．これは粘性減衰の1つの特徴である．

図 4.7 は減衰比 ζ を変化させて描いた初期変位応答の例を示している．$\zeta \geq 0.8$ であれば $\zeta < 1$ であっても応答は振動的ではなく，静的平衡位置 $x = 0$ を行き過ぎることなく，$x = 0$ に収束している．$\zeta \leq 0.7$ の場合には $x = 0$ を行き

過ぎるが，$\zeta = 0.7$ の場合には行き過ぎ量は僅かである．$\zeta \leq 0.5$ の場合には複数回 $x = 0$ を行き過ぎていることが分かる．この状態を**不足減衰**状態といい，不足減衰状態にある系を**不足減衰系**と呼ぶ．

■ **例題 4.2**

減衰比 $\zeta = 1/\sqrt{2} \approx 0.707$ である減衰 1 自由度振動系の初期変位応答 $(x(0) = x_0,\ \dot{x}(0) = 0)$ における行き過ぎ量を求めなさい．

【解答】 不足減衰系の自由振動解を表す式 (4.11) を再掲すれば，

$$x(t) = Ae^{-\zeta \omega_n t} \sin(\omega_d t + \phi) \tag{4.12}$$

であるが，ここでは初期変位応答の初期条件 $x(0) = x_0$, $\dot{x}(0) = 0$ より，

$$A = x_0 \sqrt{1 + \left(\frac{\zeta}{\sqrt{1-\zeta^2}}\right)^2} = \frac{x_0}{\sqrt{1-\zeta^2}}$$

$$\phi = \tan^{-1}\left\{\frac{\sqrt{1-\zeta^2}}{\zeta}\right\}$$

である．式 (4.12) を時間で微分すると，

$$\begin{aligned}
\dot{x}(t) &= A(-\zeta\omega_n)e^{-\zeta\omega_n t}\sin(\omega_d t + \phi) + Ae^{-\zeta\omega_n t}\omega_d\cos(\omega_d t + \phi) \\
&= A\sqrt{(\zeta\omega_n)^2 + (\omega_d)^2}\, e^{-\zeta\omega_n t}\sin(\omega_d t + \phi + \psi) \\
&= A\omega_n\sqrt{\zeta^2 + \left(\sqrt{1-\zeta^2}\right)^2}\, e^{-\zeta\omega_n t}\sin(\omega_d t + \phi - \phi) \\
&= A\omega_n e^{-\zeta\omega_n t}\sin(\omega_d t)
\end{aligned}$$

ただし，位相角に関して

$$\psi = \tan^{-1}\left\{\frac{\omega_d}{-\zeta\omega_n}\right\} = \tan^{-1}\left\{-\frac{\sqrt{1-\zeta^2}}{\zeta}\right\} = -\phi$$

を用いて式変形している．行き過ぎで変位 $x(t)$ が極小となるのは $\dot{x}(t) = 0$ となる時刻であるから，この時刻を $t = t_1$ とすれば，

$$\sin(\omega_d t_1) = 0$$

4.1 減衰1自由度振動系の自由振動解

より，

$$t_1 = \frac{\pi}{\omega_d}$$

と求められる．$\zeta = 1/\sqrt{2}$ を考慮して式 (4.12) に $t = t_1$ を代入すると，

$$\begin{aligned}
x(t) &= Ae^{-\zeta\omega_n t_1}\sin(\omega_d t_1 + \phi) \\
&= \frac{x_0}{\sqrt{1-\zeta^2}}\exp\left\{-\zeta\omega_n\frac{\pi}{\omega_d}\right\}\sin\left(\omega_d\frac{\pi}{\omega_d}+\phi\right) \\
&= \frac{x_0}{\sqrt{1-\zeta^2}}\exp\left\{-\pi\frac{\zeta}{\sqrt{1-\zeta^2}}\right\}\sin(\pi+\phi) \\
&= -\frac{x_0}{\sqrt{(1/2)}}\exp\left\{-\pi\frac{1/\sqrt{2}}{\sqrt{(1/2)}}\right\}\sin(\phi) \\
&= -\sqrt{2}x_0 e^{-\pi}\sin\left\{\tan^{-1}\left\{\frac{\sqrt{(1/2)}}{1/\sqrt{2}}\right\}\right\} \\
&= -\sqrt{2}x_0 e^{-\pi}\sin\left(\frac{\pi}{4}\right) = -x_0 e^{-\pi} \\
&= -0.0432 x_0
\end{aligned}$$

従って，行き過ぎ量は初期変位の 4.32％ である．∎

4.1.4 不減衰系

減衰比 $\zeta = 1$ の場合，減衰係数 $c = 0$ であり，**不減衰系**と呼ばれるが，不減衰系の自由振動は既に第 3.1 節で説明している．

4.1.5 負減衰系

減衰比 $\zeta < 0$ の場合，減衰係数 $c < 0$ であり，減衰係数が負であることから，その状態を**負減衰状態**といい，負減衰状態にある系を**負減衰系**と呼ぶ．不減衰系とは異なるので，注意が必要である．

負減衰状態のなかでも $-1 < \zeta < 0$ の場合，式 (4.5) に示す 2 つの特性根 λ_1, λ_2 は互いに共役な複素数

$$\begin{aligned}
\lambda_1 &= -\zeta\omega_n - i\omega_n\sqrt{1-\zeta^2} = -\zeta\omega_n - i\omega_d \\
\lambda_2 &= -\zeta\omega_n + i\omega_n\sqrt{1-\zeta^2} = -\zeta\omega_n + i\omega_d
\end{aligned}$$

となるが，不足減衰系と異なるのは特性根の実部は正である点である．これらの特性根に対応する特解も式の上では不足減衰系の場合と同様に

$$x(t) = e^{\lambda_1 t} = e^{-\zeta\omega_n t}e^{-i\omega_d t}$$

および

$$x(t) = e^{\lambda_2 t} = e^{-\zeta\omega_n t}e^{i\omega_d t}$$

となる．従って，一般解も不足減衰系と同じであり，自由振動応答 $x(t)$ の初期条件，

$$x(0) = x_0, \quad \dot{x}(0) = v_0$$

が与えられている場合には，式 (4.11) で自由振動応答が表現できる．再掲すれば

$$x(t) = Ae^{-\zeta\omega_n t}\sin(\omega_d t + \phi)$$

であるが，$\zeta < 0$ であるから，包絡線を表す関数

$$x_1(t) = Ae^{-\zeta\omega_n t}$$

は時間とともに増大する関数であるので，初期条件応答 $x(t)$ は発散する．図 4.8 は負減衰系の初期値応答の例である．応答は振動しながら包絡線の増大とともに，発散しているのが分かる．

一方，負減衰状態のなかでも $\zeta < -1$ の場合，式 (4.5) に示す 2 つの特性根 λ_1, λ_2 はともに正の実数

$$\lambda_1 = -\zeta\omega_n - \omega_n\sqrt{\zeta^2 - 1}, \quad \lambda_2 = -\zeta\omega_n + \omega_n\sqrt{\zeta^2 - 1}$$

となり，対応する特解も

$$\begin{aligned}x(t) &= e^{\lambda_1 t} \\ &= e^{\left(-\zeta\omega_n - \omega_n\sqrt{\zeta^2-1}\right)t}\end{aligned}$$

および

$$x(t) = e^{\lambda_2 t}$$

4.1 減衰1自由度振動系の自由振動解

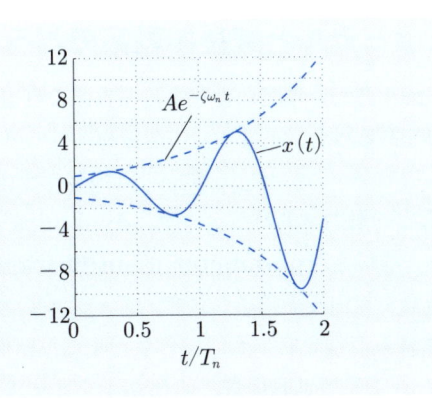

図 4.8 負減衰系の初期値応答の例 ($\zeta = -0.2$)

$$= e^{\left(-\zeta\omega_n + \omega_n\sqrt{\zeta^2-1}\right)t}$$

となる.これら2つの特解はともに時間とともに増大する関数であるから,初期値応答は振動せず,時間とともに発散する.

このように負減衰系の初期値応答は発散するが,その原因は負の減衰係数にあり,このような系は**動的不安定**であるという.

4.2 摩擦モデルと減衰振動系のパラメータ同定

第 1.2 節でも述べたが，現実に存在する振動系の自由振動応答が，主に 1 つの振動数の波形である場合，系は 1 自由度振動系にモデル化できる．このとき，実験結果から，力学モデルにおける質量 m (kg)，ばね剛性 k (N/m)，粘性減衰 c (Ns/m) などの**動力学的パラメータ**（**dynamics parameters**）を定めることを**パラメータ同定**（**parameter identification**）という．

これまで，減衰 1 自由度振動系として，ダッシュポットなどの粘性摩擦要素を有する**粘性減衰系**のみを取り上げてきた．また，粘性摩擦力による抗力 f_d (N) は，c (Ns/m) を**粘性減衰係数**，V (m/s) をダッシュポットのピストン-シリンダ間の相対速度として

$$f_d = -cV \tag{4.13}$$

でモデル化してきた．式 (4.13) を図示すると図 4.9 の破線となる．しかし，実際の機械に作用している摩擦力は破線のような単純な関数ではなく，パラメータの大きさの差はあるが，図 4.9 の実線のような複雑な関数である．ここで，f_{d0} は最大静止摩擦力であり，一般にクーロン摩擦を考慮した動摩擦力よりも大きいことが知られている．従って，摩擦力を式 (4.13) の粘性摩擦力としてモデル化できるためには，f_{d0} が十分に小さいことが必要である．

一方，図 4.9 において，速度の絶対値が大きい領域における摩擦力の傾き $-c$ (Ns/m) の絶対値がほぼ 0 の場合には，摩擦力を図 4.9 の一点鎖線のようにモデル化できることが分かる．これが**クーロン摩擦**モデルである．このクーロン

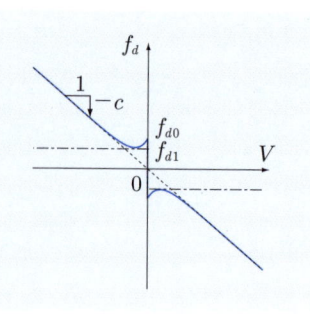

図 4.9 摩擦力とそのモデル化

4.2 摩擦モデルと減衰振動系のパラメータ同定

摩擦を粘性摩擦と対比させて以降では**乾性摩擦**と呼ぶ．乾性摩擦力を式で表現すれば

$$f_d = \begin{cases} f_{d1} & (V < 0) \\ -f_{d1} & (V > 0) \end{cases}$$

または，sign( ) を符号関数として

$$f_d = -\mathrm{sign}(V) f_{d1} \tag{4.14}$$

と書ける．

以下ではこれまで本章で対象としてきた，系に作用する摩擦力が粘性摩擦でモデル化できる減衰 1 自由度振動系および乾性摩擦による減衰を有する減衰 1 自由度振動系のそれぞれに対して，系の力学モデルのパラメータを同定する方法を説明する．

4.2.1 粘性減衰系

ここでは，粘性摩擦力が作用する力学モデルについて考えるが，機械が振動系として問題になるのは（負減衰状態の場合は論外として）主に不足減衰状態の場合であるから，ここでは不足減衰を仮定してパラメータ同定を行う．

図 4.10 を実験により得られた不足減衰状態にある減衰振動系の自由振動応答と考えて欲しい．実際の実験データには測定誤差や高次振動モードの影響が存在し，このような単純な波形は得られないが，ここではこれを対象にパラメータ同定について説明する．

まず実験データに対して最初にチェックすべきことは，

(1) 波形の周期が一定である．(この周期を T_n (s) とする．)
(2) 極大値が等比数列になっている．(包絡線が指数関数となっている．)

の 2 つである．この 2 つの条件が満たされている場合には，対象を粘性減衰を有する 1 自由度振動系にモデル化できる．このとき，系の運動方程式は式 (4.1) であり，不足減衰の場合その応答は式 (4.11) で示される．これを再掲すると，

$$x(t) = A e^{-\zeta \omega_n t} \sin(\omega_d t + \phi) \tag{4.15}$$

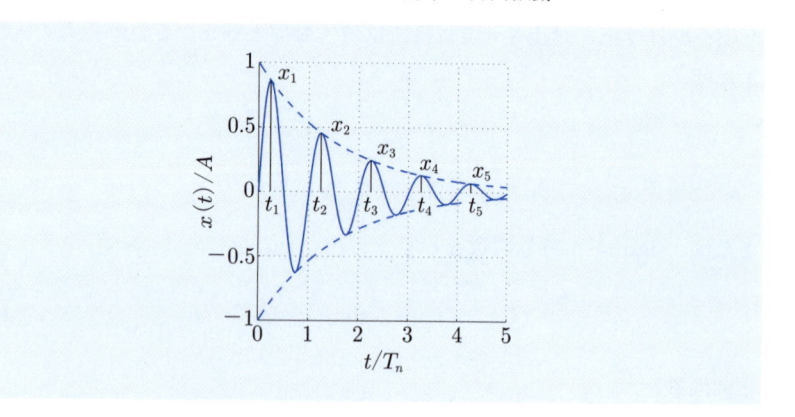

図 4.10 粘性減衰系の自由振動応答

ただし,

$$A = \sqrt{x_0^2 + \left(\frac{v_0 + \zeta\omega_n x_0}{\omega_d}\right)^2}, \quad \phi = \tan^{-1}\left\{\frac{x_0\omega_d}{v_0 + \zeta\omega_n x_0}\right\}$$

である.今,図 4.10 の実験データが式 (4.15) に一致しているとすると,$x(t)$ の極大値 $x_1, x_2, \ldots$ およびその時刻 $t_1, t_2, \ldots$ に着目すれば,式 (4.15) が極大になるとき,

$$\sin(\omega_d t_n + \phi) = 1$$

であり,時刻 t_n と t_{n+1} の間隔は $T_n = 2\pi/\omega_d$ (s) であるから,

$$\begin{aligned}
x_n &= Ae^{-\zeta\omega_n t_n} \\
x_{n+1} &= Ae^{-\zeta\omega_n(t_n+T_n)} = Ae^{-\zeta\omega_n t_n}e^{-\zeta\omega_n T_n} \\
&= x_n \exp\left\{-\zeta\frac{\omega_n 2\pi}{\omega_d}\right\} \\
&= x_n \exp\left\{\frac{-2\pi\zeta}{\sqrt{1-\zeta^2}}\right\}
\end{aligned}$$

と書ける.従って,隣り合う極大値の比を取れば,

$$\frac{x_n}{x_{n+1}} = \exp\left\{\frac{2\pi\zeta}{\sqrt{1-\zeta^2}}\right\} \tag{4.16}$$

となり，極大値は等比数列となっており，その比は減衰比 ζ にのみ依存することとなる．そこで，式の簡単化のため式 (4.16) の指数部をまとめて

$$\delta = \frac{2\pi\zeta}{\sqrt{1-\zeta^2}}$$

とおけば，理論的には n をいくつに選んでも自然対数 $\ln$ を用いて

$$\delta = \ln\left(\frac{x_n}{x_{n+1}}\right)$$

が成り立ち，1 組の隣り合う極大値の比が分かれば，δ を計算することができる．しかし，実際の実験結果にはノイズが含まれることから，何組かの極大値の比から平均して，

$$\delta = \frac{1}{N}\sum_{n=1}^{N}\ln\left(\frac{x_n}{x_{n+1}}\right) \tag{4.17}$$

などとするとよい．実験結果から計算されるこの量 δ を**対数減衰率**と呼び，δ を計算した後に減衰比 ζ は

$$\zeta = \frac{\delta}{2\pi\sqrt{1+\{\delta/(2\pi)\}^2}} \tag{4.18}$$

で計算できる．

以上を用いて力学モデルの動力学的パラメータを同定する手順は以下となる．

(1) 自由振動の波形から，まず，固有周期 T_n (s) を決定する．
(2) 極大値の比の式 (4.17) を用いて対数減衰率 δ を計算し，式 (4.18) を用いて減衰比 ζ を計算する．
(3) 固有周期 T_n (s) と減衰比 ζ を用いて固有角振動数 ω_n (rad/s) の自乗を計算する．

$$\omega_n^2 = \frac{4\pi^2}{T_n^2(1-\zeta^2)} \tag{4.19}$$

(4) 他の実験から等価質量 m (kg) か等価剛性 k (N/m) のどちらかを測定する．
(5) 等価質量を測定した場合 → 等価剛性 k (N/m) を計算する．

$$k = m\omega_n^2 \tag{4.20}$$

等価剛性を測定した場合 → 等価質量 m (kg) を計算する.
$$m = k\omega_n^{-2}$$

(6) 粘性減衰係数 c (Ns/s) を計算する.
$$c = 2\zeta\sqrt{mk} = 2\zeta m\omega_n = 2\zeta k\omega_n^{-1}$$

■ 例題 4.3

振動系の自由振動応答として,図 4.11 が得られた.等価質量 $m = 0.1\,\mathrm{kg}$ であるとして,力学モデルの他の動力学的パラメータを同定しなさい.

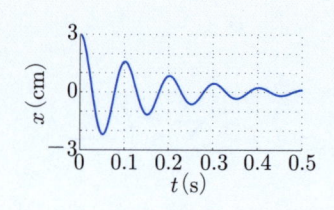

図 4.11 同定に使用する実験結果

【解答】 自由振動の周期に注目すると

$$T_n = 0.1(\mathrm{s})$$

で一定であり,また,自由振動応答の極大値に注目すると,

$$x_1 = 3\,\mathrm{cm}, \quad x_2 = 1.5\,\mathrm{cm}, \quad x_3 \approx 0.8\,\mathrm{cm}$$

であり,等比数列となっているので,この振動系は粘性減衰を持つ 1 自由度振動系にモデル化できる.

次に,対数減衰率 δ は式 (4.17) より

$$\delta = \frac{1}{2}\left\{\ln\left(\frac{3}{1.5}\right) + \ln\left(\frac{1.5}{0.8}\right)\right\} = 0.66$$

であるから,式 (4.18) に代入して,

$$\zeta = \frac{0.66}{2\pi\sqrt{1 + \{0.66/(2\pi)\}}} = 0.10$$

さらに，式 (4.19) から，

$$\omega_n^2 = \frac{4\pi^2}{0.1^2(1-0.1^2)} = 4.0 \times 10^3$$

が得られるので，等価剛性 k (N/m) は式 (4.20) より，

$$k = 0.1 \times 4.0 \times 10^3 = 4.0 \times 10^2 \quad \text{(N/m)}$$

となり，粘性減衰係数 c (Ns/m) は

$$c = 2 \times 0.1 \times \sqrt{0.1 \times 4.0 \times 10^2} = 1.3 \times 10^0 \quad \text{(Ns/m)}$$

と計算できる． ■

4.2.2 乾性摩擦による減衰系

ここでは，乾性摩擦力が作用する力学モデルについて考える．図 4.10 を実験により得られたある減衰振動系の自由振動応答と考えて欲しい．実際の実験データには測定誤差や高次振動モードの影響が存在し，このような単純な波形は得られないが，ここではこれを対象にパラメータ同定について説明する．

まず実験データに対して最初にチェックすべきことは

(1) 波形の周期が一定である．(この周期を T_n (s) とする．)
(2) 極大値が等差数列になっている．(包絡線が直線になっている．)

の 2 つである．これらが成立していれば系は乾性摩擦による減衰系でモデル化できる．

このとき，系の運動方程式は乾性摩擦力を表す式 (4.14) を用いて，

$$m\ddot{x} + kx = -\text{sign}(\dot{x})f_{d1} \quad (4.21)$$

と書ける．今，図 4.12 のように，$t = 0$ (s) で応答が極大となっていると考えると，$t = 0$ (s) の近傍では $\dot{x} < 0$ であるから，式 (4.21) は

$$m\ddot{x} + kx = f_{d1} \quad (4.22)$$

と書き換えられる．このとき，

$$\delta x = \frac{f_{d1}}{k} \quad (4.23)$$

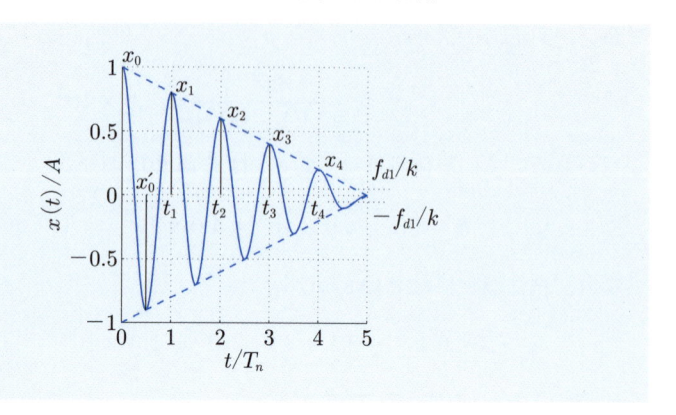

図 4.12 乾性摩擦による減衰系の自由振動応答

という一定の距離 δx を定義し，$y = x - \delta x$ という変数を導入すると，式 (4.22) は

$$m\ddot{x} + k(x - \delta x) = 0$$

より

$$m\ddot{y} + ky = 0 \tag{4.24}$$

となる．すなわち，$\dot{x} < 0$ の領域において，y は $y = 0$ である静的平衡点を中心とする単振動となる．このとき，元の変位 x (m) は

$$x = y + \delta x$$

であるから，この系は $x = 0$ ではなく $x = \delta x$ を静的平衡点としていることが分かる．また，式 (4.24) から，$\dot{y} < 0$ となるのは，

$$\omega_n = \sqrt{\frac{k}{m}}$$

で定義される不減衰固有角振動数 ω_n (rad) から計算できる固有周期 T_n (s) の半周期であることが分かる．乾性摩擦力によって静的平衡点が移動しているため，$t = 0$ (s) のときの変位を x_0 (m) とすると，変位が極小値となる変位 x'_0 (m) は，

$$x'_0 = -x_0 + 2\delta x$$

4.2 摩擦モデルと減衰振動系のパラメータ同定

となる.

その後,速度 $\dot{x}$ は 0 を通過し, $\dot{x} > 0$ となるため,運動方程式は

$$m\ddot{x} + kx = -f_{d1} \tag{4.25}$$

と書き換えられ,同様に一定の距離 δx を用い, $z = x + \delta x$ という変数を導入すると,式 (4.25) は

$$m\ddot{x} + k(x + \delta x) = 0$$

より

$$m\ddot{z} + kz = 0 \tag{4.26}$$

となる.すなわち, $\dot{x} > 0$ の領域において, z は $z = 0$ である静的平衡点を中心とする単振動となる.このとき,元の変位 x (m) は

$$x = z - \delta x$$

であるから,この系は $x = 0$ ではなく $x = -\delta x$ を静的平衡点としていることが分かる.また,式 (4.26) から,変位の極小値から極大値まで, $\dot{z} > 0$ となるのは,固有周期 T_n (s) の半周期分であることが分かる.このように,乾性摩擦では摩擦力の大きさによらず固有周期は変化しないため,測定した固有周期 T_n (s) から,

$$\omega_n = \frac{2\pi}{T_n}$$

のように固有角振動数 ω_n (rad/s) を計算することができる.これは乾性摩擦による減衰系の 1 つの特徴である.さらに,乾性摩擦力によって静的平衡点が移動しているため,1 番目の変位の極大値を x_0 (m) とすると,2 番目の変位の極大値 x_1 (m) は,

$$x_1 = x_0 - 4\delta x$$

となり,同様に,隣り合う極大値を比較すれば等差数列になっていることが分かる.

式 (4.23) で定義される距離 δx は摩擦距離といわれる量であり，振動が減衰していくと $|x| < \delta x$ の領域の任意の位置でばね力と摩擦力が釣り合ってしまい，静止してしまう．位置決めサーボ系の場合には制御工学の分野で積分補償と呼ばれる手法を用い，相対的に長い時間を掛ければ最終的に $x = 0$ とすることができるが，基本的にこの摩擦距離は位置決め時間の短縮および位置決め精度の向上を阻害する要因となるので，高速・精密位置決めが必要な場合には，乾性摩擦力を極力小さくする，等価ばね剛性を高める，などの対策が必要である．

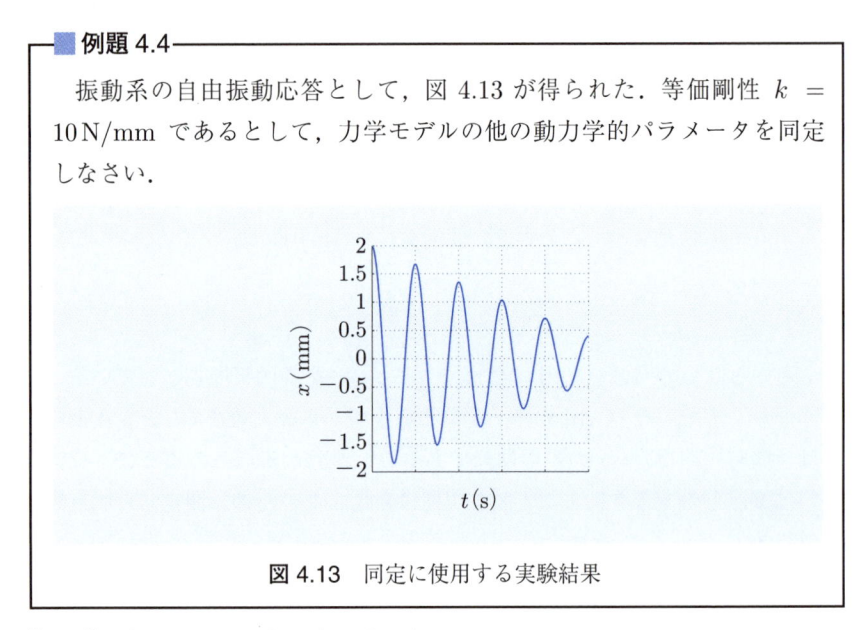

■例題 4.4

振動系の自由振動応答として，図 4.13 が得られた．等価剛性 $k = 10\,\mathrm{N/mm}$ であるとして，力学モデルの他の動力学的パラメータを同定しなさい．

図 4.13 同定に使用する実験結果

【解答】 自由振動の周期に注目すると

$$T_n = 0.01(\mathrm{s})$$

で一定であり，また，自由振動応答の極大値に注目すると，

$$x_0 = 2.0\,\mathrm{mm}, \quad x_1 \approx 1.7\,\mathrm{mm}, \quad x_2 \approx 1.4\,\mathrm{mm}, \quad x_3 \approx 1.0\,\mathrm{mm}$$

であり，等差数列となっているので，この振動系は乾性摩擦による減衰を持つ 1 自由度振動系にモデル化できる．

4.2 摩擦モデルと減衰振動系のパラメータ同定

まず，振動の周期から固有角振動数 ω_n (rad/s) は

$$\omega_n = \frac{2\pi}{T_n} = 6.28 \times 10^2 \quad \text{(rad/s)}$$

である．次に等価剛性 k (N/m) は単位を SI 単位にすれば，

$$k = 1.0 \times 10^4 \quad \text{(N/m)}$$

であるため，等価質量 m (kg) は

$$\begin{aligned} m &= \frac{k}{\omega_n^2} = \frac{1.0 \times 10^4}{(6.28 \times 10^2)^2} \\ &\approx \frac{1.0 \times 10^4}{40 \times 10^4} \\ &= 0.025 \quad \text{(kg)} \end{aligned}$$

と同定できる．さらに，

$$\frac{1}{3}\sum_{i=0}^{3}(x_i - x_{i+1}) = 0.33 \times 10^{-3} \quad \text{(m)}$$

であるから，

$$4\delta_x = 3.3 \times 10^{-4} \quad \text{(m)}$$

より，

$$\delta_x = \frac{f_{d1}}{k} = 8.3 \times 10^{-5} \quad \text{(m)}$$

すなわち，乾性摩擦力 f_{d1} (N) は

$$f_{d1} = 8.3 \times 10^{-5} k = 8.3 \times 10^{-5} \times 1.0 \times 10^4 = 0.83 \quad \text{(N)}$$

と計算できる．

4.3 等価減衰

実際の機構の減衰要素は，図 4.1 のような単純な形で質量と結合しているとは限らない．そこで，ここでは減衰要素の**等価減衰**について説明する．

4.3.1 傾斜して取り付けられたダッシュポット

図 4.14 は傾斜して取り付けられたダッシュポットのモデルである．第 3.3.1 項の傾斜ばねと同様に考えれば，力作用点位置 P における等価減衰は

$$c = c_1 \cos^2 \theta$$

となる．

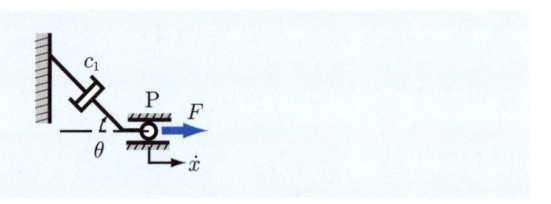

図 4.14 傾斜して取り付けられたダッシュポット

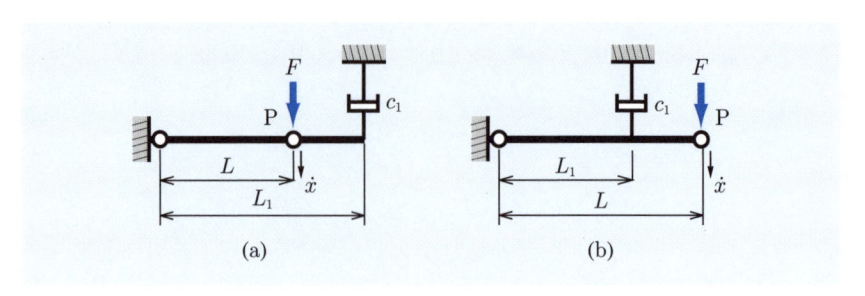

4.3.2 てこに取り付けられたダッシュポット

図 4.15 はてこに取り付けられたダッシュポットのモデルである．第 3.3.4 項のてこばねと同様に考えれば，力作用点位置 P における直動減衰の等価減衰は

$$c = \frac{L_1^2}{L^2} c_1$$

図 4.15 てこに取り付けられたダッシュポット

と計算できる.

また,回転運動のねじりの減衰 c_t (Nms/rad) としては,第 3.4.4 項のねじりばねの等価剛性と同様に考えて,

$$c_t = L_1^2 c_1$$

となる.

■ 例題 4.5

図 4.16 の質量 m_T (kg) のタイヤとばね剛性 k_1 (N/m),減衰係数 c_1 (Ns/m) のサスペンションからなる系において,一様なリンクの質量 m_L (kg) およびタイヤの質量を考慮して,不減衰固有角振動数 ω_n (rad/s) と減衰比 ζ を求める式を示しなさい.

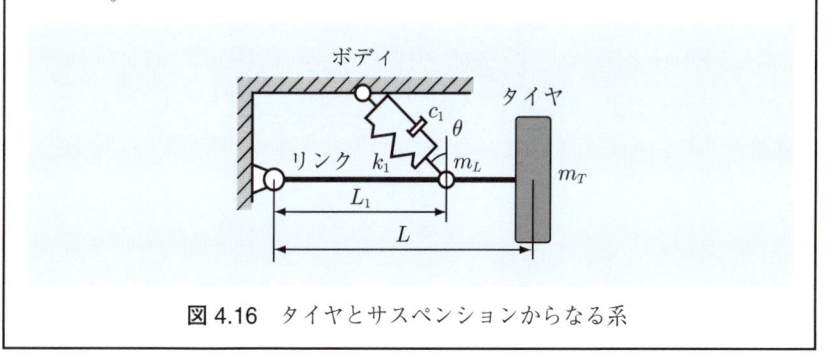

図 4.16 タイヤとサスペンションからなる系

【解答】 本系をねじり振動系と考えれば,リンクの回転自由支持点周りのリンクおよびタイヤの慣性モーメント I_O (kgm^2) は例題 3.12 を参考にすれば

$$I_O = \left(m_T + \frac{1}{3} m_L \right) L^2$$

であり,ねじりばねの等価剛性 k_t (Nm/rad) は

$$k_t = L_1^2 k_1 \cos^2 \theta$$

ねじりの減衰の等価減衰 c_t (Nms/rad) は

$$c_t = L_1^2 c_1 \cos^2 \theta$$

となる．従って，不減衰固有角振動数 ω_n (rad/s) は

$$\omega_n = \sqrt{\frac{k_t}{I_\text{O}}}$$
$$= \sqrt{\frac{L_1^2 k_1 \cos^2\theta}{\{m_T + (m_L/3)\}L^2}}$$
$$= \frac{L_1}{L}\sqrt{\frac{k_1 \cos^2\theta}{m_T + (m_L/3)}}$$

と計算できる．また，減衰比 ζ は

$$\zeta = \frac{c_t}{2\sqrt{I_\text{O} k_t}}$$
$$= \frac{L_1^2 c_1 \cos^2\theta}{2\sqrt{\{m_T + (m_L/3)\}L^2 L_1^2 k_1 \cos^2\theta}}$$
$$= \frac{L_1 c_1 \cos\theta}{2L\sqrt{\{m_T + (m_L/3)\}k_1}}$$

となる．

4章の問題

1 2つの負の実数の特性根 $\lambda_1 < \lambda_2 < 0$ を持つ過減衰系に正の初期変位 $x_0 > 0$ (m) と初期速度 v_0 (m/s) を与えたとき，静的平衡点 $x=0$ を行き過ぎない初期速度 v_0 の範囲を求めなさい．ただし，x (m) は静的平衡点を原点とする変位である．

2 等価質量 $m = 1\,\mathrm{g}$，等価剛性 $k = 0.1\,\mathrm{N/\mu m}$ の系の固有振動数 f_n (Hz) および臨界減衰係数 c_c (Ns/m) を求めなさい．

3 振動系に初期変位を与えて自由振動応答を観察したとき，速度検出器を用いたため，図 4.17 のような速度応答が得られた．等価剛性 $k = 1.6\,\mathrm{N/mm}$ であるとして，力学モデルの他のパラメータを同定しなさい．

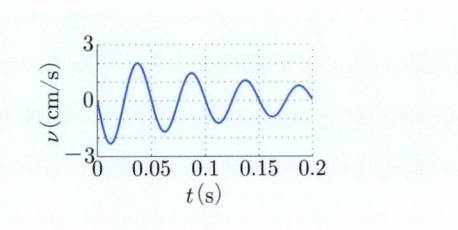

図 4.17 同定に使用する速度応答

4 振動系に初期変位 $x_0 = 1\,\mathrm{mm} = 1 \times 10^{-3}\,\mathrm{m}$ を与えて自由振動の変位応答を測定したところ，図 4.18 のような変位応答が得られた．等価質量 $m = 10\,\mathrm{g}$ であると

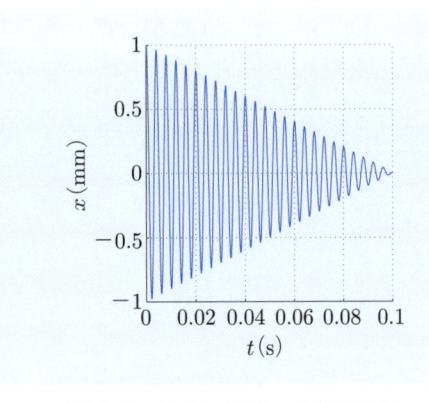

図 4.18 同定に使用する変位応答

して，力学モデルの他のパラメータを同定しなさい．

☐ **5** 図 4.19 は長さ L (m)，質量 m_1 (kg) の剛性を無限大と考えてよいはり，ばね剛性 k_1 (N/m) のばねおよび粘性減衰係数 c_1 (Ns/m) のダッシュポットからなる系である．この系の固有振動数 f_n (Hz) および減衰比 ζ を求めなさい．

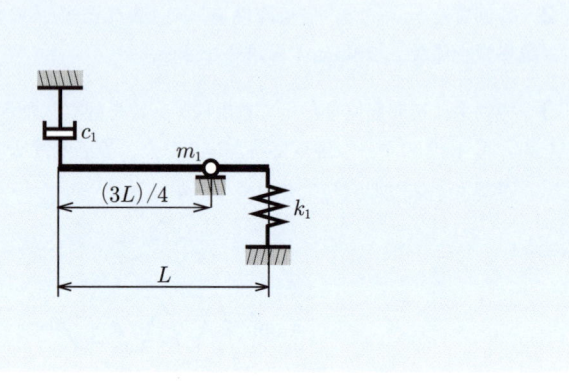

図 4.19　はりとばね，ダッシュポットからなる系

第5章

1自由度振動系の強制振動

　本章では，1自由度振動系に外力が作用することによって励起される振動である強制振動について学習する．強制振動は定常振動である調和励振応答とその他の励振力による周期振動と，非定常振動に分類できる．また，系への励振力の作用の仕方によって，力励振系と基礎励振系の2通りの場合がある．ここではこれらについて示す．

> 5.1　力励振系の調和励振応答
> 5.2　基礎励振系の調和励振応答
> 5.3　複素励振力を用いた調和励振応答と周波数応答関数
> 5.4　周波数応答関数の図示法
> 5.5　周波数応答関数に基づく機械の動力学的パラメータの設計
> 5.6　周期外力応答
> 5.7　限られた時間だけ作用する励振力に対する応答
> 5.8　任意の励振力に対する応答
> 5.9　力励振系の周波数応答関数の測定
> 5.10　基礎励振系の任意励振変位に対する応答

5.1 力励振系の調和励振応答

図 5.1 に示すような 1 自由度振動系を考え，質量 m (kg) に直接外力 f (N) が作用しているとしよう．このような系を**力励振系** (forced vibration system) という．このとき，変位 x (m) の正方向と外力 f (N) の正方向は一致させる必要がある．この系の運動方程式は，ニュートンの運動の法則またはダランベールの原理を用いて

$$m\ddot{x} = -c\dot{x} - kx + f$$

と書ける．この式は変位 x (m) に関する項を左辺に移項して，

$$m\ddot{x} + c\dot{x} + kx = f \tag{5.1}$$

と書かれるのが普通である．

ここでは外力 f (N) が単一の角周波数 ω (rad/s) の正弦関数や余弦関数などの**調和関数**で表される場合について考える．例えば，

$$f(t) = F\sin\omega t \quad \text{や} \quad f(t) = F\cos\omega t$$

などである．このような調和関数で表現できる励振力 f (N) による変位 x (m) の応答を**調和励振応答** (harmonic excitation response) という．

5.1.1 不減衰系の調和励振応答

まず，減衰のない不減衰系について考えよう．このとき，式 (5.1) は

$$m\ddot{x} + kx = f$$

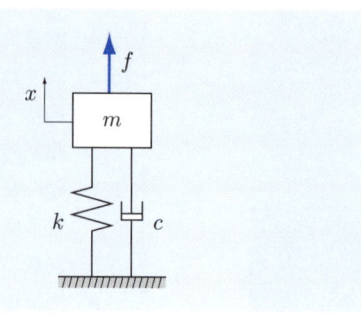

図 5.1 1 自由度振動系の力学モデルと外力

5.1 力励振系の調和励振応答

となる．今，励振力 f (N) が振幅 F (N)，角振動数 ω (rad/s) の正弦関数で表されるとしよう．すなわち

$$f(t) = F \sin \omega t$$

であるとする．ここで，ω (rad/s) は任意の角振動数であり，固有角振動数 ω_n (rad/s) とは無関係であることに注意して欲しい．この外力を運動方程式に代入すれば

$$m\ddot{x} + kx = F \sin \omega t \tag{5.2}$$

となる．式 (5.2) は数学では非同次微分方程式と呼ばれる方程式であるから，非同次微分方程式を解く数学の手法を用いれば，式 (5.2) を解くことができる．非同次微分方程式を解く手順は以下の通りである．

(1) 右辺を 0 とした同次微分方程式の特解を求める．
(2) 非同次微分方程式の特解を求める．
(3) 同次微分方程式の特解と非同次微分方程式の特解の線形和で一般解を表現し，初期条件を用いて一般解の未定係数を決定して最終的な解を得る．

これに従って，式 (5.2) を解いていこう．

同次微分方程式の特解　同次微分方程式とは式 (5.2) の右辺を 0 とした式であるから，外力の作用していない自由振動の運動方程式に相当する．

$$m\ddot{x} + kx = 0$$

この式の特解は第 3.1 節で示したように，

$$x(t) = e^{i\omega_n t} \quad \text{および} \quad x(t) = e^{-i\omega_n t}$$

の 2 つであるが，これらを組み合わせて作成した 2 つの時間関数

$$x(t) = \cos \omega_n t \quad \text{および} \quad x(t) = \sin \omega_n t \tag{5.3}$$

も特解である．以降では関数形を容易に想起できる式 (5.3) の特解を用いる．

非同次微分方程式の特解　元の非同次微分方程式 (5.2) を満たす特解を求めるために，右辺の外力の関数の形から，X_1, X_2 を未知数として，

$$x(t) = X_1 \cos\omega t + X_2 \sin\omega t \tag{5.4}$$

と仮定しよう．式 (5.4) より，

$$\dot{x}(t) = -\omega X_1 \sin\omega t + \omega X_2 \cos\omega t$$
$$\ddot{x}(t) = -\omega^2 X_1 \cos\omega t - \omega^2 X_2 \sin\omega t = -\omega^2(X_1 \cos\omega t + X_2 \sin\omega t)$$
$$= -\omega^2 x(t)$$

と書けるから，非同次微分方程式は

$$m\{-\omega^2 x(t)\} + kx(t) = F \sin\omega t$$

と変形でき，固有角振動数 $\omega_n = \sqrt{k/m}$ を用いて変形すれば，$\omega \neq \omega_n$ を仮定して，

$$X_1 \cos\omega t + X_2 \sin\omega t = \frac{F}{m(\omega_n^2 - \omega^2)} \sin\omega t$$

と書ける．この式より未知数 X_1, X_2 に関して以下の式を得る．

$$\left\{\begin{array}{c} X_1 \\ X_2 \end{array}\right\} = \left\{\begin{array}{c} 0 \\ \dfrac{F}{m(\omega_n^2 - \omega^2)} \end{array}\right\}$$

したがって，非同次微分方程式の特解は

$$x(t) = \frac{F}{m(\omega_n^2 - \omega^2)} \sin\omega t \tag{5.5}$$

となる．

なお，ここで排除した $\omega = \omega_n$ の場合は後で取り上げる．

一般解と未定係数の決定　一般解を同次微分方程式の特解 (5.3) および非同次微分方程式の特解 (5.5) の線形和で表現すれば，

$$x(t) = C_1 \cos\omega_n t + C_2 \sin\omega_n t + \frac{F}{m(\omega_n^2 - \omega^2)} \sin\omega t$$

となる．このとき，C_1, C_2 は未定係数であるが，変位 x (m) の初期条件

$$x(0) = x_0, \quad \dot{x}(0) = v_0$$

5.1 力励振系の調和励振応答

が与えられている場合には,

$$\dot{x}(t) = -\omega_n C_1 \sin\omega_n t + \omega_n C_2 \cos\omega_n t + \frac{F\omega}{m(\omega_n^2 - \omega^2)} \cos\omega t$$

であることを考慮して得られる連立方程式

$$x_0 = C_1, \quad v_0 = \omega_n C_2 + \frac{F\omega}{m(\omega_n^2 - \omega^2)}$$

を解いて,

$$C_1 = x_0, \quad C_2 = \frac{v_0}{\omega_n} - \frac{F\omega}{m\omega_n(\omega_n^2 - \omega^2)}$$

が得られるから,

$$\begin{aligned} x(t) &= x_0 \cos\omega_n t + \left\{ \frac{v_0}{\omega_n} - \frac{F\omega}{m\omega_n(\omega_n^2 - \omega^2)} \right\} \sin\omega_n t \\ &\quad + \frac{F}{m(\omega_n^2 - \omega^2)} \sin\omega t \\ &= x_0 \cos\omega_n t + \frac{v_0}{\omega_n} \sin\omega_n t \\ &\quad + \frac{F}{m\omega_n(\omega_n^2 - \omega^2)} (\omega_n \sin\omega t - \omega \sin\omega_n t) \end{aligned} \tag{5.6}$$

を最終的に得る.また,式 (5.6) は

$$x(t) = D_1 \sin(\omega_n t + \phi) + D_2 \sin(\omega t) \tag{5.7}$$

と書くこともできる.ただし,

$$\begin{aligned} D_1 &= \sqrt{x_0^2 + \left\{ \frac{v_0}{\omega_n} - \frac{F\omega}{m\omega_n(\omega_n^2 - \omega^2)} \right\}^2} \\ D_2 &= \frac{F}{m(\omega_n^2 - \omega^2)} \\ \phi &= \tan^{-1}\left[x_0 / \left\{ \frac{v_0}{\omega_n} - \frac{F\omega}{m\omega_n(\omega_n^2 - \omega^2)} \right\} \right] \end{aligned}$$

である.

図 5.2 は初期条件 x_0, $v_0 = 0$ の系を $F = 2kx_0$ の大きさの力振幅で正弦加振をした場合の変位を x_0 で無次元化して表現した初期条件の影響を含む調

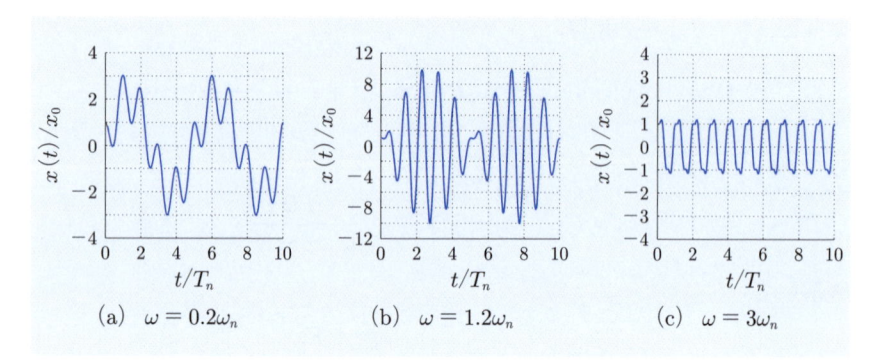

図 5.2 初期条件の影響を含む調和励振応答

和励振応答の様子である．(a) では励振力の角振動数 ω は固有角振動数 ω_n の 0.2 倍であるため，励振力による大きな周期の変位の変化と初期条件による小さな周期の変位の変化が重ね合わされているのがよく分かる．

(b) では励振力の角振動数 ω を固有角振動数の 1.2 倍としているが，この場合には (a) の場合に比べ振動振幅は大きくなり，また，うなり (**beat**) と呼ばれる特徴的な波形をしている．うなり現象を解析的に説明すると以下となる．すなわちまず，$\delta\omega$ を比較的小さな角振動数として，$\omega = \omega_n + \delta\omega$ と表される場合には式 (5.7) に代入すると，変位 x (m) は

$$\begin{aligned}
x(t) &= D_1 \sin(\omega_n t + \phi) + D_2 \sin(\omega_n t + \delta\omega t) \\
&= D_1 \sin(\omega_n t + 0.5\phi + 0.5\delta\omega t - 0.5\delta\omega t + 0.5\phi) \\
&\quad + D_2 \sin(\omega_n t + 0.5\phi + 0.5\delta\omega t + 0.5\delta\omega t - 0.5\phi) \\
&= D_1 \sin(\omega_n t + 0.5\phi + 0.5\delta\omega t)\cos(-0.5\delta\omega t + 0.5\phi) \\
&\quad + D_1 \cos(\omega_n t + 0.5\phi + 0.5\delta\omega t)\sin(-0.5\delta\omega t + 0.5\phi) \\
&\quad + D_2 \sin(\omega_n t + 0.5\phi + 0.5\delta\omega t)\cos(0.5\delta\omega t - 0.5\phi) \\
&\quad + D_2 \cos(\omega_n t + 0.5\phi + 0.5\delta\omega t)\sin(0.5\delta\omega t - 0.5\phi) \\
&= (D_1 + D_2)\sin(\omega_n t + 0.5\phi + 0.5\delta\omega t)\cos(0.5\delta\omega t - 0.5\phi) \\
&\quad + (D_2 - D_1)\cos(\omega_n t + 0.5\phi + 0.5\delta\omega t)\sin(0.5\delta\omega t - 0.5\phi)
\end{aligned}$$

と書ける．さらに，$\delta\omega$ が小さければ，$D_1 \approx D_2$ となるため，

5.1 力励振系の調和励振応答

$$x(t) \approx (D_1 + D_2)\sin\{(\omega_n + 0.5\delta\omega)t + 0.5\phi\}\cos(0.5\delta\omega t - 0.5\phi) \tag{5.8}$$

と考えてよい．式 (5.8) から，変位 x の応答は，固有角振動数 ω_n と励振力の角振動数 ω の平均の角振動数の正弦波と，固有角振動数 ω_n と励振力の角振動数 ω の差の 2 分の 1 の角振動数の余弦波が掛け合わされた応答となっていることが分かる．後者の余弦波は 1 周期中に振幅の絶対値が 2 度大きくなるため，結果的にうなり現象を起こしている波形は，固有角振動数 ω_n と励振力の角振動数 ω の差の角振動数の周期で波形が大きくなったり小さくなったりするのが特徴である．

(c) では励振力の角振動数 ω を固有角振動数の 3 倍としているが，この場合には (a) の場合に比べ振動振幅は小さくなり，初期条件のみによる応答の場合と振幅はあまり変わらない．このように，式 (5.6) などを用いれば初期条件の影響を含む調和励振応答を求めることができる．

ここで，$\omega = \omega_n$ の場合について考えておこう．式 (5.5) は $\omega \neq \omega_n$ を仮定して導出されているため，式 (5.6) において，単純に $\omega = \omega_n$ としてしまうと励振力振幅 F を含む項の分子・分母が 0 になり，値が定まらない．そこで，式 (5.6) において励振力の影響のみを調べるため，$x_0 = 0$，$v_0 = 0$ とし，**ロピタルの定理（de l'Hospitall's rule）**（コラム p.120 を参照）を用いて極限を計算すると，

$$\begin{aligned}
\lim_{\omega \to \omega_n} x(t) &= \lim_{\omega \to \omega_n}\left[\frac{F}{m\omega_n(\omega_n^2 - \omega^2)}(\omega_n \sin\omega t - \omega\sin\omega_n t)\right] \\
&= \lim_{\omega \to \omega_n}\left[\frac{F}{m\omega_n(-2\omega)}(\omega_n t\cos\omega t - \sin\omega_n t)\right] \\
&= -\frac{F}{2m\omega_n^2}(\omega_n t\cos\omega_n t - \sin\omega_n t) \\
&= -\frac{F}{2m\omega_n^2}\sqrt{\omega_n^2 t^2 + 1}\cos(\omega_n t + \psi)
\end{aligned}$$

と書けるので，変位 x (m) の振幅は時間の 1 次関数で増大していくことが分かる．このように，不減衰 1 自由度振動系に固有角振動数と一致する角振動数を持つ励振力で加振された場合には振動の振幅がたちまち増大し，機械の破壊につながる．この現象を**共振 (resonance)** という．

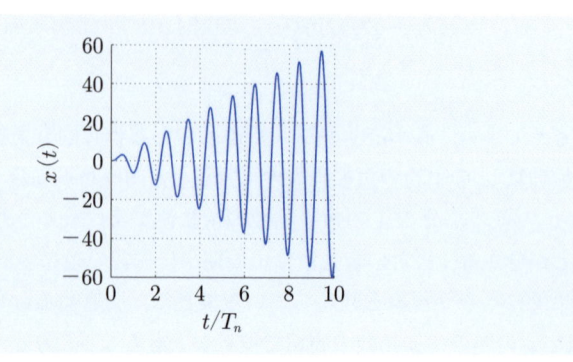

図 5.3 共振時の調和励振応答

調和励振応答と動的振幅倍率　これまで，不減衰 1 自由度振動系に正弦波加振力が作用した場合の初期条件の応答を含む応答 (5.6) を取り扱ってきたが，初期条件の影響は僅かでも減衰があれば時間とともに減少してしまうため，十分に時間が経った後の定常状態では純粋な調和励振応答のみが残ることになる．そこで，純粋な調和励振応答のみを取り出せば，式 (5.5) より，

$$x(t) = X_a(\omega) \sin \omega t \tag{5.9}$$

と書ける．ただし，$X_a(\omega)$ (m) は励振角振動数 ω (rad/s) に依存した変位の振幅であり，

ロピタルの定理

関数 $f(x)$, $g(x)$ が $f(a) = g(a) = 0$ の場合において，関数 $f(x)$, $g(x)$ が $x = a$ 近傍で微分可能で，

$$\left. \frac{dg}{dx} \right|_{x=a} \neq 0$$

であるとき，

$$\lim_{x \to a} \frac{f(x)}{g(x)} = \frac{\left. \dfrac{df}{dx} \right|_{x=a}}{\left. \dfrac{dg}{dx} \right|_{x=a}}$$

が成立する．

5.1 力励振系の調和励振応答

$$X_a(\omega) = \frac{F}{m(\omega_n^2 - \omega^2)} \quad (5.10)$$

である．式 (5.9), (5.10) から，不減衰 1 自由度振動系の調和励振応答に関して分かることをまとめると以下となる．

(1) 励振力が正弦波関数の場合，応答も正弦波関数となる．
(2) 変位振幅は励振力振幅 F (N) に比例し，質量 m (kg) に反比例する．また，励振力の角振動数 ω (rad/s) の関数である．

ここで，大きさ F (N) の外力が静的に作用した場合の静的変位 X_{st} (m) を

$$X_{st} = \frac{F}{k}$$

と定義し，変位振幅 X_a の X_{st} に対する比を計算すると，

$$\frac{X_a(\omega)}{X_{st}} = \frac{F/m(\omega_n^2 - \omega^2)}{F/k} = \frac{k}{m(\omega_n^2 - \omega^2)} = \frac{\omega_n^2}{\omega_n^2 - \omega^2}$$

となる．また，式 (5.11) を変形した式

$$\frac{X_a(\omega)}{X_{st}} = \frac{1}{1 - (\omega/\omega_n)^2}$$

より，無次元角振動数 $\Omega = \omega/\omega_n$ を用いて

$$\frac{X_a(\Omega)}{X_{st}} = \frac{1}{1 - \Omega^2} \quad (5.11)$$

と書くことができ，振幅比 $X_a(\Omega)/X_{st}$ は無次元角振動数 Ω のみの関数となる．式 (5.11) をグラフに示すと図 5.4 となる．このグラフの特徴をまとめると以下となる．

(1) 静的変位 X_{st} を基準とした比をとっているので，当然であるが，$\Omega = 0$ のとき，振幅比は 1 となる．
(2) $\Omega < 1$ の領域では，振幅比は単調増加し，$\Omega = 1$ に近づくにつれてその傾きは大きくなる．
(3) $\Omega < 1$ の側から $\Omega = 1$ に至ると，振幅比は無限大となる．
(4) $\Omega > 1$ の側から $\Omega = 1$ に至ると，振幅比は負の無限大となる．

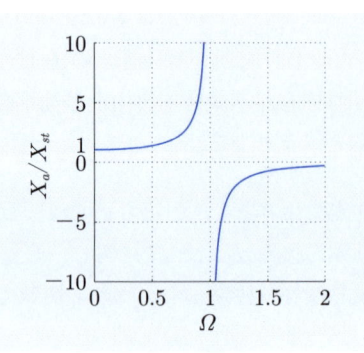

図 5.4 振幅比

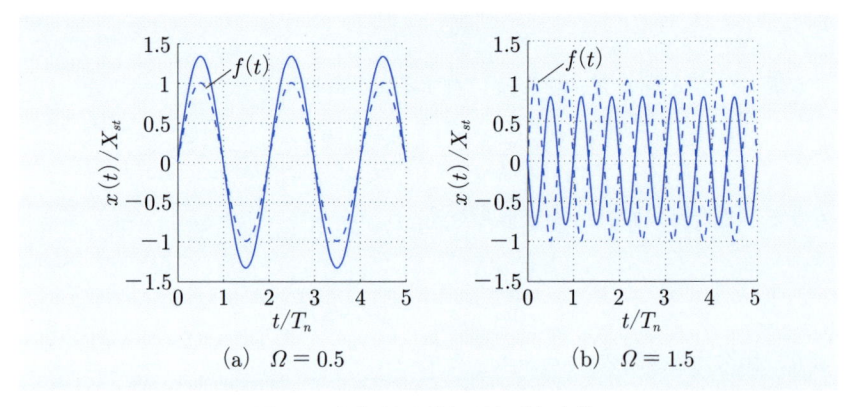

図 5.5 加振周波数と調和励振応答

(a) $\Omega = 0.5$
(b) $\Omega = 1.5$

(5) $\Omega > 1$ の領域では，振幅比は単調増加し，$\Omega = 1$ から離れるとその傾きは小さくなる．
(6) $\Omega \to \infty$ の極限をとれば，振幅比は 0 に漸近する．

ここで，式 (5.11) の振幅比 $X_a(\Omega)/X_{st}$ が負の値を取る意味を考えてみよう．図 5.5 は加振力の角振動数が，無次元角振動数 $\Omega = 0.5$ および $\Omega = 1.5$ の場合の変位 $x(t)$ を X_{st} で無次元化して示したグラフである．この図において，$\Omega = 0.5$ の場合には変位 $x(t)$ は加振力 $f(t)$ と同位相であり，$\Omega = 1.5$ の場合には変位 $x(t)$ は加振力 $f(t)$ と逆位相となっている．このことから，負の振幅比は逆位相を示していることが分かる．したがって，調和励振応答の式 (5.9)

5.1 力励振系の調和励振応答

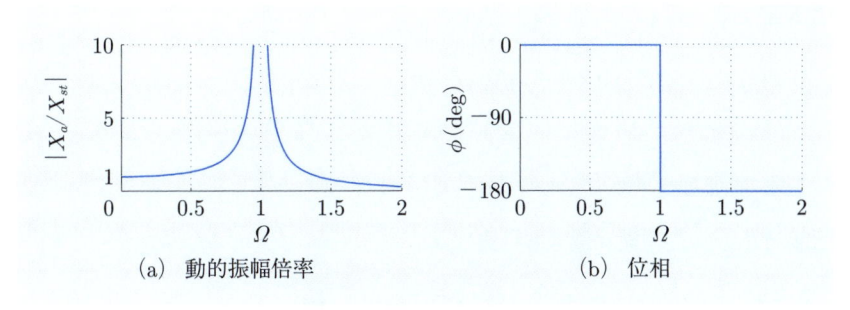

図 5.6 (a) 動的振幅倍率 / (b) 位相 — 動的振幅倍率と位相

を，位相が明確になるように，

$$x(t) = |X_a(\Omega)| \sin\{\omega t + \phi(\Omega)\} \tag{5.12}$$

と書くことにすれば，この応答の特徴は，無次元角振動数 Ω を用いて，振幅比の絶対値 $|X_a(\Omega)/X_{st}|$ と位相 $\phi(\Omega)$ で表現できることとなる．この振幅比の絶対値 $|X_a(\omega)/X_{st}|$ は，力が動的に作用することによって振幅が静的変位の何倍になるかを表すため，**動的振幅倍率 (dynamic amplitude ratio)** と呼ばれる．図 5.6 は動的振幅倍率と位相を描いたグラフである．ここで，位相 ϕ の単位は本来 rad であるが，理解しやすいように deg に変換して図示するのが一般的である．

余弦関数による加振 これまでとは異なり，励振力 f (N) が振幅 F (N)，角振動数 ω (rad/s) の余弦関数で表されるとしよう．すなわち

$$f(t) = F\cos\omega t$$

である．このとき，解くべき微分方程式は

$$m\ddot{x} + kx = F\cos\omega t$$

となる．この非同次微分方程式の特解にのみ着目すれば，励振力が正弦関数の場合と同様に右辺の外力の関数の形から，X_1，X_2 を未知数として

$$x(t) = X_1 \cos\omega t + X_2 \sin\omega t \tag{5.13}$$

と仮定する．式 (5.13) より，

$$\dot{x}(t) = -\omega X_1 \sin\omega t + \omega X_2 \cos\omega t$$
$$\ddot{x}(t) = -\omega^2 X_1 \cos\omega t - \omega^2 X_2 \sin\omega t = -\omega^2(X_1\cos\omega t + X_2\sin\omega t)$$
$$= -\omega^2 x(t)$$

と書けるから，非同次微分方程式は

$$m\{-\omega^2 x(t)\} + kx(t) = F\cos\omega t$$

と変形でき，固有角振動数 $\omega_n = \sqrt{k/m}$ を用いて変形すれば，$\omega \neq \omega_n$ を仮定して，

$$X_1\cos\omega t + X_2\sin\omega t = \frac{F}{m(\omega_n^2 - \omega^2)}\cos\omega t$$

と書ける．この式より未知数 X_1, X_2 に関して以下の式を得る．

$$\left\{\begin{array}{c} X_1 \\ X_2 \end{array}\right\} = \left\{\begin{array}{c} \dfrac{F}{m(\omega_n^2 - \omega^2)} \\ 0 \end{array}\right\}$$

したがって，非同次微分方程式の特解は

$$x(t) = \frac{F}{m(\omega_n^2 - \omega^2)}\cos\omega t$$

となる．これを式 (5.12) と同様に表せば

$$x(t) = |X_a(\omega)|\cos\{\omega t + \phi(\omega)\}$$

と書け，振幅 $|X_a(\omega)|$ および位相 $\phi(\omega)$ は正弦関数による加振の場合と同一である．これは，この振幅と位相が系の特性を表現する重要な要素であることを意味している．

5.1.2 減衰系の調和励振応答

次に，粘性減衰を持つ 1 自由度振動系について考えよう．このとき，運動方程式 (5.1) を再掲すると

$$m\ddot{x} + c\dot{x} + kx = f$$

5.1 力励振系の調和励振応答

となる.さらに,励振力 f (N) が振幅 F (N),角振動数 ω (rad/s) の正弦関数

$$f(t) = F\sin\omega t$$

で表される場合について考える.ここで,ω (rad/s) は任意の角振動数であり,固有角振動数 ω_n (rad/s) とは無関係である.この外力を運動方程式に代入すれば

$$m\ddot{x} + c\dot{x} + kx = F\sin\omega t \tag{5.14}$$

となる.式 (5.14) を非同次微分方程式と見なして解けば,初期条件の影響をも考慮した調和励振応答が求められる.しかしここでは,十分時間が経った後の定常状態のみに着目し,非同次微分方程式の特解のみを求める.

非同次微分方程式の特解 非同次微分方程式 (5.14) を満たす特解を求めるために,右辺の外力の関数の形から,X_1,X_2 を未知数として,

$$x(t) = X_1\cos\omega t + X_2\sin\omega t$$

と仮定しよう.上式を微分すると,

$$\begin{aligned}\dot{x}(t) &= -\omega X_1 \sin\omega t + \omega X_2 \cos\omega t \\ \ddot{x}(t) &= -\omega^2 X_1 \cos\omega t - \omega^2 X_2 \sin\omega t = -\omega^2(X_1\cos\omega t + X_2\sin\omega t) \\ &= -\omega^2 x(t)\end{aligned}$$

と書けるから,非同次微分方程式は

$$\begin{aligned}m\{-\omega^2(X_1\cos\omega t + X_2\sin\omega t)\} &+ c(-\omega X_1\sin\omega t + \omega X_2\cos\omega t) \\ &+ k(X_1\cos\omega t + X_2\sin\omega t) = F\sin\omega t\end{aligned}$$

と変形でき,固有角振動数 $\omega_n = \sqrt{k/m}$ および減衰比 $\zeta = c/2\sqrt{mk}$ を用いて,$c/m = 2\zeta\omega_n$ を考慮して上式を変形すると

$$\begin{aligned}\{(\omega_n^2 - \omega^2)X_1 + 2\zeta\omega_n\omega X_2\}&\cos\omega t + \{-2\zeta\omega_n\omega X_1 + (\omega_n^2 - \omega^2)X_2\}\sin\omega t \\ &= \frac{F}{m}\sin\omega t\end{aligned}$$

と書ける．この式より両辺の三角関数の係数を比較することにより，未知数 X_1, X_2 に関して以下の式を得る．

$$\begin{bmatrix} \omega_n^2 - \omega^2 & 2\zeta\omega_n\omega \\ -2\zeta\omega_n\omega & \omega_n^2 - \omega^2 \end{bmatrix} \begin{Bmatrix} X_1 \\ X_2 \end{Bmatrix} = \begin{Bmatrix} 0 \\ \dfrac{F}{m} \end{Bmatrix}$$

この式を X_1, X_2 について解くと，以下となる．

$$\begin{Bmatrix} X_1 \\ X_2 \end{Bmatrix} = \frac{1}{\Delta(\omega)} \begin{bmatrix} -2\zeta\omega_n\omega \\ \omega_n^2 - \omega^2 \end{bmatrix} \frac{F}{m}$$

ただし，

$$\Delta(\omega) = (\omega_n^2 - \omega^2)^2 + (2\zeta\omega_n\omega)^2$$

である．これらを用いれば，非同次微分方程式の特解は

$$x(t) = \frac{F}{m\Delta(\omega)}(-2\zeta\omega_n\omega)\cos\omega t + \frac{F}{m\Delta(\omega)}(\omega_n^2 - \omega^2)\sin\omega t \tag{5.15}$$

となる．さらに，式 (5.15) を振幅と位相を用いて表現すれば，

$$x(t) = |X_a(\omega)|\sin\{\omega t + \phi(\omega)\} \tag{5.16}$$

と書ける．ただし，

$$|X_a(\omega)| = \frac{F}{m\Delta(\omega)}\sqrt{(\omega_n^2 - \omega^2)^2 + (2\zeta\omega_n\omega)^2}$$

$$= \frac{F}{m\sqrt{(\omega_n^2 - \omega^2)^2 + (2\zeta\omega_n\omega)^2}} \tag{5.17}$$

$$= \frac{F\omega_n^2}{k\sqrt{(\omega_n^2 - \omega^2)^2 + (2\zeta\omega_n\omega)^2}} \tag{5.18}$$

$$\phi(\omega) = \tan^{-1}\left\{\frac{-2\zeta\omega_n\omega}{\omega_n^2 - \omega^2}\right\} \tag{5.19}$$

である．式 (5.16), (5.17) から，減衰 1 自由度振動系の調和励振応答に関して分かることをまとめると以下となる．

(1) 励振力が正弦波関数の場合,応答も正弦波関数となる.
(2) 変位振幅は励振力振幅 F (N) に比例し,質量 m (kg) に反比例する.また,励振力の角振動数 ω (rad/s) の関数である.

これらは不減衰 1 自由度振動系の場合と同様である.

調和励振応答と動的振幅倍率　不減衰 1 自由度振動系の場合と同様に,大きさ F (N) の外力が静的に作用した場合の静的変位 X_{st} (m) を

$$X_{st} = \frac{F}{k}$$

と定義し,変位振幅の絶対値 $|X_a|$ の X_{st} に対する比を計算すると,

$$\left|\frac{X_a(\omega)}{X_{st}}\right| = \frac{\dfrac{F\omega_n^2}{k\sqrt{(\omega_n^2-\omega^2)^2+(2\zeta\omega_n\omega)^2}}}{F/k} = \frac{\omega_n^2}{\sqrt{(\omega_n^2-\omega^2)^2+(2\zeta\omega_n\omega)^2}} \tag{5.20}$$

と書くことができる.さらに,無次元角振動数 $\Omega = \omega/\omega_n$ を用いれば,

$$\left|\frac{X_a(\omega)}{X_{st}}\right| = \frac{1}{\sqrt{\{1-(\omega/\omega_n)^2)\}^2+4\zeta^2(\omega/\omega_n)^2}}$$

より,

$$\left|\frac{X_a(\Omega)}{X_{st}}\right| = \frac{1}{\sqrt{(1-\Omega^2)^2+4\zeta^2\Omega^2}} \tag{5.21}$$

が得られる.同様に,位相についても

$$\phi(\omega) = \tan^{-1}\left\{\frac{-2\zeta(\omega/\omega_n)}{1-(\omega/\omega_n)^2}\right\}$$

より,

$$\phi(\Omega) = \tan^{-1}\left\{\frac{-2\zeta\Omega}{1-\Omega^2}\right\} \tag{5.22}$$

のように無次元角振動数で表現できる.図 5.7 は無次元角振動数に対して動的振幅倍率と位相を描いたグラフである.式 (5.21), (5.22) および図 5.7 から分かることをまとめると以下となる.

(a) 動的振幅倍率

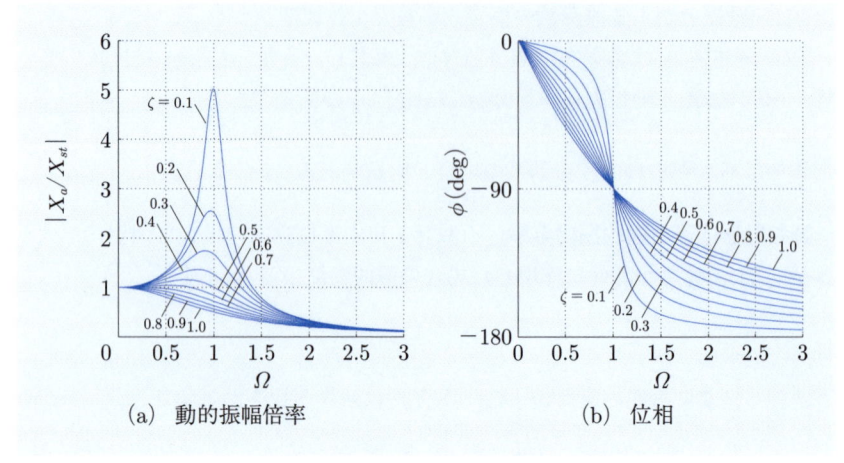

(b) 位相

図 5.7 動的振幅倍率と位相

(1) 静的変位 X_{st} を基準とした比をとっているので,当然であるが,$\Omega = 0$ のとき,動的振幅倍率は 1 となる.

(2) 減衰比が $0 < \zeta < 1/\sqrt{2}$ の場合,$0 < \Omega < \sqrt{1-2\zeta^2}$ の領域では動的振幅倍率は単調増加する.そして $\Omega = \sqrt{1-2\zeta^2}$ で極大値 $|X_a/X_{st}| = 1/2\zeta\sqrt{1-\zeta^2}$ を取り,$\Omega > \sqrt{1-2\zeta^2}$ の領域では動的振幅倍率は単調減少する.さらに $\Omega \to \infty$ の極限をとれば,動的振幅倍率は 0 に漸近する.

(3) 減衰比が $0 < \zeta < 1/\sqrt{2}$ の場合,減衰比 ζ を増加させると,動的振幅倍率が極大となる無次元角振動数は僅かに減少する.

(4) 減衰比が $\zeta > 1/\sqrt{2}$ の場合,動的振幅倍率は単調減少し,$\Omega \to \infty$ の極限をとれば,動的振幅倍率は 0 に漸近する.

(5) 減衰比 ζ の大きさにかかわらず,$\Omega = 1$ のとき動的振幅倍率は $|X_a/X_{st}| = 1/2\zeta$ となる.また,$\zeta \ll 1$ のとき,この値を極大値に近似できる.

(6) 減衰比 ζ が小さい場合には,$\Omega = 1$ の近傍で動的振幅倍率の極大値が大きくなり,共振現象を示す.

(7) 位相 ϕ は減衰比 ζ の大きさに依存せず,$\Omega = 0$ のとき $\phi = 0 \deg$

であり、$\Omega = 1$ のとき、$\phi = -90\,\mathrm{deg}$ となり、また、$\Omega \to \infty$ の極限をとれば $\phi = -180\,\mathrm{deg}$ である.
(8) 位相 ϕ の $\Omega = 1$ における傾きの絶対値は、減衰比が大きいほど小さい.

これらの特徴のなかでも、(5) は特に重要な性質であり、減衰比 $\zeta = 0.05$ の場合には動的振幅倍率の最大値は 20 にもなり、$\zeta = 0.01$ の場合には 100 にもなる. 実際の機械が振動系であり、励振力の作用が予想される場合には、このような動的振幅倍率や位相の特徴を十分に考慮して動力学的パラメータを設計する必要がある.

■ 例題 5.1
減衰比 $0 < \zeta < 1/\sqrt{2}$ の場合に、力励振系の動的振動倍率の最大値が $\Omega = \sqrt{1 - 2\zeta^2}$ の時に生じ、$|X_a/X_{st}| = 1/2\zeta\sqrt{1-\zeta^2}$ となることを示しなさい.

【解答】 式 (5.21) より、動的振動倍率の自乗は
$$g(\Omega) = \left| \frac{X_a(\Omega)}{X_{st}} \right|^2 = \frac{1}{(1-\Omega^2)^2 + 4\zeta^2\Omega^2}$$

と書けるから、関数 $g(\Omega)$ を極大とする Ω を求めるために、
$$\frac{dg}{d\Omega} = 0$$

とおけば、
$$-\left\{ 2\left(1-\Omega^2\right)(-2\Omega) + 4\zeta^2 2\Omega \right\} = 0$$

であるから、
$$4\Omega - 4\Omega^3 - 8\zeta^2\Omega = 0$$

より、
$$-4\Omega\left\{\Omega^2 - \left(1 - 2\zeta^2\right)\right\} = 0$$

を得る．これを解いて，

$$\Omega = 0, \pm\sqrt{1-2\zeta^2}$$

となるが，極大値を与えるのは

$$\Omega = \sqrt{1-2\zeta^2}$$

である．このとき，$1-2\zeta < 0$ となる減衰比 ζ に対して，動的振幅倍率は極値を持たないことが分かる．

また，このとき $\Omega^2 = 1-2\zeta^2$ であるから，式 (5.21) に代入して，

$$\begin{aligned}\left|\frac{X_a(\Omega)}{X_{st}}\right| &= \frac{1}{\sqrt{(1-\Omega^2)^2 + 4\zeta^2\Omega^2}} \\ &= \frac{1}{\sqrt{(1-1+2\zeta^2)^2 + 4\zeta^2(1-2\zeta^2)}} \\ &= \frac{1}{\sqrt{4\zeta^4 + 4\zeta^2 - 8\zeta^4}} \\ &= \frac{1}{2\zeta\sqrt{1-\zeta^2}}\end{aligned}$$

となる．

5.2 基礎励振系の調和励振応答

図 5.8 に示すような 1 自由度振動系を考え,基礎の変位 y (m) の影響により,質量 m (kg) にばね,ダッシュポットを介して外力が作用しているとしよう.このような系を**基礎励振系** (**base excitation system**) または**変位励振系** (**displacement excitation system**) という.このとき,質量の変位 x (m) の基礎の変位 y (m) の正方向は一致させる必要がある.この系の運動方程式は,ニュートンの運動の法則またはダランベールの原理を用いて

$$m\ddot{x} = c(\dot{y} - \dot{x}) + k(y - x)$$

と書ける.この式は変位 x (m) に関する項を左辺に移項して,

$$m\ddot{x} + c\dot{x} + kx = c\dot{y} + ky \tag{5.23}$$

と書かれるのが普通である.この式 (5.23) を後の式と区別するため,**絶対変位** x に関する運動方程式と呼ぶ.

また,変位 x と基礎変位 y の間の**相対変位**に着目すべき場合もあるため,相対変位 $z = x - y$ を定義すると,$x = z + y$ であるため,運動方程式は

$$m\ddot{z} + y + c\dot{z} + y + k(z + y) = c\dot{y} + ky$$

と書けるため,

$$m\ddot{z} + c\dot{z} + kz = -m\ddot{y} \tag{5.24}$$

となる.この式 (5.24) を相対変位 z に関する運動方程式と呼ぶ.ここで,相対変位は x の y に対する**追従誤差**という意味付けをして,$e = y - x$ と定義され

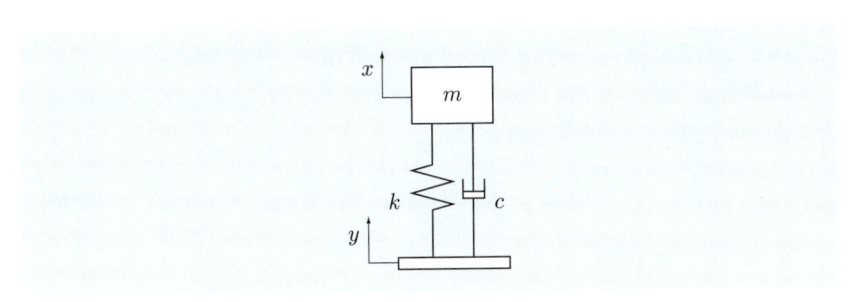

図 5.8 1 自由度振動系の力学モデルと基礎励振

る場合があることに注意して欲しい．このときの e に関する運動方程式は，

$$m\ddot{e} + c\dot{e} + ke = m\ddot{y} \tag{5.25}$$

となり，式 (5.24) と式 (5.25) は右辺の項の符号が異なるが，本質的な差はない．

ここでは基礎変位 $y\,(\mathrm{m})$ が単一の角周波数 $\omega\,(\mathrm{rad/s})$ の正弦関数や余弦関数などの調和関数で表される場合について考える．例えば，

$$y(t) = Y\sin\omega t \quad \text{や} \quad y(t) = Y\cos\omega t$$

などである．このような調和関数で表現できる基礎変位 $y\,(\mathrm{m})$ による変位 $x\,(\mathrm{m})$ の応答は変位励振に対する調和励振応答といえる．

5.2.1 絶対変位の調和励振応答

ここではまず，絶対変位 $x\,(\mathrm{m})$ に着目するとともに，最初から粘性減衰を持つ 1 自由度振動系について考え，基礎変位 $y\,(\mathrm{m})$ が振幅 $Y\,(\mathrm{m})$，角振動数 $\omega\,(\mathrm{rad/s})$ の正弦関数で表されるとしよう．すなわち

$$y(t) = Y\sin\omega t \tag{5.26}$$

であるとする．ここで，$\omega\,(\mathrm{rad/s})$ は任意の角振動数であり，固有角振動数 $\omega_n\,(\mathrm{rad/s})$ とは無関係である．基礎変位 (5.26) を絶対変位 x に関する運動方程式 (5.23) に代入すれば

$$m\ddot{x} + c\dot{x} + kx = c\omega Y\cos\omega t + kY\sin\omega t \tag{5.27}$$

となる．式 (5.27) を非同次微分方程式と見なして解けば，初期条件の影響をも考慮した調和励振応答が求められる．しかしここでは，十分時間が経った後の定常状態のみに着目し，非同次微分方程式の特解のみを求める．

非同次微分方程式 (5.27) を満たす特解を求めるために，右辺の基礎変位の関数の形から，X_1, X_2 を未知数として，

$$x(t) = X_1\cos\omega t + X_2\sin\omega t \tag{5.28}$$

と仮定しよう．式 (5.28) より，

$$\dot{x}(t) = -\omega X_1\sin\omega t + \omega X_2\cos\omega t$$

$$\ddot{x}(t) = -\omega^2 X_1 \cos\omega t - \omega^2 X_2 \sin\omega t = -\omega^2(X_1 \cos\omega t + X_2 \sin\omega t)$$
$$= -\omega^2 x(t)$$

と書けるから，非同次微分方程式は

$$m\{-\omega^2(X_1\cos\omega t + X_2\sin\omega t)\} + c(-\omega X_1\sin\omega t + \omega X_2\cos\omega t)$$
$$+ k(X_1\cos\omega t + X_2\sin\omega t) = c\omega Y\cos\omega t + kY\sin\omega t$$

と変形でき，固有角振動数 $\omega_n = \sqrt{k/m}$ および減衰比 $\zeta = c/2\sqrt{mk}$ を用いて，$c/m = 2\zeta\omega_n$ を考慮して上式を変形すると

$$\{(\omega_n^2 - \omega^2)X_1 + 2\zeta\omega_n\omega X_2 - 2\zeta\omega_n\omega Y\}\cos\omega t$$
$$+ \{-2\zeta\omega_n\omega X_1 + (\omega_n^2 - \omega^2)X_2 - \omega_n^2 Y\}\sin\omega t = 0$$

と書ける．この式より三角関数の係数を0とおくことにより，未知数 X_1, X_2 に関して以下の式を得る．

$$\begin{bmatrix} \omega_n^2 - \omega^2 & 2\zeta\omega_n\omega \\ -2\zeta\omega_n\omega & \omega_n^2 - \omega^2 \end{bmatrix} \left\{\begin{array}{c} X_1 \\ X_2 \end{array}\right\} = \left\{\begin{array}{c} 2\zeta\omega_n\omega Y \\ \omega_n^2 Y \end{array}\right\}$$

この式を X_1, X_2 について解くと，以下となる．

$$\left\{\begin{array}{c} X_1 \\ X_2 \end{array}\right\} = \frac{1}{\Delta(\omega)} \left[\begin{array}{c} \{-2\zeta\omega_n\omega^3\}Y \\ \{(2\zeta\omega_n)^2 + (\omega_n^2 - \omega^2)\omega_n^2\}Y \end{array}\right]$$

ただし，

$$\Delta(\omega) = (\omega_n^2 - \omega^2)^2 + (2\zeta\omega_n\omega)^2$$

である．これらを用いれば，非同次微分方程式の特解は

$$x(t) = \frac{Y}{\Delta(\omega)}\{-2\zeta\omega_n\omega^3\}\cos\omega t$$
$$+ \frac{Y}{\Delta(\omega)}\{(2\zeta\omega_n\omega)^2 + (\omega_n^2 - \omega^2)\omega_n^2\}\sin\omega t$$

となる．さらに，上式を振幅と位相を用いて表現すれば，

$$x(t) = |X_a(\omega)|\sin\{\omega t + \phi(\omega)\} \tag{5.29}$$

と書ける．ただし，

$$|X_a(\omega)| = \frac{Y}{\Delta(\omega)}\sqrt{\{-2\zeta\omega_n\omega^3\}^2 + \{(2\zeta\omega_n\omega)^2 + (\omega_n^2-\omega^2)\omega_n^2\}^2}$$

$$= \frac{Y}{\Delta(\omega)}\sqrt{(2\zeta\omega_n\omega)^4 + (2\zeta\omega_n\omega)^2\{(\omega^2-\omega_n^2)^2+\omega_n^4\} + (\omega_n^2-\omega^2)^2\omega_n^4}$$

$$= \frac{Y}{\Delta(\omega)}\sqrt{\{(2\zeta\omega_n\omega)^2 + (\omega^2-\omega_n^2)^2\}\{(2\zeta\omega_n\omega)^2 + \omega_n^4\}}$$

$$= \frac{Y\sqrt{(2\zeta\omega_n\omega)^2 + \omega_n^4}}{\sqrt{(\omega_n^2-\omega^2)^2 + (2\zeta\omega_n\omega)^2}}$$

$$\phi(\omega) = \tan^{-1}\left\{\frac{-2\zeta\omega_n\omega^3}{(2\zeta\omega_n\omega)^2 + (\omega_n^2-\omega^2)\omega_n^2}\right\}$$

である．式 (5.29) から，減衰 1 自由度振動系の調和励振応答に関して分かることをまとめると以下となる．

(1) 基礎変位が正弦波関数の場合，絶対変位の応答も正弦波関数となる．
(2) 絶対変位振幅は基礎変位振幅 Y (m) に比例する．また，基礎励振の角振動数 ω (rad/s) の関数である．

さらに，基礎変位振幅 Y に対する変位振幅 $|X_a(\omega)|$ の倍率を**振動伝達率 (vibration transfer ratio)** T_r と定義すると，

$$T_r(\omega) = \frac{|X_a(\omega)|}{Y} = \frac{\sqrt{(2\zeta\omega_n\omega)^2 + \omega_n^4}}{\sqrt{(\omega_n^2-\omega^2)^2 + (2\zeta\omega_n\omega)^2}}$$

と書ける．さらに

$$T_r(\omega) = \frac{\sqrt{(2\zeta)^2(\omega/\omega_n)^2 + 1}}{\sqrt{\{1-(\omega/\omega_n)^2\}^2 + (2\zeta)^2(\omega/\omega_n)^2}}$$

と変形できるため，無次元角振動数 $\Omega = \omega/\omega_n$ を用いて表現すれば，

$$T_r(\Omega) = \frac{\sqrt{(2\zeta)^2\Omega^2 + 1}}{\sqrt{(1-\Omega^2)^2 + (2\zeta)^2\Omega^2}} \tag{5.30}$$

と書ける．また，位相も

$$\phi(\omega) = \tan^{-1}\left\{\frac{-2\zeta(\omega/\omega_n)^3}{(2\zeta)^2(\omega/\omega_n)^2 + \{1-(\omega/\omega_n)^2\}}\right\}$$

5.2 基礎励振系の調和励振応答

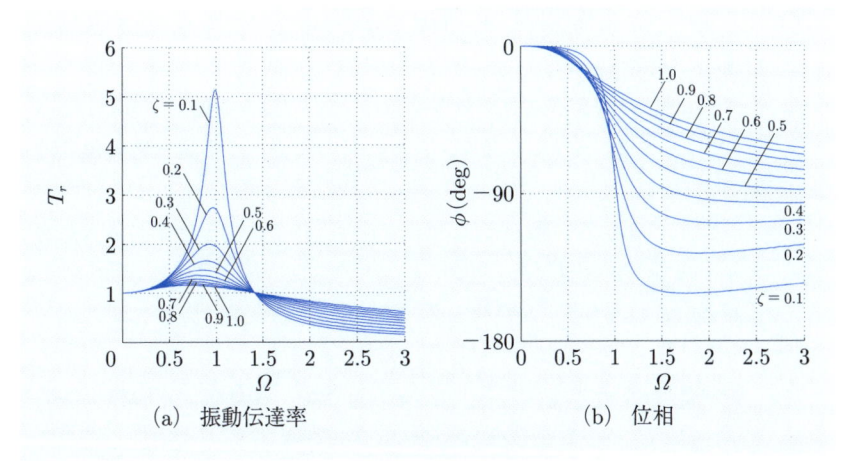

(a) 振動伝達率 (b) 位相

図 5.9 振動伝達率と位相

と変形できることから，無次元角振動数 $\Omega = \omega/\omega_n$ を用いて，

$$\phi(\Omega) = \tan^{-1}\left\{\frac{-2\zeta\Omega^3}{(2\zeta)^2\Omega^2 + (1-\Omega^2)}\right\} \tag{5.31}$$

と書ける．

図 5.9 は無次元角振動数に対して振動伝達率と位相を描いたグラフである．式 (5.30)，(5.31) および図 5.9 から分かることをまとめると以下となる．

(1) $\Omega = 0$ のとき，振動伝達率は 1 となる．
(2) 減衰比 $0 < \zeta < 1$ 領域では，減衰比 ζ の大きさにかかわらず，振動伝達率は $0 < \Omega < \Omega_{\max}$ の領域で単調増加し，$\Omega = \Omega_{\max}$ で最大値 $T_{r\max}$ となる．また，$\Omega > \Omega_{\max}$ の領域で単調減少し，$\Omega \to \infty$ の極限をとれば，振動伝達率は 0 に漸近する．ここで，

$$\Omega_{\max} = \frac{\sqrt{-1 + \sqrt{1 + 8\zeta^2}}}{2\zeta}$$

$$T_{r\max} = \frac{4\zeta^2}{\sqrt{16\zeta^4 - \left(\sqrt{8\zeta^2 + 1} - 1\right)^2}}$$

である．

(3) 減衰比 ζ を増加させると,振動伝達率が極大となる無次元角振動数は僅かに減少する.
(4) 減衰比 ζ の大きさにかかわらず,$\Omega = 1$ のとき振動伝達率は $T_r = \sqrt{(2\zeta)^2 + 1}/2\zeta$ となる.また,$\zeta \ll 1$ のとき,この値を極大値に近似できる.
(5) 減衰比 ζ が小さい場合には,$\Omega = 1$ の近傍で振動伝達率の極大値が大きくなり,共振現象を示す.
(6) 減衰比 ζ の大きさにかかわらず,$\Omega = \sqrt{2}$ のとき振動伝達率は $T_r = 1$ となる.
(7) 減衰比 ζ を大きくすると,$\Omega = 1$ 近傍での振動伝達率の極大値の大きさは小さくなるが,$\Omega > \sqrt{2}$ における振動伝達率は増加してしまう.これは受動的な減衰の効果の限界であるが,センサとアクチュエータで能動的にサスペンション機能を実現する**アクティブサスペンション**ではスカイフックダンパなどの理論の適用によりこの問題を解決している.
(8) 位相 ϕ は減衰比 ζ の大きさに依存せず,$\Omega = 0$ のとき $\phi = 0\,\mathrm{deg}$ であり,$\Omega \to \infty$ の極限をとれば $\phi = -90\,\mathrm{deg}$ である.
(9) 位相 ϕ の $\Omega = 1$ における傾きは,減衰比が大きいほど小さい.

実際の機械が振動系であり,励振力の作用が予想される場合には,このような振動伝達率や位相の特徴を十分に考慮して動力学的パラメータを設計する必要がある.

5.2.2 相対変位の調和励振応答

次に,相対変位 z (m) に着目するとともに,粘性減衰を持つ 1 自由度振動系について考え,基礎変位 y (m) が振幅 Y (m),角振動数 ω (rad/s) の正弦関数で表されるとする.すなわち

$$y(t) = Y \sin \omega t$$

であるとする.ここで,ω (rad/s) は任意の角振動数であり,固有角振動数 ω_n (rad/s) とは無関係である.基礎変位 (5.26) を相対変位 z に関する運動方程式 (5.24) に代入すれば

5.2 基礎励振系の調和励振応答

$$m\ddot{z} + c\dot{z} + kz = m\omega^2 Y \sin\omega t \tag{5.32}$$

となる．式 (5.32) を非同次微分方程式と見なして解けば，初期条件の影響をも考慮した調和励振応答が求められる．しかしここでは，十分時間が経った後の定常状態のみに着目し，非同次微分方程式の特解のみを求める．

非同次微分方程式 (5.32) を満たす特解を求めるために，右辺の基礎変位の関数の形から，Z_1, Z_2 を未知数として，

$$z(t) = Z_1 \cos\omega t + Z_2 \sin\omega t \tag{5.33}$$

と仮定しよう．式 (5.33) より，

$$\dot{z}(t) = -\omega Z_1 \sin\omega t + \omega Z_2 \cos\omega t$$
$$\ddot{z}(t) = -\omega^2 Z_1 \cos\omega t - \omega^2 Z_2 \sin\omega t = -\omega^2(Z_1 \cos\omega t + Z_2 \sin\omega t)$$
$$= -\omega^2 z(t)$$

と書けるから，非同次微分方程式は

$$m\{-\omega^2(Z_1 \cos\omega t + Z_2 \sin\omega t)\} + c(-\omega Z_1 \sin\omega t + \omega Z_2 \cos\omega t)$$
$$+ k(Z_1 \cos\omega t + Z_2 \sin\omega t) = m\omega^2 Y \sin\omega t$$

と変形でき，固有角振動数 $\omega_n = \sqrt{k/m}$ および減衰比 $\zeta = c/2\sqrt{mk}$ を用いて，$c/m = 2\zeta\omega_n$ を考慮して上式を変形すると

$$\{(\omega_n^2 - \omega^2)Z_1 + 2\zeta\omega_n\omega Z_2\}\cos\omega t$$
$$+ \{-2\zeta\omega_n\omega Z_1 + (\omega_n^2 - \omega^2)Z_2 - \omega^2 Y\}\sin\omega t = 0$$

と書ける．この式より三角関数の係数を 0 とおくことにより，未知数 Z_1, Z_2 に関して以下の式を得る．

$$\begin{bmatrix} \omega_n^2 - \omega^2 & 2\zeta\omega_n\omega \\ -2\zeta\omega_n\omega & \omega_n^2 - \omega^2 \end{bmatrix} \begin{Bmatrix} Z_1 \\ Z_2 \end{Bmatrix} = \begin{Bmatrix} 0 \\ \omega^2 Y \end{Bmatrix}$$

この式を Z_1, Z_2 について解くと，以下となる．

$$\begin{Bmatrix} Z_1 \\ Z_2 \end{Bmatrix} = \frac{1}{\Delta(\omega)} \begin{bmatrix} -2\zeta\omega_n\omega \\ \omega_n^2 - \omega^2 \end{bmatrix} \omega^2 Y$$

ただし,
$$\Delta(\omega) = (\omega_n^2 - \omega^2)^2 + (2\zeta\omega_n\omega)^2$$

である.これらを用いれば,非同次微分方程式の特解は

$$z(t) = \frac{Y\omega^2}{\Delta(\omega)}(-2\zeta\omega_n\omega)\cos\omega t + \frac{Y\omega^2}{\Delta(\omega)}(\omega_n^2 - \omega^2)\sin\omega t \quad (5.34)$$

となる.式 (5.34) と (5.15) を見比べると,相対変位の特解は力励振系における力振幅 $F = m\omega^2 Y$ とおいた結果と同一であることが分かる.したがって式 (5.34) を振幅と位相を用いて表現すれば,

$$z(t) = |Z_a(\omega)|\sin\{\omega t + \phi(\omega)\} \quad (5.35)$$

と書ける.ただし,

$$|Z_a(\omega)| = \frac{Y\omega^2}{\sqrt{(\omega_n^2 - \omega^2)^2 + (2\zeta\omega_n\omega)^2}}, \quad \phi(\omega) = \tan^{-1}\left\{\frac{-2\zeta\omega_n\omega}{\omega_n^2 - \omega^2}\right\}$$

であり,位相は力励振系の場合と同一であるため,以降では振幅のみに着目する.式 (5.35) から,減衰1自由度振動系の調和励振応答に関して分かることをまとめると以下となる.

(1) 基礎変位が正弦波関数の場合,相対変位の応答も正弦波関数となる.
(2) 変位振幅は基礎変位振幅 Y (m) と励振角振動数の自乗に比例する.また,基礎励振の角振動数 ω (rad/s) の関数である.

さらに,基礎変位振幅 Y に対する相対変位振幅 $|Z_a(\omega)|$ の倍率を相対振幅比 $|Z_a(\omega)|/Y$ と定義すると,

$$\frac{|Z_a(\omega)|}{Y} = \frac{\omega^2}{\sqrt{(\omega_n^2 - \omega^2)^2 + (2\zeta\omega_n\omega)^2}}$$

と書ける.さらに

$$\frac{|Z_a(\omega)|}{Y} = \frac{(\omega/\omega_n)^2}{\sqrt{\{1 - (\omega/\omega_n)^2\}^2 + (2\zeta)^2(\omega/\omega_n)^2}}$$

と変形できるため,無次元角振動数 $\Omega = \omega/\omega_n$ を用いて表現すれば,

5.2 基礎励振系の調和励振応答

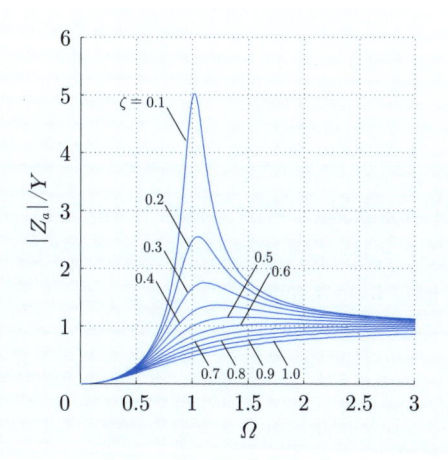

図 5.10 相対振幅比

$$\frac{|Z_a(\omega)|}{Y} = \frac{\Omega^2}{\sqrt{(1-\Omega^2)^2 + (2\zeta)^2\Omega^2}} \tag{5.36}$$

と書ける．図 5.10 は無次元角振動数に対して相対振幅比を描いたグラフである．式 (5.36) および図 5.10 から分かることをまとめると以下となる．

(1) $\Omega = 0$ のとき，相対振幅比は 0 となる．
(2) 減衰比 $0 < \zeta < 1/\sqrt{2}$ の場合，相対振幅比は $0 < \Omega < 1/\sqrt{1-2\zeta^2}$ の領域で単調増加し，$\Omega = 1/\sqrt{1-2\zeta^2}$ で最大値 $1/(2\zeta\sqrt{1-\zeta^2})$ となる．また，$\Omega > 1/\sqrt{1-2\zeta^2}$ の領域で単調減少し，$\Omega \to \infty$ の極限をとれば，相対振幅比は 1 に漸近する．
(3) 減衰比 $0 < \zeta < 1/\sqrt{2}$ の場合，減衰比 ζ を増加させると，相対振幅比が極大となる無次元角振動数は僅かに増加する．
(4) 減衰比 $\zeta > 1/\sqrt{2}$ の場合，相対振幅比は $\Omega > 0$ の領域で単調増加し，$\Omega \to \infty$ の極限をとれば，相対振幅比は 1 に漸近する．
(5) 減衰比 ζ の大きさにかかわらず，$\Omega = 1$ のとき相対振幅比は $1/2\zeta$ となる．また，$\zeta \ll 1$ のとき，この値を極大値に近似できる．
(6) 減衰比 ζ が小さい場合には，$\Omega = 1$ の近傍で相対振幅比の極大値が大きくなり，共振現象を示す．

実際の機械が振動系であり，励振力の作用が予想される場合には，このような相対振幅比や位相の特徴を十分に考慮して動力学的パラメータを設計する必要がある．

■例題 5.2

基礎励振を受ける粘性減衰を有する減衰 1 自由度振動系において，減衰比 $\zeta = 0.1$ の場合，相対変位の振幅比の最大値はいくらか．また，$\zeta \ll 1$ で使用可能な近似式 $1/2\zeta$ の誤差を求めなさい．

【解答】 減衰比 $0 < \zeta < 1/\sqrt{2}$ の領域で，相対変位の振幅比の極大値は，$1/2\zeta\sqrt{1-\zeta^2}$ と書けるから，

$$厳密解 = \frac{1}{2\zeta\sqrt{1-\zeta^2}} = \frac{1}{2 \times 0.1 \times \sqrt{1-0.01}} = \frac{1}{0.2 \times \sqrt{0.99}} = 5.025$$

したがって，相対変位の振幅比の最大値は 5.025 である．また，

$$近似解 = \frac{1}{2\zeta} = \frac{1}{2 \times 0.1} = 5$$

であるから，近似解は厳密解に比べて 0.5% ほど小さいことが分かる．

■例題 5.3

基礎励振を受ける粘性減衰を有する減衰 1 自由度振動系において，減衰比の大きさにかかわらず $\Omega = \sqrt{2}$ において，振動伝達率として定義した励振振幅に対する絶対変位の振幅比 $|X_a|/Y = 1$ であるのに対して，同じ角振動数に対して相対変位の振幅比 $|Z_a|/Y = 0$ にならない理由を述べなさい．

【解答】 基礎励振変位 $y(t)$，絶対変位 $x(t)$ および相対変位 $z(t)$ の間には，

$$z(t) = x(t) - y(t)$$

なる関係が常に成立しているが，調和関数で表される $x(t)$ および $z(t)$ は $y(t)$ に対して位相差があるため，それらの振幅である $|X_a|$, $|Z_a|$, Y を用いても，

$$|Z_a| = |X_a| - Y$$

は保証されない．

5.3 複素励振力を用いた調和励振応答と周波数応答関数

余弦関数による加振 (p.123) で，不減衰振動系に対して励振力が正弦関数で表される場合と余弦関数で表される場合において，変位振幅と位相が同一になることを確かめたが，粘性減衰を持つ振動系でもこのことは成立する．(第5章問題1を参照) すなわち，共通の振幅 X_a (m) と位相 ϕ (rad) を用いて以下のような加振力と変位の対応関係が成り立つ．

(1) 加振力 $f_s(t) = F\sin\omega t$ ：変位 $x_s(t) = |X_a(\omega)|\sin\{\omega t + \phi(\omega)\}$
(2) 加振力 $f_c(t) = F\cos\omega t$ ：変位 $x_c(t) = |X_a(\omega)|\cos\{\omega t + \phi(\omega)\}$

ここで，系は線形系であることを思い出せば，i を虚数単位として，加振力が

$$f(t) = f_c(t) + if_s(t) = F\cos\omega t + iF\sin\omega t = Fe^{i\omega t} \quad (5.37)$$

であるとき，変位 $x(t)$ は

$$\begin{aligned}x(t) &= |X_a(\omega)|\cos\{\omega t + \phi(\omega)\} + i|X_a(\omega)|\sin\{\omega t + \phi(\omega)\}\\ &= |X_a(\omega)|e^{i\{\omega t + \phi(\omega)\}} = |X_a(\omega)|e^{i\phi(\omega)}e^{i\omega t}\\ &= X(\omega)e^{i\omega t}\end{aligned} \quad (5.38)$$

となるはずである．ここで，$X(\omega)$ は

$$X(\omega) = |X_a(\omega)|e^{i\phi(\omega)}$$

であり，**複素振幅** (complex amplitude) と呼ばれる量である．また，式 (5.37) の $f(t)$ も式 (5.38) の $x(t)$ も複素数であり，それぞれ，**複素励振力** (complex exciting force) および**複素変位** (complex displacement) と呼ばれる量である．ここで，式 (5.37) と式 (5.38) を見比べると分かるように，複素励振力と複素変位は時間の関数として同じ指数関数で表されていることが分かる．このことが，複素振幅 $X(\omega)$ を求める際に大変重要な性質となる．また，複素変位 $X(\omega)$ と変位振幅 $|X_a(\omega)|$ (m) および位相 $\phi(\omega)$ (rad) との間には，複素数の実部または虚部を実数として取り出す関数，Re$\{\cdot\}$ および Im$\{\cdot\}$ を用いて，

$$|X_a(\omega)| = |X(\omega)| = \sqrt{\operatorname{Re}\{X(\omega)\}^2 + \operatorname{Im}\{X(\omega)\}^2}$$
$$\phi(\omega) = \angle X(\omega) = \tan^{-1}\left\{\frac{\operatorname{Im}\{X(\omega)\}}{\operatorname{Re}\{X(\omega)\}}\right\}$$

という関係があり,系の特性として注目してきた調和励振応答の振幅と位相を求めるためには複素振幅 $X(\omega)$ を求めればよいことが分かる.

5.3.1 力励振系の複素振幅と周波数応答関数

実際に,複素励振力を受ける減衰1自由度振動系の複素変位を求め,複素振幅 $X(\omega)$ を求めよう.力励振を受ける粘性減衰を有する1自由度振動系の運動方程式

$$m\ddot{x} + c\dot{x} + kx = f$$

において,複素励振力ならびに複素変位

$$f(t) = Fe^{i\omega t}, \quad x(t) = X(\omega)e^{i\omega t}$$

を仮定して代入すると,

$$\{(k - m\omega^2) + ic\omega\}X(\omega)e^{i\omega t} = Fe^{i\omega t}$$

となるが,$|e^{i\omega t}| = 1$ であることを考えると,両辺を $e^{i\omega t}$ で除してよい.したがって,

$$\begin{aligned}X(\omega) &= \frac{F}{(k - m\omega^2) + ic\omega} = \frac{F}{m}\frac{1}{(k/m - \omega^2) + i(c/m)\omega} \\ &= \frac{F}{m}\frac{1}{(\omega_n^2 - \omega^2) + i2\zeta\omega_n\omega}\end{aligned} \tag{5.39}$$

となる.さらに,

$$X(\omega) = \frac{F}{k}\frac{1}{\{1 - (\omega/\omega_n)^2\} + i2\zeta(\omega/\omega_n)}$$

と変形できるため,無次元角振動数 $\Omega = \omega/\omega_n$ を導入すれば,

$$X(\Omega) = \frac{F}{k}\frac{1}{(1 - \Omega^2) + i2\zeta\Omega} \tag{5.40}$$

となる.式 (5.40) は分母を有理化して,

5.3 複素励振力を用いた調和励振応答と周波数応答関数　　143

$$X(\Omega) = \frac{F}{k}\frac{(1-\Omega^2)-i2\zeta\Omega}{(1-\Omega^2)^2+(2\zeta\Omega)^2}$$

と書けるので，変位振幅 $|X_a(\Omega)|$，動的振幅倍率 $|X_a(\Omega)/X_{st}|$ および位相 $\phi(\Omega)$ を計算すると，

$$|X_a(\Omega)| = |X(\Omega)| = \sqrt{\mathrm{Re}\{X(\Omega)\}^2 + \mathrm{Im}\{X(\Omega)\}^2}$$
$$= \frac{F}{k}\frac{1}{\sqrt{(1-\Omega^2)^2+(2\zeta\Omega)^2}}$$
$$\left|\frac{X_a(\Omega)}{X_{st}}\right| = \frac{1}{\sqrt{(1-\Omega^2)^2+(2\zeta\Omega)^2}}$$
$$\phi(\Omega) = \angle X(\Omega) = \tan^{-1}\left\{\frac{\mathrm{Im}\{X(\Omega)\}}{\mathrm{Re}\{X(\Omega)\}}\right\} = \tan^{-1}\left\{\frac{-2\zeta\Omega}{1-\Omega^2}\right\}$$

となり，これらの結果は正弦関数の励振力を仮定して求めた調和励振応答と動的振幅倍率 (p.127) の結果に一致している．このように，複素励振力および複素変位を用いれば，連立方程式を解くことなく，変位振幅，動的振幅倍率および位相を求めることができる．

また，複素励振力は複素数であるため実在しているとは考えられないが，複素励振力を仮定して得られた複素変位を用いて，実在する調和励振力に対する応答を計算可能である．すなわち，式 (5.38) を逆に用いて，$f_s(t) = F\sin\omega t$ に対する応答は，式 (5.39) から

$$x_s(t) = \mathrm{Im}\{x(t)\} = \mathrm{Im}\{X(\omega)e^{i\omega t}\}$$
$$= \mathrm{Im}\{X(\omega)\}\cos\omega t + \mathrm{Re}\{X(\omega)\}\sin\omega t$$
$$= \frac{F}{m}\frac{-2\zeta\omega_n\omega}{(\omega_n^2-\omega^2)^2+(2\zeta\omega_n\omega)^2}\cos\omega t + \frac{F}{m}\frac{\omega_n^2-\omega^2}{(\omega_n^2-\omega^2)^2+(2\zeta\omega_n\omega)^2}\sin\omega t$$

と計算でき，式 (5.15) に一致することが確認できる．

複素振幅 $X(\omega)$ または $X(\Omega)$ に話を戻すと，複素振幅の式 (5.39) または (5.40) には，複素励振力の振幅 F が含まれており，厳密な系の特性のみになっていない．したがって，複素振幅 $X(\omega)$ または $X(\Omega)$ を F で除した

$$H(\omega) = \frac{X(\omega)}{F} = \frac{1}{(k-m\omega^2)+ic\omega} = \frac{1}{m}\frac{1}{(\omega_n^2-\omega^2)+i2\zeta\omega_n\omega}$$
$$= \frac{1}{k}\frac{\omega_n^2}{(\omega_n^2-\omega^2)+i2\zeta\omega_n\omega}$$

または
$$H(\Omega) = \frac{X(\Omega)}{F} = \frac{1}{k}\frac{1}{(1-\Omega^2)+i2\zeta\Omega}$$

で定義される**周波数応答関数 (frequency response function)** が重要である．この周波数応答関数は，系への入力量が力で，出力量が変位の場合の系の特性と見ることができ，**コンプライアンス周波数応答関数**と呼ばれる．出力量は，変位のみならず，速度や加速度を選択することもできるが，出力量として速度を選択した場合には**モビリティ周波数応答関数**，加速度を選択した場合には**イナータンス周波数応答関数**と呼ばれる．

5.3.2　変位励振系の絶対変位の複素振幅と周波数応答関数

次に基礎変位が複素基礎変位である場合の減衰 1 自由度振動系の絶対変位の複素変位を求め，絶対変位の複素振幅 $X(\omega)$ を求めよう．基礎励振を受ける粘性減衰を有する 1 自由度振動系の絶対変位 x に関する運動方程式

$$m\ddot{x} + c\dot{x} + kx = c\dot{y} + ky$$

において，複素基礎変位ならびに絶対変位の複素変位

$$y(t) = Ye^{i\omega t}, \quad x(t) = X(\omega)e^{i\omega t}$$

を仮定して代入すると，

$$\{(k-m\omega^2)+ic\omega\}X(\omega)e^{i\omega t} = (k+ic\omega)Ye^{i\omega t}$$

となるが，$|e^{i\omega t}| = 1$ であることを考えると，両辺を $e^{i\omega t}$ で除してよい．したがって，

$$\begin{aligned}X(\omega) &= \frac{Y(k+ic\omega)}{(k-m\omega^2)+ic\omega} \\ &= \frac{Y\{k/m+i(c/m)\omega\}}{(k/m-\omega^2)+i(c/m)\omega} \\ &= \frac{Y(\omega_n^2+i2\zeta\omega_n\omega)}{(\omega_n^2-\omega^2)+i2\zeta\omega_n\omega}\end{aligned}$$

さらに，

5.3 複素励振力を用いた調和励振応答と周波数応答関数

$$X(\omega) = \frac{Y\{1 + i2\zeta(\omega/\omega_n)\}}{\{1 - (\omega/\omega_n)^2\} + i2\zeta(\omega/\omega_n)}$$

と変形できるので,無次元角振動数 $\Omega = \omega/\omega_n$ を導入すれば,

$$X(\Omega) = \frac{Y(1 + i2\zeta\Omega)}{(1 - \Omega^2) + i2\zeta\Omega} \tag{5.41}$$

となる.式 (5.41) は分母を有理化して,

$$X(\Omega) = \frac{Y\{(1 - \Omega^2) + (2\zeta\Omega)^2 - i2\zeta\Omega^3\}}{(1 - \Omega^2)^2 + (2\zeta\Omega)^2}$$

と書けるので,変位振幅 $|X_a(\Omega)|$,振動伝達率 $T_r(\Omega) = |X_a(\Omega)/Y|$ および位相 $\phi(\Omega)$ を計算すると,

$$\begin{aligned}
|X_a(\Omega)| &= |X(\Omega)| \\
&= \sqrt{\operatorname{Re}\{X(\Omega)\}^2 + \operatorname{Im}\{\{X(\Omega)\}^2} \\
&= Y\frac{\sqrt{\{(1 - \Omega^2) + (2\zeta\Omega)^2\}^2 + (2\zeta\Omega^3)^2}}{(1 - \Omega^2)^2 + (2\zeta\Omega)^2} \\
&= Y\frac{\sqrt{1 + (2\zeta\Omega)^2}}{\sqrt{(1 - \Omega^2)^2 + (2\zeta\Omega)^2}} \\
T_r(\Omega) &= \left|\frac{X_a(\Omega)}{Y}\right| \\
&= \frac{\sqrt{1 + (2\zeta\Omega)^2}}{\sqrt{(1 - \Omega^2)^2 + (2\zeta\Omega)^2}} \\
\phi(\Omega) &= \angle X(\Omega) \\
&= \tan^{-1}\left\{\frac{\operatorname{Im}\{X(\Omega)\}}{\operatorname{Re}\{X(\Omega)\}}\right\} \\
&= \tan^{-1}\left\{\frac{-2\zeta\Omega^3}{(1 - \Omega^2) + (2\zeta\Omega)^2}\right\}
\end{aligned}$$

となり,これらの結果は正弦関数の励振力を仮定して求めた第 5.2.1 項の結果に一致している.このように,複素基礎変位および複素変位を用いれば,連立方程式を解くことなく,変位振幅,振動伝達率および位相を求めることができる.

また,振動伝達率 $T_r(\Omega)$ は既に系の特性を表すパラメータのみの関数となっているから,周波数応答関数とみなせる.

5.3.3 変位励振系の相対変位の複素振幅と周波数応答関数

次に基礎変位が複素基礎変位である場合の減衰1自由度振動系の相対変位の複素変位を求め，相対変位の複素振幅 $Z(\omega)$ を求めよう．基礎励振を受ける粘性減衰を有する1自由度振動系の相対変位 z に関する運動方程式

$$m\ddot{z} + c\dot{z} + kz = -m\ddot{y}$$

において，複素基礎変位ならびに相対変位の複素変位

$$y(t) = Ye^{i\omega t}, \quad z(t) = Z(\omega)e^{i\omega t}$$

を仮定して代入すると，

$$\{(k - m\omega^2) + ic\omega\}X(\omega)e^{i\omega t} = m\omega^2 Ye^{i\omega t}$$

となるが，$|e^{i\omega t}| = 1$ であることを考えると，両辺を $e^{i\omega t}$ で除してよい．したがって，

$$Z(\omega) = \frac{m\omega^2 Y}{(k - m\omega^2) + ic\omega}$$
$$= \frac{\omega^2 Y}{(k/m - \omega^2) + i(c/m)\omega}$$
$$= \frac{\omega^2 Y}{(\omega_n^2 - \omega^2) + i2\zeta\omega_n\omega}$$

さらに，

$$Z(\omega) = \frac{(\omega/\omega_n)^2 Y}{\{1 - (\omega/\omega_n)^2\} + i2\zeta(\omega/\omega_n)}$$

と変形できるので，無次元角振動数 $\Omega = \omega/\omega_n$ を導入すれば，

$$Z(\Omega) = \frac{\Omega^2 Y}{(1 - \Omega^2) + i2\zeta\Omega} \tag{5.42}$$

となる．式 (5.42) は分母を有理化して，

$$Z(\Omega) = \frac{Y\Omega^2\{(1 - \Omega^2) - i2\zeta\Omega\}}{(1 - \Omega^2)^2 + (2\zeta\Omega)^2}$$

と書けるので，変位振幅 $|Z_a(\Omega)|$, 相対振幅比 $|Z_a(\Omega)|/Y$ および位相 $\phi(\Omega)$ を計算すると，

5.3 複素励振力を用いた調和励振応答と周波数応答関数

$$|Z_a(\Omega)| = |Z(\Omega)|$$
$$= \sqrt{\mathrm{Re}\{Z(\Omega)\}^2 + \mathrm{Im}\{\{Z(\Omega)\}^2}$$
$$= \frac{\Omega^2 Y \sqrt{(1-\Omega^2)^2 + (2\zeta\Omega)^2}}{(1-\Omega^2)^2 + (2\zeta\Omega)^2}$$
$$= \frac{\Omega^2 Y}{\sqrt{(1-\Omega^2)^2 + (2\zeta\Omega)^2}}$$
$$\frac{|Z_a(\Omega)|}{Y} = \frac{\Omega^2}{\sqrt{(1-\Omega^2)^2 + (2\zeta\Omega)^2}}$$
$$\phi(\Omega) = \angle Z(\Omega)$$
$$= \tan^{-1}\left\{\frac{\mathrm{Im}\{Z(\Omega)\}}{\mathrm{Re}\{Z(\Omega)\}}\right\}$$
$$= \tan^{-1}\left\{\frac{-2\zeta\Omega}{1-\Omega^2}\right\}$$

となり，これらの結果は正弦関数の励振力を仮定して求めた第5.2.2項の結果に一致している．このように，複素基礎変位および複素変位を用いれば，連立方程式を解くことなく，変位振幅，相対振幅比および位相を求めることができる．

また，相対振幅比は既に系の特性を表すパラメータのみの関数となっているから周波数応答関数とみなせる．

5.4 周波数応答関数の図示法

前節で，力学モデルに基づいて解析的に**周波数応答関数**を表す式を示したが，実際の機械が存在する場合には第 5.9 節の説明にある方法で実験的に周波数応答を得ることもできる．前節で見たようにこれらの周波数応答関数は角振動数の関数であり，また，その値は複素数であるから，2 次元のグラフにこの関数を図示するには工夫が必要である．そこで，これらの周波数応答関数の図示に用いられているいくつかの方法について説明する．

5.4.1 ボード線図

周波数応答関数を図示するのに最も多く用いられているのが**ボード線図**（**Bode plot**）である．ボード線図は，複素数の値を持つ角振動数の関数である周波数応答関数を表現するために，横軸に角振動数または振動数を対数で取り，縦軸に複素数の絶対値と位相を取った 2 つのグラフを用いたものである．複素数の絶対値は，多くの場合，比を表す無次元量 A に対して，

$$\text{Gain}\,(\text{dB}) = 20\log_{10} A$$

で計算される**ゲイン**（**Gain**）で表現され，単位は **dB**（デシベル）である．単位 dB を用いれば，小さい値から大きい値まで幅広く 1 枚のグラフに表現でき，また，表 5.1 のような関係を頭に入れておけば，無次元量の大きさに換算して読み取ることも可能である．

図 5.11 は力励振系の動的振幅倍率のボード線図である．図 5.6 と同様に減衰比 ζ を 0.1 から 1.0 まで変化させている．この図から無次元角振動数 $\Omega > 10$ の領域では，動的振幅倍率のゲインは減衰比 ζ によらず，一定の傾きの直線に漸近することが分かる．この直線の傾きは，Ω が 10 倍になると 40 dB 下がる傾きであり，周波数が 10 倍になったときのデシベルの変化を表す dB/dec（デシベル・パー・ディケード）という単位を用いれば，この傾きは $-40\,\text{dB/dec}$ となる．この高周波数領域のゲインの傾きは質量 m の効果に依存しており，質

表 5.1 dB と無次元量の関係

0 dB = 1	3 dB ≈ 1.4	6 dB ≈ 2	20 dB = 10	40 dB =100
	−3 dB ≈ 0.7	−6 dB ≈ 0.5	−20 dB = 0.1	−40 dB = 0.01

5.4 周波数応答関数の図示法

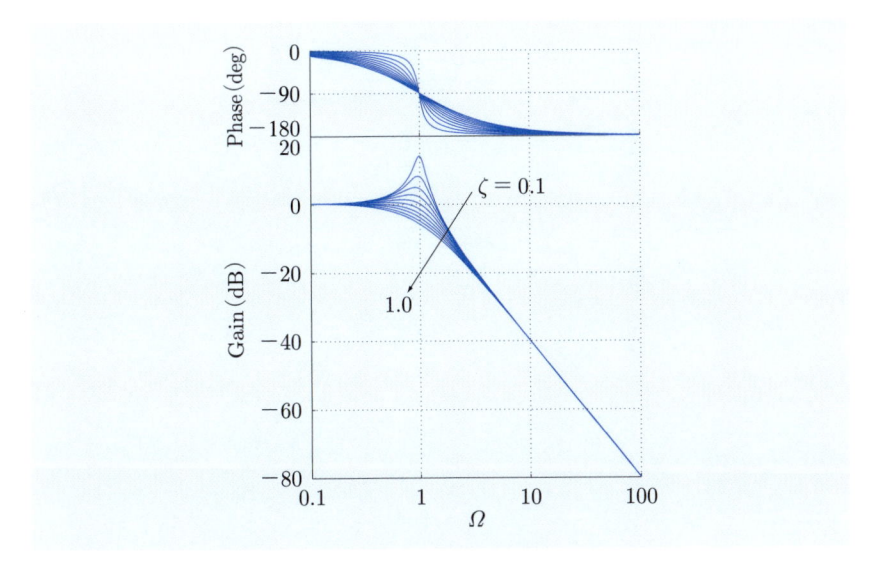

図 5.11 力励振系の動的振幅倍率のボード線図

量の運動方程式 $m\ddot{x} = f$ から得られる周波数応答関数

$$H_m(\omega) = \frac{-1}{m\omega^2}$$

をゲインに直せば，

$$\begin{aligned}\text{Gain(dB)} &= 20\log_{10}|H_m(\omega)| = -20\log_{10}(m\omega^2) \\ &= -20\log_{10} m - 40\log_{10}\omega\end{aligned}$$

となるため，直線の傾きを表す第 2 項より，$-40\,\text{dB/dec}$ となっていることが分かる．

図 5.12 は基礎励振系の絶対変位の振動伝達率のボード線図である．図 5.9 と同様に減衰比 ζ を 0.1 から 1.0 まで変化させている．ボード線図を用いると ζ の大きさの違いによる高周波数領域での振動伝達率の違いがはっきり分かる．また，$\Omega \to \infty$ で位相が $-90\,\text{deg}$ になることも確認できる．

図 5.13 は基礎励振系の相対変位の振幅比のボード線図である．図 5.10 と同様に減衰比 ζ を 0.1 から 1.0 まで変化させている．相対変位の振幅比は減衰比の大きさにかかわらず，$\Omega \ll 1$ の領域では Ω^2 となり，$40\,\text{dB/dec}$ の傾きを持っていることが分かる．

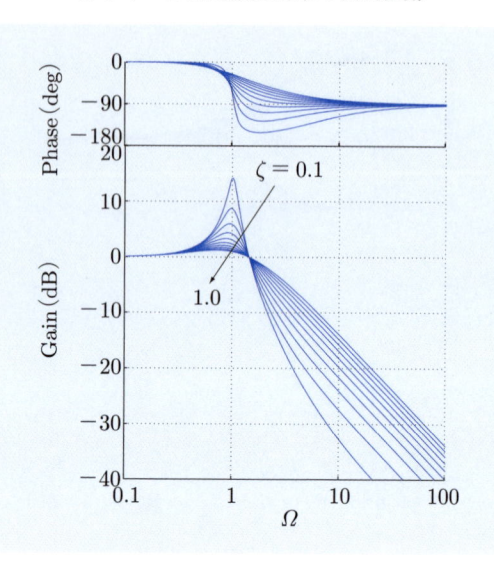

図 5.12　基礎励振系の絶対変位の振動伝達率のボード線図

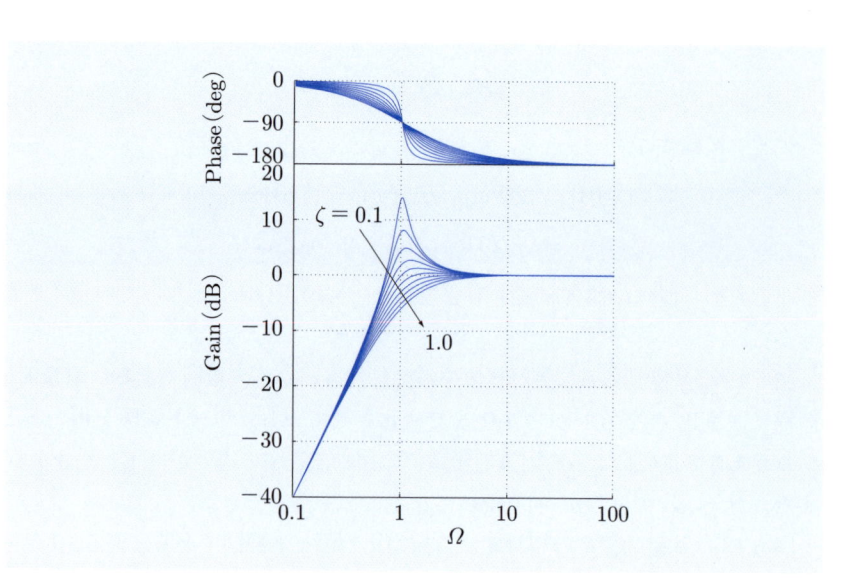

図 5.13　基礎励振系の相対変位の振幅比のボード線図

5.4.2 コクアド線図

コクアド線図(**co-quad plot**)は,複素数の値を持つ角振動数の関数である周波数応答関数を表現するために,横軸に角振動数または振動数を取り,縦軸に複素数の実部と虚部の2つのグラフを用いたものである.

力励振系のコクアド線図を図5.14に示す.ボード線図では,減衰比 $\zeta > 0$ のとき,厳密に言うとゲインが極大値となる角振動数 ω (rad/s) が固有角振動数 ω_n (rad/s) に一致しないが,式 (5.41) のコンプライアンス周波数応答関数は実部と虚部に分けて

$$H(\varOmega) = \frac{1}{k}\frac{1}{(1-\varOmega^2)+i2\zeta\varOmega} = \frac{1}{k}\frac{(1-\varOmega^2)-i2\zeta\varOmega}{(1-\varOmega^2)^2+(2\zeta\varOmega)^2}$$

と書けるため,実部と虚部を別々に描くコクアド線図では,無次元角振動数 $\varOmega = 1$ のときに実部が0になり,実部が0になる角振動数 ω が固有角振動数 ω_n に一致することが分かる.これは実験により得た周波数応答関数から固有角振動数を同定するときに特に有用である.また,実部の $\varOmega \to 0$ は $1/k$ であり,2つの極値は,$\varOmega = \sqrt{1-2\zeta}$ のとき $1/4\zeta(1-\zeta)k$,および $\varOmega = \sqrt{1+2\zeta}$ のとき $-1/4\zeta(1+\zeta)k$ となる.また,虚部の極値は $\varOmega = 1$ のとき $-1/2\zeta k$ となるので,これらの値から系の動力学的パラメータを同定することが可能である.

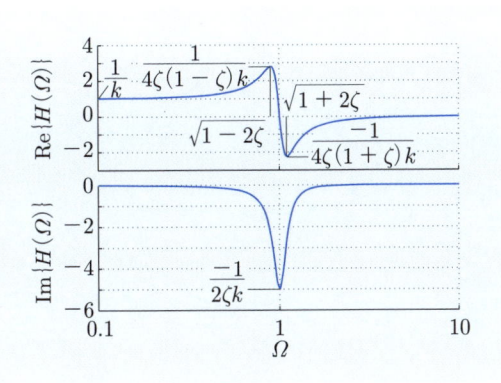

図 5.14 力励振系のコクアド線図

5.4.3 ナイキスト線図

ナイキスト線図（Nyquist plot）は，複素数の値を持つ角振動数の関数である周波数応答関数を表現するために，横軸に実軸を，縦軸に虚軸を取った複素平面を用い，周波数応答関数を複素平面上のベクトルとして捉え，周波数の変化に従って変化するベクトルの先端をベクトル軌跡として表現したものである．ナイキスト線図では，一般に角振動数を陽に表現しないが，ベクトル軌跡の特徴的な点のみ角振動数を明記することがある．

力励振系のナイキスト線図を図 5.15 に示す．$\Omega = 0$ のとき，周波数応答関数の虚部は 0 であるから，ナイキスト線図は実軸上から始まり，複素平面の第 4 象限を時計回りに半円を描くように移動し，実部の極大値を経て，虚軸上において虚部は極大となる．その後，Ω の増加に従い，第 3 象限において半円を描くように移動し，実部の極小値を経て実軸に沿うようにして $\Omega \to \infty$ の極限では原点に向かう．

このナイキスト線図においても，コクアド線図で観察された特徴的な角振動数と極値の値を読み取ることができるから，それらのデータを用いて系の動力学的パラメータを同定することができる．また，ナイキスト線図は，制御工学の分野で系の安定性を議論するときにしばしば用いられる図であり，理解の容易な力学モデルを対象とした機械力学の中でナイキスト線図を用いてその特徴を十分に理解しておくことが必要である．

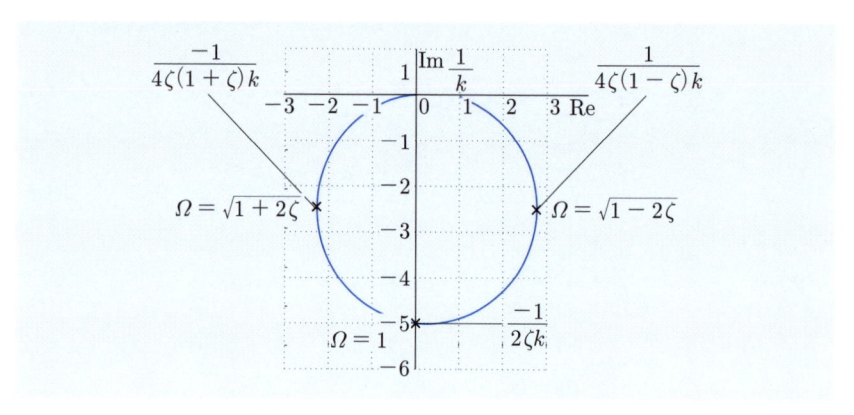

図 5.15 力励振系のナイキスト線図

5.5 周波数応答関数に基づく機械の動力学的パラメータの設計

5.5.1 共振と共振回避設計

周波数応答関数から，共振が起これば，振動振幅が非常に大きくなり，機械の破壊につながることが分かる．機械においてこの共振が問題となるのは以下の3つの条件が全て成り立つときである．

(1) 機械に継続的に周期的でかつ問題となる振動振幅を生じるのに十分な大きさの励振力が作用する．
(2) 機械に作用する励振力が固有振動数に近い周波数成分を持っている．
(3) 機械の減衰比が小さい．

これらを補足すると，(1)の条件が成立していないとき，例えば一時的な励振力では共振現象は起こらない．また，共振時の振幅は系の減衰比と励振力の大きさに依存するため，(3)の条件とも関連するが，ここでは励振力の条件として示している．また，(2)における周波数成分という概念は，第5.6節で学ぶが，(2)は簡単に言えば固有振動数に近い振動数で励振されていることである．さらに，機械の減衰の大きさは絶対値で議論するのではなく，減衰比で判断する必要がある．

これら3つの条件のうち1つでも成り立っていない場合には，共振は起こらないから，各条件に着目した共振を回避する機械の設計は以下の通りとなる．

(1) 機械に励振力が作用しないようにする．または励振力の大きさを十分に小さくする．
　　具体的には，第5.5.2項に述べる除振台やインシュレータと呼ばれる装置や部品を用いて機械に作用する励振力の大きさを小さくする．また，付録Bに示すような回転体の釣り合わせを行い，励振力の大きさを小さくするなどの対策が考えられる．
(2) 機械に作用する励振力の振動数を変更する．または機械の固有振動数を変更する．
　　具体的には，励振力源となっているモータなどの回転数を変更して

励振力の振動数を変更したり，機械の設計変更を行い固有振動数を変更したりする対策がある．
(3) 機械の減衰比を増加する．
具体的に減衰比を増加するには，
(a) 減衰係数の増加
(b) 等価質量または等価剛性の減少

の2通りが考えられる．

機械の共振が問題になる場合にはこれらの対策を，(1) 対策費用，(2) 効果，(3) 必要な期間内の信頼性，(4) 振動以外の仕様の満足，などを考慮して撰択し，実施する必要がある．

5.5.2 除振台の設計

基礎励振系の周波数応答関数の図 5.9 および図 5.12 から，無次元角振動数 $\Omega > \sqrt{2}$ の角振動数の基礎変位は質量 m に伝達されにくいことが分かる．この性質を利用して，基礎からの励振力を質量 m で表される台の上に伝えにくくする装置が**除振台 (vibration isolator)** である．実際の除振台は複雑な構造をしており，その特性も複雑であるが，その基本的な構造は基礎励振系と考えてよい．

除振台としての仕様は一般に以下のように与えられる．

(1) 除振効果のある最低振動数．
(2) 振動伝達率の最大値．
(3) ある特定の振動数に対する振動伝達率．
(4) テーブル（上のものを全て含む）の質量．

次の例題で，その設計例を示そう．

例題 5.4

図 5.8 を基礎の振動を伝えにくくする除振台の解析モデルと見なそう．以下の仕様が与えられているとき，除振台の等価剛性 k (N/m) および等価減衰係数 c (Ns/m) を設計しなさい．

仕様

A. 基礎励振の角振動数が固有角振動数に一致している場合において振動伝達率が $\sqrt{2}$ 以下．
B. これ以下の角振動数では振動伝達率が 1 以上となる振動絶縁の下限角振動数を $50\sqrt{2}$ (rad/s) とする．
C. 台の質量 $m = 200\,\text{kg}$．
D. 仕様を満たす限りでばね剛性はなるべく大きく，ダッシュポットの減衰はなるべく小さく．

【解答】 除振台の絶対変位に関する運動方程式は

$$m\ddot{x} + c\dot{x} + kx = c\dot{y} + ky$$

であるから，複素励振変位

$$y(t) = Ye^{i\omega t}$$

および複素絶対変位

$$x(t) = X(\omega)e^{i\omega t}$$

を仮定して代入し，整理すれば，

$$\frac{X(\omega)}{Y} = \frac{k + ic\omega}{(k - m\omega^2) + ic\omega} = \frac{\omega_n^2 + i(2\zeta\omega_n\omega)}{(\omega_n^2 - \omega^2) + i(2\zeta\omega_n\omega)}$$

となるため，振動伝達率は

$$T_r(\omega) = \left|\frac{X(\omega)}{Y}\right| = \frac{\sqrt{\omega_n^4 + (2\zeta\omega_n\omega)^2}}{\sqrt{(\omega_n^2 - \omega^2)^2 + (2\zeta\omega_n\omega)^2}}$$

と書ける．さらに，無次元角振動数 $\Omega = \omega/\omega_n$ を用いれば，

$$T_r(\Omega) = \frac{\sqrt{1 + (2\zeta\Omega)^2}}{\sqrt{(1 - \Omega^2)^2 + (2\zeta\Omega)^2}} \tag{5.43}$$

となる．

ここで，仕様 B. より，振動絶縁の下限無次元角振動数 $\Omega = \sqrt{2}$ が，角振動数 $\omega = 50\sqrt{2}$ rad/s に相当するから，固有角振動数 $\omega_n \leq 50$ rad/s を得るが，仕様 D. より，ばね剛性をなるべく大きく設計するために，ω_n の上限をとり，

$$\omega_n = 50 \quad \text{(rad/s)}$$

と定める．また，式 (5.43) より，$\Omega = 1$ において，振動伝達率

$$T_r(\Omega = 1) = \frac{\sqrt{1+4\zeta^2}}{2\zeta}$$

と計算できるが，仕様 A. より，

$$\frac{1+4\zeta^2}{4\zeta^2} \leq 2$$

と書けるから，これを ζ^2 について解いて，

$$\zeta^2 \geq \frac{1}{4}$$

を得る．ここで仕様 D. を考慮して，減衰比の下限をとり，

$$\zeta = 0.5$$

とする．

これらより，等価剛性 k (N/m) および 等価粘性減衰係数 c (Ns/m) は以下のように計算できる．

$$k = m\omega_n^2 = 2.0 \times 10^2 \times (5.0 \times 10^1)^2 = 5.0 \times 10^5 \quad \text{(N/m)}$$
$$c = 2\zeta\sqrt{mk} = 2\zeta m\omega_n = 2 \times 0.50 \times 2.0 \times 10^2 \times 5.0 \times 10^1$$
$$= 1.0 \times 10^4 \quad \text{(Ns/m)}$$

5.5.3 サーボ系の設計

磁気ディスク装置のヘッド位置決め機構や光ディスクのレーザスポットの位置決め機構などのように，目標位置と実際の位置の誤差を読み取って駆動力を作成し，位置決めを行う機構を**サーボ機構** (servo mechanism) もしくはサーボ系 (servo system) と呼ぶ．

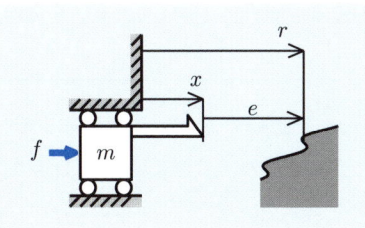

5.5 周波数応答関数に基づく機械の動力学的パラメータの設計

図 5.16 サーボ系の解析モデル

図 5.16 は一方向運動する質量 m (kg) の位置決め機構を目標値 r に位置決めするサーボ系の模式図である．一般に，サーボ系では絶対変位 x (m) を測定することは困難であり，目標値 r と絶対変位 x との追従誤差 $e = r - x$ のみが観察される．この，追従誤差 e と，速度フィードバックゲイン G_v (Ns/m) および，位置フィードバックゲイン G_p (N/m) を用いて

$$f = G_v \dot{e} + G_p e$$

なる制御力 f を構成するのがサーボ制御の基本である．このとき，系の運動方程式は

$$m\ddot{x} = f$$

より，$x = r - e$ および制御力 f を代入して，

$$m\ddot{e} + G_v \dot{e} + G_p e = m\ddot{r}$$

となるため，$G_v = c$，$G_p = k$，$r = y$ とすれば式 (5.25) と一致することが確認できる．ここで，G_v (Ns/m) および G_p (N/m) は，それぞれ粘性減衰およびばねと同等の作用をすることが分かる．したがって，サーボ系の周波数応答関数は基礎励振系の周波数応答関数に一致するため，基礎励振系の周波数特性を用いてサーボ系のフィードバックゲインを設計することができる．

サーボ系としての仕様は一般に以下のように与えられる．

(1) ある特定の振動数に対する追従誤差．
(2) 追従誤差の最大値．
(3) 位置決め機構の質量．

次の例題で，その設計例を示そう．

▌例題 5.5

図 5.16 を 7,200 rpm で回転するディスク上のトラックにヘッドを位置決めする位置決めサーボ機構の模式図であるとしよう．以下の仕様が与えられているとき，フィードバックゲイン G_p (N/m), G_v (Ns/m) を設計しなさい．

仕様

A. 位置決め機構の駆動力 f をフィードバックゲイン G_p, G_v を用いて $f = G_p e + G_v \dot{e}$ として位置決め誤差 $e = r - x$ から作成する．
B. 位置決め誤差の周波数応答関数の絶対値の最大値を $\sqrt{2}$ 以下とする．
C. 目標値変動のディスク回転数成分を位置決め誤差として $-40\,\mathrm{dB}$ 抑圧する．
D. 位置決め機構の質量は 5 g である．
E. フィードバックゲインはなるべく小さくする．

ここで仕様 C. は回転数に同期した目標値変動が大きいことから，回転数に同期した周波数における誤差の抑圧率を指定していることを意味している．

【解答】 仕様 A. を用いてサーボ系の誤差に関する運動方程式を立てれば

$$m\ddot{e} + G_v \dot{e} + G_p e = m\ddot{r}$$

であるから，複素目標値

$$r(t) = Re^{i\omega t}$$

および複素追従誤差

$$e(t) = E(\omega)e^{i\omega t}$$

を仮定して代入し，$\omega_n = \sqrt{G_p/m}$ および $\zeta = G_v/(2\sqrt{mG_p})$ を考慮して整理すれば，

$$\frac{E(\omega)}{R} = \frac{-m\omega^2}{(G_p - m\omega^2) + iG_v\omega} = \frac{-\omega^2}{(\omega_n^2 - \omega^2) + i(2\zeta\omega_n\omega)}$$

となるため，その絶対値は

$$\left|\frac{E(\omega)}{R}\right| = \frac{\omega^2}{\sqrt{(\omega_n^2 - \omega^2)^2 + (2\zeta\omega_n\omega)^2}}$$

5.5 周波数応答関数に基づく機械の動力学的パラメータの設計

と書ける.さらに,無次元角振動数 $\Omega = \omega/\omega_n$ を用いれば.

$$\left| \frac{E(\Omega)}{R} \right| = \frac{\Omega^2}{\sqrt{(1-\Omega^2)^2 + (2\zeta\Omega)^2}} \quad (5.44)$$

となる.

式 (5.44) より,$\Omega \ll 1$ のとき,$|E(\Omega)/R| \approx \Omega^2$ であるため,仕様 C. より,−40dB 以下となる無次元角振動数は $\Omega \leq 0.1$ である.ここで,仕様 E. より,フィードバックゲインをなるべく小さく選ぶため,ディスク回転数を $\Omega = 0.1$ とすべきである.ディスク回転数 7,200 rpm $(= 120 \times 2\pi \text{ rad/s})$ が $\Omega = 0.1$ に一致するため,固有角振動数は

$$\omega_n = \frac{\omega}{\Omega} = \frac{120 \times 2\pi}{0.1} = 2400\pi \quad (\text{rad/s})$$

となる.次に,式 (5.44) より,追従誤差の周波数応答の絶対値の最大値は,$0 < \zeta < 1/\sqrt{2}$ の領域において,$1/(2\zeta\sqrt{1-\zeta^2})$ であるため,仕様 B. より,

$$\frac{1}{4\zeta^2(1-\zeta^2)} \leq 2$$

となり,これを満たす最小の ζ^2 は,

$$\zeta^2 = \frac{2-\sqrt{2}}{4}$$

となるため,

$$\zeta = 0.38$$

と計算できる.

これらより,フィードバックゲイン G_v (Ns/m) および G_p (N/m) は以下のように計算できる.

$$\begin{aligned}
G_p &= m\omega_n^2 = 5 \times 10^{-3} \times (2.4 \times 10^3 \times \pi)^2 \\
&= 2.8 \times 10^5 \quad (\text{N/m}) \\
G_v &= 2\zeta\sqrt{mG_p} = 2\zeta m \omega_n \\
&= 2 \times 0.38 \times 5.0 \times 10^{-3} \times 2.4 \times 10^3 \times \pi \\
&= 2.9 \times 10^1 \quad (\text{Ns/m})
\end{aligned}$$

5.5.4 周波数応答関数と動剛性

調和励振力を仮定すれば,ばねの周波数応答関数は $X/F = 1/k$ であるのに対して,質量 m の周波数応答関数 $X/F = 1/-m\omega^2$,粘性減衰の周波数応答関数は i を虚数単位として $X/F = 1/ic\omega$ である.ばねの周波数応答関数の逆数を取れば $F/X = k$ すなわち**静剛性 (static stiffness)** となるのにならって,その他の要素でも周波数応答関数の逆数 F/X を表記すれば,それは系に動的に力が作用した場合の剛性と見なせる.これを**動剛性 (dynamic stiffness)** という.この動剛性の考え方を用いれば,質量は $-m\omega^2$ の特性を持った一種のばねと考えることができるし,同様に,粘性減衰は $ic\omega$ の特性を持ったばねと見なせる.したがって,図 5.17(a) に示した粘性減衰を有する 1 自由度振動系は,質量–ばね–ダッシュポットの動剛性が並列につながれた右の系と等価である.このとき,動剛性を静剛性と同じように扱って運動方程式を書き表せば,

$$(-m\omega^2 + k + ic\omega)x(t) = f(t)$$

となり,複素励振力 $f(t) = Fe^{i\omega t}$ および複素振幅 $x(t) = X(\omega)e^{i\omega t}$ を仮定して代入すれば,よく見慣れた力励振系の周波数応答関数

$$H(\omega) = \frac{X(\omega)}{F} = \frac{1}{k - m\omega^2 + ic\omega} \tag{5.45}$$

が得られる.

式 (5.45) は動剛性を導入しなくてもすぐに導出できる周波数応答関数であるが,ばね–ダッシュポットの組み合わせが複雑な場合にはこの動剛性の考え方が

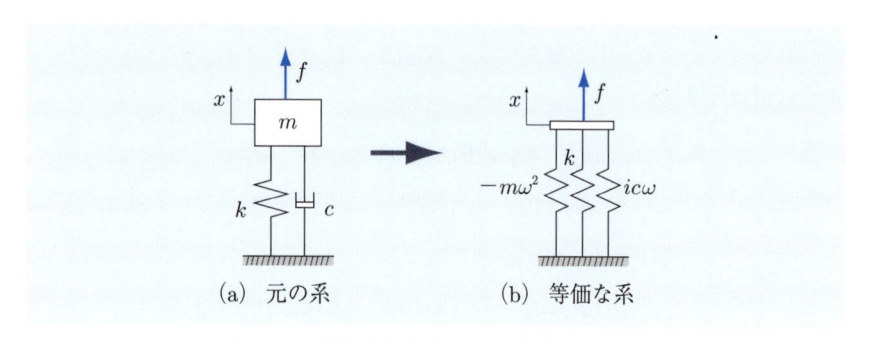

図 5.17 粘性減衰を有する 1 自由度振動系

5.5 周波数応答関数に基づく機械の動力学的パラメータの設計 **161**

役に立つ．動剛性の有効性を以下の例題で示そう．

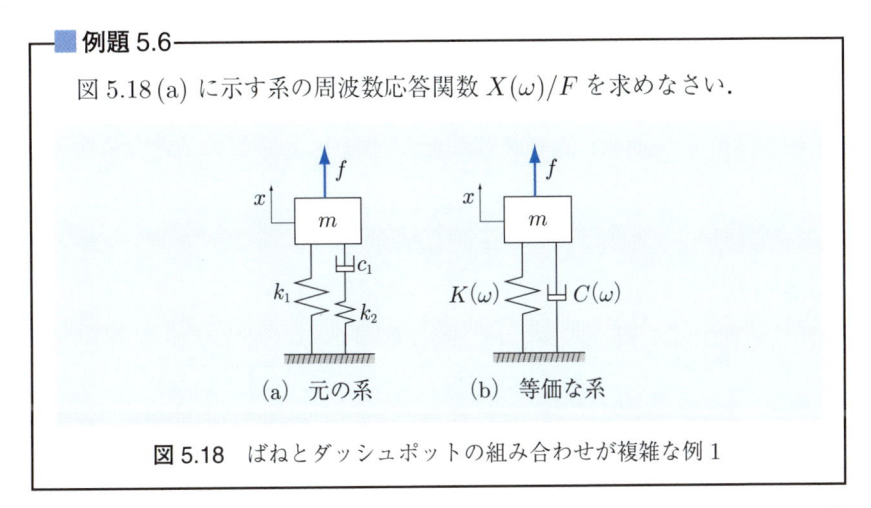

■例題 5.6

図 5.18(a) に示す系の周波数応答関数 $X(\omega)/F$ を求めなさい．

図 5.18 ばねとダッシュポットの組み合わせが複雑な例 1

(a) 元の系　(b) 等価な系

【解答】 図 5.18(a) の系では，まず，粘性係数 c_1 (Ns/m) のダッシュポットとばね剛性 k_2 (N/m) が直列に結合しているから，ダッシュポットの動剛性を求めた後，直列ばねの等価剛性の式を思い出して，

$$k'_2(\omega) = \frac{ic_1\omega k_2}{k_2 + ic_1\omega}$$

と書ける．このばね k'_2 は k_1 と並列につながっているから，質量の動剛性も考慮して，運動方程式は

$$\{-m\omega^2 + k_1 + k'_2(\omega)\}x(t) = f(t)$$

となり，周波数応答関数は

$$\begin{aligned}
H(\omega) = \frac{X(\omega)}{F} &= \frac{1}{-m\omega^2 + k_1 + k'_2(\omega)} \\
&= \frac{1}{(k_1 - m\omega^2) + (ic_1\omega k_2)/(k_2 + ic_1\omega)} \\
&= \frac{k_2 + ic_1\omega}{(k_1 - m\omega^2)(k_2 + ic_1\omega) + (ic_1\omega k_2)} \\
&= \frac{k_2 + ic_1\omega}{k_2(k_1 - m\omega^2) + (ic_1\omega)(k_1 + k_2 - m\omega^2)}
\end{aligned} \quad (5.46)$$

と書ける．

また，図 5.18 (b) のように，質量以外の動剛性を用いて，周波数の関数である等価剛性と周波数の関数である等価粘性減衰を求めれば，

$$K(\omega) + iC(\omega)\omega = k_1 + k_2' = k_1 + \frac{ic_1\omega k_2}{k_2 + ic_1\omega}$$
$$= k_1 + \frac{ic_1\omega k_2(k_2 - ic_1\omega)}{k_2^2 + (c_1\omega)^2} = k_1 + \frac{c_1^2\omega^2 k_2 + ik_2^2 c_1\omega}{k_2^2 + (c_1\omega)^2}$$
$$= \frac{k_1 k_2^2 + c_1^2\omega^2(k_1 + k_2) + ik_2^2 c_1\omega}{k_2^2 + (c_1\omega)^2}$$

であるから，

$$K(\omega) = \frac{k_1 k_2^2 + c_1^2\omega^2(k_1 + k_2)}{k_2^2 + (c_1\omega)^2}, \quad C(\omega) = \frac{k_2^2 c_1}{k_2^2 + (c_1\omega)^2}$$

となる．

この等価剛性，等価減衰係数を用いて，系の周波数応答関数を導出すれば，

$$H(\omega) = \frac{X(\omega)}{F} = \frac{1}{K(\omega) - m\omega^2 + iC(\omega)\omega}$$
$$= \frac{k_2^2 + (c_1\omega)^2}{\{k_2^2 + (c_1\omega)^2\}\{K(\omega) - m\omega^2 + iC(\omega)\omega\}}$$
$$= \frac{k_2^2 + (c_1\omega)^2}{k_1 k_2^2 + c_1^2\omega^2(k_1 + k_2) - m\omega^2(k_2^2 + (c_1\omega)^2) + i(k_2^2 c_1\omega)}$$
$$= \frac{k_2^2 + (c_1\omega)^2}{k_2^2(k_1 - m\omega^2) + c_1^2\omega^2(k_1 + k_2 - m\omega^2) + i(k_2^2 c_1\omega)}$$
$$= \frac{(k_2 + ic_1\omega)(k_2 - ic_1\omega)}{\{k_2(k_1 - m\omega^2) + ic_1\omega(k_1 + k_2 - m\omega^2)\}(k_2 - ic_1\omega)}$$
$$= \frac{k_2 + ic_1\omega}{k_2(k_1 - m\omega^2) + (ic_1\omega)(k_1 + k_2 - m\omega^2)} \quad (5.47)$$

となり，式 (5.46) と (5.47) は一致する．

5.6 周期外力応答

5.6.1 複数周波数の励振力とその応答

前節では,複素励振力や複素基礎変位を仮定する方法により,調和励振応答を求めた.調和励振応答は 1 つの角振動数 ω (rad/s) の励振力を仮定しているが,2 つの角振動数 ω_1 (rad/s), ω_2 (rad/s) の励振力

$$\left. \begin{array}{l} f_1(t) = F_1 \cos \omega_1 t \\ f_2(t) = F_2 \sin \omega_2 t \end{array} \right\}$$

が同時に作用したらどうなるであろうか.

コンプライアンス周波数応答関数 $H(\omega) = X(\omega)/F$ を用いれば,各々の励振力に対する応答は

$$\begin{aligned} x_1(t) &= \mathrm{Re}\left\{ \frac{X(\omega_1)}{F} F_1 e^{i\omega_1 t} \right\} \\ &= \mathrm{Re}\{H(\omega_1)\} F_1 \cos \omega_1 t - \mathrm{Im}\{H(\omega_1)\} F_1 \sin \omega_1 t \\ x_2(t) &= \mathrm{Im}\left\{ \frac{X(\omega_2)}{F} F_2 e^{i\omega_2 t} \right\} \\ &= \mathrm{Im}\{H(\omega_2)\} F_2 \cos \omega_2 t + \mathrm{Re}\{H(\omega_2)\} F_2 \sin \omega_2 t \end{aligned}$$

となるが,現在考えている系は線形系であるから,複数の励振力に対する応答は,各々の励振力に対する和で計算できる.すなわち,$f_1(t)$, $f_2(t)$ が同時に作用した場合の応答は

$$\begin{aligned} x(t) &= x_1(t) + x_2(t) \\ &= \mathrm{Re}\{H(\omega_1)\} F_1 \cos \omega_1 t - \mathrm{Im}\{H(\omega_1)\} F_1 \sin \omega_1 t \\ &\quad + \mathrm{Im}\{H(\omega_2)\} F_2 \cos \omega_2 t + \mathrm{Re}\{H(\omega_2)\} F_2 \sin \omega_2 t \end{aligned} \quad (5.48)$$

と書ける.このような場合の励振力および応答は 2 つの**周波数成分 (frequency component)** を持つという.

5.6.2 周期励振力のフーリエ級数による表現とその応答

ここで,図 5.19 に示すような周期 T (s) を持つ任意の周期励振力 $f_p(t)$ について考えよう.ここでの下付き添え字 p は「周期的な (periodical)」を表

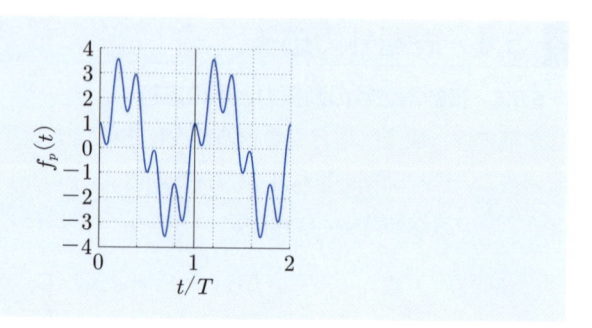

図 5.19 周期励振力の例

している．この周期外力 $f_p(t)$ は周期 T (s) を基本周期とする**フーリエ級数** (**Fourier series**) で厳密に表現できる．すなわち，

$$f_p(t) = \frac{a_0}{2} + \sum_{k=1}^{\infty} \{a_k \cos(k\lambda t) + b_k \sin(k\lambda t)\}$$

と書ける．ただし，

$$\lambda = \frac{2\pi}{T} \quad (\text{rad/s})$$

は基本角振動数であり，

$$a_0 = \frac{2}{T} \int_{-T/2}^{T/2} f_p(t) dt$$

$$a_k = \frac{2}{T} \int_{-T/2}^{T/2} f_p(t) \cos(k\lambda t) \, dt$$

$$b_k = \frac{2}{T} \int_{-T/2}^{T/2} f_p(t) \sin(k\lambda t) \, dt$$

はフーリエ級数の係数である．また，1つの角振動数に対する2つのフーリエ係数からその角振動数の時間関数の振幅を計算することができる．

$$a_k \cos(k\lambda t) + b_k \sin(k\lambda t) = A_k \sin(k\lambda t + \psi)$$

この

$$A_k = \sqrt{a_k^2 + b_k^2} \tag{5.49}$$

5.6 周期外力応答

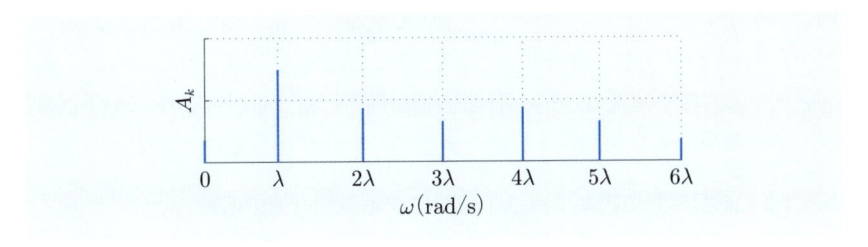

図 5.20 フーリエ級数の周波数スペクトル

を**周波数スペクトル** (**frequency spectrum**) という.

ここで，フーリエ級数の特徴をまとめておこう．まず，フーリエ級数に含まれる時間関数の角振動数は離散的である．すなわち，

$$0, \ \lambda, \ 2\lambda, \ 3\lambda, \ \ldots$$

であり，1.5λ のような角振動数の時間関数は含まれない．さらにこの離散的な角振動数を振動数に直して考えれば，

$$0, \ \frac{1}{T}, \ \frac{2}{T}, \ \frac{3}{T}, \ \ldots$$

であるから，周波数分解能は

$$\Delta f = \frac{1}{T}$$

といえる．また，式 (5.49) で定義される周波数スペクトルも離散的な角振動数のみで定義される．図 5.20 は離散的な周波数スペクトルの一例を表している.

この周期入力 $f_p(t)$ に対する系の応答 $x_p(t)$ は，式 (5.48) を参照すると以下のように書ける．

$$\begin{aligned}
x_p(t) &= \frac{a_0}{2}H(0) + \sum_{k=1}^{\infty}[\operatorname{Re}\{H(k\lambda)\}a_k \cos k\lambda t - \operatorname{Im}\{H(k\lambda)\}a_k \sin k\lambda t \\
&\qquad\qquad\qquad + \operatorname{Im}\{H(k\lambda)\}b_k \cos k\lambda t + \operatorname{Re}\{H(k\lambda)\}b_k \sin k\lambda t] \\
&= \frac{a_0}{2}H(0) + \sum_{k=1}^{\infty}[\operatorname{Re}\{H(k\lambda)\}a_k + \operatorname{Im}\{H(k\lambda)\}b_k]\cos k\lambda t \\
&\qquad\qquad\qquad + [-\operatorname{Im}\{H(k\lambda)\}a_k + \operatorname{Re}\{H(k\lambda)\}b_k]\sin k\lambda t \qquad (5.50)
\end{aligned}$$

式 (5.50) において，コンプライアンス周波数応答関数は一般に複素数であるが，$H(0)$ は静的作用力に対する変位 ($= 1/k$) に対応するため，実数であることを用いている．また，式 (5.50) は任意の周期外力に対する応答を表せる式であるが，より簡単な式を後に示すので，実際の計算に使用することはない．

5.6.3 周期外力の複素フーリエ級数による表現とその応答

前項では周期外力 $f_p(t)$ をフーリエ級数を用いて表現したが，以下のように変形をすることができる．すなわち，

$$\begin{aligned}
f_p(t) &= \frac{a_0}{2} + \sum_{k=1}^{\infty} \left\{ \frac{a_k}{2} \left(e^{ik\lambda t} + e^{-ik\lambda t} \right) + \frac{b_k}{2i} \left(e^{ik\lambda t} - e^{-ik\lambda t} \right) \right\} \\
&= \frac{a_0}{2} + \sum_{k=1}^{\infty} \left\{ \frac{a_k - ib_k}{2} e^{ik\lambda t} + \frac{a_k + ib_k}{2} e^{-ik\lambda t} \right\} \\
&= c_0 e^0 + \sum_{k=1}^{\infty} \left\{ c_k e^{ik\lambda t} + c_{-k} e^{-ik\lambda t} \right\} \\
&= \sum_{k=-\infty}^{-1} \left\{ c_k e^{ik\lambda t} \right\} + c_0 e^0 + \sum_{k=1}^{\infty} \left\{ c_k e^{ik\lambda t} \right\} \\
&= \sum_{k=-\infty}^{\infty} \left\{ c_k e^{ik\lambda t} \right\} \quad (5.51)
\end{aligned}$$

と変形可能である．ここで，

$$c_{-k} = \frac{a_k + ib_k}{2}, \quad c_0 = \frac{a_0}{2}, \quad c_k = \frac{a_k - ib_k}{2}$$

は複素フーリエ係数であり，周期励振力 $f_p(t)$ から直接

$$c_k = \frac{1}{T} \int_{-T/2}^{T/2} f_p(t) e^{-ik\lambda t} dt \quad (5.52)$$

として計算できる．式 (5.51) は周期外力 $f_p(t)$ の**複素フーリエ級数 (complex Fourier series)** による表現である．式 (5.51) において，角振動数 $k\lambda$ が負の値を取るのは，複素共役な複素数の組を用いて実数である励振力を表現するためであり，実際に負の角振動数というものを想定しているわけではないことが分かる．また，第 5.3 節において，「実在しない力」としていた複素励振力で実

5.6 周期外力応答

際の周期励振力が表現できることを示している．さらに，式 (5.49) で定義した周波数スペクトルは，

$$A_k = 2|c_k|$$

で計算できることが分かる．

式 (5.51) では，結局，周期励振力 $f_p(t)$ は複素フーリエ係数を用いて

$$f_p(t) = \sum_{k=-\infty}^{\infty} \left\{ c_k e^{ik\lambda t} \right\}$$

と表されている．この励振力に対する応答 $x_p(t)$ は

$$x_p(t) = \sum_{k=-\infty}^{\infty} \left\{ c_k H(k\lambda) e^{ik\lambda t} \right\}$$
$$= \sum_{k=-\infty}^{\infty} \left\{ X_k e^{ik\lambda t} \right\}$$

と計算できる．ここで，

$$X_k = c_k H(k\lambda)$$

は応答 $x_p(t)$ の複素フーリエ係数である．

複素フーリエ級数を用いた周期励振力に対する応答計算をまとめると，以下となる．

(1) 周期励振力（時間の関数）の複素フーリエ係数（離散的な周波数の関数）を求める．
(2) 周期励振力の複素フーリエ係数と系の周波数応答関数を掛け算することにより，応答の複素フーリエ係数（離散的な周波数の関数）を求める．
(3) 応答の複素フーリエ係数から応答（時間の関数）を求める．

5.7 限られた時間だけ作用する励振力に対する応答

励振力が図 5.21 のように限られた時間だけ作用する場合には

$$f_t(t) = 0 \qquad (t \leq -T/2,\ t \geq T/2) \tag{5.53}$$

を満たす十分に長い時間 T (s) をとれば，$f_t(t)$ は周期励振力の一部と見なすことができる．ここで，下付き添え字の t は「過渡状態の (transient)」を意味している．ここで，注意しなければならないのは，時間 T (s) のとり方によって複素フーリエ係数の大きさが変化することである．すなわち，式 (5.53) を満たす時間 $T = T_1$ を選択して複素フーリエ係数を計算したとき，式 (5.52) より，

$$c_k = \frac{2}{T_1} \int_{-T_1/2}^{T_1/2} f_p(t) e^{-ik\lambda t} dt$$

となるが，$T = 2T_1$ を選ぶこともできるから，このときの複素フーリエ係数は，

$$f_t(t) = 0 \qquad (-T_1 \leq t < -T_1/2,\ T_1/2 \leq t \leq T_1)$$

を考慮すれば，

$$c'_k = \frac{2}{2T_1} \int_{-T_1}^{T_1} f_p(t) e^{-ik\lambda t} dt = \frac{1}{T_1} \int_{-T_1/2}^{T_1/2} f_p(t) e^{-ik\lambda t} dt$$
$$= \frac{c_k}{2}$$

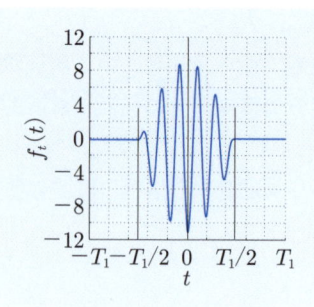

図 5.21 過渡的な励振力

5.7 限られた時間だけ作用する励振力に対する応答

となってしまう問題が生じる．これは，周期 T (s) が固定されていないために生じる問題点であるが，周期 T (s) から得られる周波数分解能

$$\Delta f = \frac{1}{T}$$

あたりの複素フーリエ係数で比較すれば

$$\frac{c'_k}{\Delta f_2} = c'_k 2T_1 = c_k T_1 = \frac{c_k}{\Delta f_1}$$

となり，周期 T (s) の選択によらない．この量を，**スペクトル密度 (spectrum density)** と呼び，複素フーリエ係数（すなわち周波数スペクトル）よりも元の波形の本質をよく表している量である．

このとき，励振力は

$$f_t(t) = \sum_{k=-\infty}^{\infty} \left\{ (c_k T) e^{ik\lambda t} \frac{1}{T} \right\}$$
$$= \sum_{k=-\infty}^{\infty} \left\{ (c_k T) e^{ik\lambda t} \Delta f \right\} \qquad (5.54)$$

であり，この励振力に対する応答 $x_t(t)$ は

$$x_t(t) = \sum_{k=-\infty}^{\infty} \left\{ (c_k T) H(k\lambda) e^{ik\lambda t} \frac{1}{T} \right\}$$
$$= \sum_{k=-\infty}^{\infty} \left\{ (X_k T) e^{ik\lambda t} \Delta f \right\} \qquad (5.55)$$

と計算できる．ここで，

$$(X_k T) = (c_k T) H(k\lambda)$$

は応答 $x_t(t)$ のスペクトル密度である．

5.8 任意の励振力に対する応答

5.8.1 フーリエ変換を用いた方法

前節で取り上げた限られた時間だけ作用する励振力に対して，時間 T を無限大とすれば，任意の励振力 $f(t)$ を取り扱うことができる．

すなわち任意の励振力 $f(t)$ のスペクトル密度は T を無限大とすれば

$$\lim_{T\to\infty} c_k T = \lim_{T\to\infty} \int_{-T/2}^{T/2} f(t) e^{-ik\lambda t} dt = \int_{-\infty}^{\infty} f(t) e^{-i\omega t} dt \quad (5.56)$$

で計算できる．ここで，T を無限大にすれば，$\lambda = 2\pi/T = d\omega$ となるため，$kd\omega$ を連続的な角振動数 ω に置き換えた．式 (5.56) は任意の励振力 $f(t)$ の**フーリエ変換 (Fourier transformation)** $F(\omega)$ を定義する式であり，整理して，

$$F(\omega) = \int_{-\infty}^{\infty} f(t) e^{-i\omega t} dt \quad (5.57)$$

と書かれる．また，スペクトル密度の大きさは

$$A(\omega) = 2|F(\omega)| \quad (5.58)$$

で計算される．さらに，フーリエ変換 $F(\omega)$ から励振力 $f(t)$ を求めるためには，式 (5.54) より下式となる．

$$\begin{aligned} f(t) &= \lim_{T\to\infty} \sum_{k=-\infty}^{\infty} \left\{ (c_k T) e^{ik\lambda t} \Delta f \right\} = \int_{-\infty}^{\infty} F(\omega) e^{i\omega t} df \\ &= \frac{1}{2\pi} \int_{-\infty}^{\infty} F(\omega) e^{i\omega t} d\omega \end{aligned} \quad (5.59)$$

式 (5.59) が**フーリエ逆変換 (inverse Fourier transformation)** の定義式である．

ここで，フーリエ変換の特徴をまとめておこう．まず，フーリエ変換に含まれる時間関数の角振動数は連続的である．また，式 (5.58) で定義されるスペクトル密度の大きさも連続的な角振動数で定義される．図 5.22 は連続的な周波数スペクトルの一例を表している．

式 (5.55) においても T を無限大とすれば応答 $x(t)$ は

$$x(t) = \lim_{T\to\infty} \sum_{k=-\infty}^{\infty} \left\{ (c_k T) H(k\lambda) e^{ik\lambda t} \frac{1}{T} \right\}$$

5.8 任意の励振力に対する応答

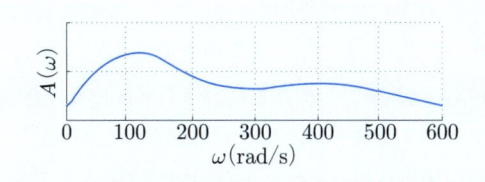

図 5.22 フーリエ変換の周波数スペクトル密度

$$= \int_{-\infty}^{\infty} F(\omega)H(\omega)e^{i\omega t}df = \frac{1}{2\pi}\int_{-\infty}^{\infty} F(\omega)H(\omega)e^{i\omega t}d\omega$$
$$= \frac{1}{2\pi}\int_{-\infty}^{\infty} X(\omega)e^{i\omega t}d\omega$$

と表せる．ここで，

$$X(\omega) = F(\omega)H(\omega)$$

は応答 $x(t)$ のフーリエ変換である．

フーリエ変換を用いた任意励振力に対する応答計算をまとめると，以下となる．

(1) 任意の励振力（時間の関数）のフーリエ変換（連続な周波数の関数）を求める．
(2) 励振力のフーリエ変換と系の周波数応答関数を掛け算することにより，応答のフーリエ変換（連続な周波数の関数）を求める．
(3) 応答のフーリエ変換から応答（時間の関数）を求める．

5.8.2 ラプラス変換を用いた方法

前項の方法を用いれば，任意の励振力がフーリエ変換を持てば，それに対する応答が計算できる．しかし，式 (5.57) で定義されるフーリエ変換が値を持つためには，励振力 $f(t)$ が

$$\int_{-\infty}^{\infty}|f(t)|dt < \infty$$

という厳しい収束条件を満たす必要がある．このため，今まで考えてきた最も基本的な調和励振力

$$f(t) = F\cos\omega_1 t \tag{5.60}$$

ですらフーリエ変換は値を持たない．フーリエ変換の収束条件が厳しいのは，フーリエ変換の定義式 (5.57) で積分の中で励振力 $f(t)$ に掛けられている $e^{i\omega t}$ の絶対値が常に 1 であるためである．そこで，フーリエ変換よりも収束条件が緩和された**ラプラス変換** (**Laplace transformation**) が実際には用いられる．ラプラス変換の定義式は，$s = \sigma + i\omega, (\sigma > 0)$ として

$$F(s) = \int_0^\infty f(t)e^{-st}dt$$

で与えられる．ラプラス変換とフーリエ変換との違いは積分の下限とともに，純虚数であった指数関数の時間 t の係数が負の実数部を持つ複素数になったことであり，これにより，収束条件は

$$\int_0^\infty |f(t)e^{-\sigma t}|dt < \infty$$

というように緩和されている．収束条件で励振力 $f(t)$ に掛けられている時間関数 $e^{-\sigma t}$ は時間とともに指数関数的に減少していくから，式 (5.60) のような調和関数のみならず，

$$f(t) = at^5$$

のような時間に関して増加関数であっても収束条件を満たす．

以下にラプラス変換の性質について説明するとともに，いくつかの時間関数に対するラプラス変換を与える．

ラプラス変換の基本的性質　ラプラス変換を簡単に表現するために，記号 $\mathcal{L}\{\ \}$ が用いられる．すなわち，

$$F(s) = \mathcal{L}\{f(t)\}$$

で，$F(s)$ は関数 $f(t)$ のラプラス変換であることを示す．

(1) 関数の和と定数倍　ラプラス変換は線形変換なので，時間関数 $f(t)$ および $g(t)$ のラプラス変換がそれぞれ $F(s) = \mathcal{L}\{f(t)\}$, $G(s) = \mathcal{L}\{g(t)\}$ で表されるとき，任意の定数 a, b を使って，$af(t) + bg(t)$ とした時間関数のラプラス変換は，

$$\mathcal{L}\{af(t) + bg(t)\} = aF(s) + bG(s)$$

が成立する.

(2) 関数の微分 関数 $f(t)$ のラプラス変換が $F(s)$ であるとき,関数 $\frac{df}{dt}$ のラプラス変換は,

$$\pounds\left\{\frac{df}{dt}\right\} = \int_0^\infty \frac{df}{dt}e^{-st}dt = [f(t)e^{-st}]_0^\infty - \int_0^\infty f(t)(-s)e^{-st}dt$$
$$= f(0) + s\int_0^\infty f(t)e^{-st}dt$$
$$= f(0) + sF(s)$$

と計算できる.

(3) 関数の積分 関数 $f(t)$ のラプラス変換が $F(s)$ であるとき,関数 $\int f(t)dt$ のラプラス変換は,

$$\pounds\left\{\int f(t)dt\right\} = \int_0^\infty \int f(t)dt\, e^{-st}dt$$
$$= \left[\int f(t)dt \frac{1}{-s}e^{-st}\right]_0^\infty - \int_0^\infty f(t)\frac{1}{-s}e^{-st}dt$$
$$= \frac{1}{s}\left[\int f(t)dt\right]_0 + \frac{1}{s}\int_0^\infty f(t)e^{-st}dt$$
$$= \frac{1}{s}\left[\int f(t)dt\right]_0 + \frac{1}{s}F(s)$$

と計算できる.

(4) 時間遅れ 関数 $f(t)$ (ただし,$t<0$ のとき $f(t)=0$)のラプラス変換が $F(s)$ であるとき,関数 $f(t)$ に比べて時間 T だけ遅れている関数 $f(t-T)$ のラプラス変換は,

$$\pounds\{f(t-T)\} = \int_0^\infty f(t-T)e^{-st}dt = \int_{-T}^\infty f(\tau)e^{-s(\tau+T)}d\tau$$
$$= e^{-sT}\int_0^\infty f(\tau)e^{-s\tau}d\tau$$
$$= F(s)e^{-sT} \qquad (5.61)$$

と計算できる.

時間関数のラプラス変換

(1) 単位インパルス関数 単位インパルス関数 (unit impulse function) $\delta(t)$ は，ディラックの δ 関数とも呼ばれる超関数の一種であり，一つの定義としては，

$$\delta(t) = \lim_{\epsilon \to 0} \delta_\epsilon, \quad \delta_\epsilon = \begin{cases} \dfrac{1}{\epsilon} & (-\epsilon/2 \leq t \leq \epsilon/2) \\ 0 & (t < -\epsilon/2,\ t > \epsilon/2) \end{cases}$$

であるが，

$$\int_{t_0}^{t_1} \delta(t) dt = \begin{cases} 1 & (t_0 < 0 \text{ かつ } t_1 > 0) \\ 0 & (\text{それ以外}) \end{cases}$$

および下式がよく用いられる性質である．

$$\int_{-\infty}^{\infty} \delta(t - t_1) f(t) dt = f(t_1)$$

したがって，単位インパルス関数 $\delta(t)$ のラプラス変換は

$$\mathcal{L}\{\delta(t)\} = \int_0^\infty \delta(t) e^{-st} dt = e^{-s0} = 1$$

と計算できる．

(2) 単位ステップ関数 単位ステップ関数 (unit step function) はヘヴィサイドの階段関数とも呼ばれる関数で，以下のように定義される．

$$u(t) = \begin{cases} 0 & (t \leq 0) \\ 1 & (t \geq 0) \end{cases}$$

(a) 単位インパルス関数　　(b) 単位ステップ関数

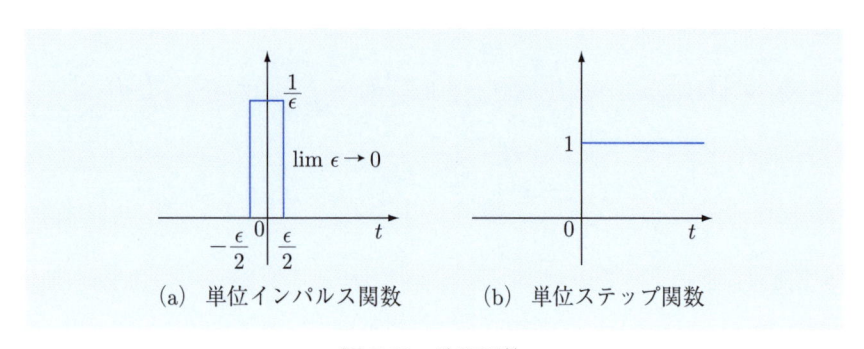

図 5.23　時間関数

単位ステップ関数のラプラス変換は

$$\mathcal{L}\{u(t)\} = \int_0^\infty e^{-st} dt = \left[\frac{1}{-s}e^{-st}\right]_0^\infty = \frac{1}{-s}(0-1) = \frac{1}{s}$$

と計算できる.

(3) ランプ関数 $t \geq 0$ において，時刻 t の 1 次関数となる関数 $f(t) = t$ をランプ関数という．ランプ関数のラプラス変換は

$$\begin{aligned}\mathcal{L}\{f(t)\} &= \int_0^\infty t e^{-st} dt \\ &= \left[t\frac{1}{-s}e^{-st}\right]_0^\infty - \int_0^\infty \frac{1}{-s}e^{-st} dt \\ &= (0-0) - \left[\frac{1}{s^2}e^{-st}\right]_0^\infty = -\frac{1}{s^2}(0-1) \\ &= \frac{1}{s^2}\end{aligned}$$

と計算できる.

一般に，$f(t) = t^n$ のラプラス変換は

$$\mathcal{L}\{f(t)\} = \int_0^\infty t^n e^{-st} dt = \frac{n!}{s^{n+1}}$$

となる.

(4) 指数関数 指数関数 $f(t) = e^{-at}$ のラプラス変換は，

$$\begin{aligned}\mathcal{L}\{f(t)\} &= \int_0^\infty e^{-at} e^{-st} dt \\ &= \left[\frac{1}{-(s+a)}e^{-(s+a)t}\right]_0^\infty \\ &= \frac{1}{-(s+a)}(0-1) \\ &= \frac{1}{s+a}\end{aligned}$$

と計算できる.

(5) 正弦関数 正弦関数 $f(t) = \sin\omega t$ は指数関数で表現でき，$f(t) = (e^{i\omega t} - e^{-i\omega t})/2i$ と書けるから，正弦関数のラプラス変換は

と計算できる.

$$\mathcal{L}\{f(t)\} = \int_0^\infty \sin\omega t\, e^{-st} dt = \int_0^\infty \frac{e^{i\omega t} - e^{-i\omega t}}{2i} e^{-st} dt$$
$$= \frac{1}{2i}\left(\frac{1}{s-i\omega} - \frac{1}{s+i\omega}\right) = \frac{1}{2i}\frac{s+i\omega-(s-i\omega)}{(s-i\omega)(s+i\omega)}$$
$$= \frac{1}{2i}\frac{2i\omega}{s^2+\omega^2}$$
$$= \frac{\omega}{s^2+\omega^2}$$

と計算できる.

(6) 余弦関数 余弦関数 $f(t) = \cos\omega t$ は指数関数で表現でき,$f(t) = (e^{i\omega t} + e^{-i\omega t})/2$ と書けるから,余弦関数のラプラス変換は

$$\mathcal{L}\{f(t)\} = \int_0^\infty \cos\omega t\, e^{-st} dt = \int_0^\infty \frac{e^{i\omega t} + e^{-i\omega t}}{2} e^{-st} dt$$
$$= \frac{1}{2}\left(\frac{1}{s-i\omega} + \frac{1}{s+i\omega}\right) = \frac{1}{2}\frac{s+i\omega+(s-i\omega)}{(s-i\omega)(s+i\omega)}$$
$$= \frac{1}{2}\frac{2s}{s^2+\omega^2}$$
$$= \frac{s}{s^2+\omega^2}$$

と計算できる.

逆ラプラス変換による時間関数の導出 あるラプラス変換 $F(s)$ が与えられているとき,その時間関数 $f(t)$ は,逆ラプラス変換の定義式

$$f(t) = \frac{1}{i2\pi}\int_{\sigma-i\infty}^{\sigma+i\infty} F(s)e^{st} ds$$

で計算できるが,この定義式を直接用いて逆ラプラス変換を行うことは少ない.時間関数のラプラス変換 (p.174) において,いくつかの時間関数に対してラプラス変換を示しているが,それらの逆ラプラス変換は元の時間関数であるので,それらを利用すれば,定義式を用いて計算する必要はないからである.例えば,ラプラス変換として $F(s) = 1/(s+a)$ を選択すれば

$$\mathcal{L}^{-1}\left\{\frac{1}{s+a}\right\} = e^{-at}$$

となる.ここで,逆ラプラス変換を簡単に $\mathcal{L}^{-1}\{\ \}$ で表現している.

一般にラプラス変換 $F(s)$ が与えられているとき,

5.8 任意の励振力に対する応答

$$F(s) = \sum_{j=1}^{m} a_j s^{-j} + \sum_{k=1}^{n} \frac{b_k}{s - s_k} \tag{5.62}$$

の形に整理できれば，その時間関数は

$$f(t) = \sum_{j=1}^{m} \frac{a_j}{(j-1)!} t^{j-1} + \sum_{k=1}^{n} b_k e^{s_k t}$$

と簡単に書ける．ラプラス変換 $F(s)$ が式 (5.62) の形に整理されていないときには，以下のような手順で整理すればよい．

(1) ラプラス変換 $F(s)$ を s の多項式で表現できる部分 $F_p(s)$ と分子の多項式の次数が分母の多項式の次数よりも低い分数となる部分 $F_f(s)$ の 2 つに分ける．

(2) $F_p(s)$ の最高次数を m とし，多項式の係数を式 (5.62) の右辺第 1 項の係数 a_j $(j = 1, \cdots, m)$ とする．

(3) $F_f(s)$ の分母の次数を n とし，分母多項式=0 とおいて，n 個の根 s_k $(k = 1, \cdots, n)$ を求める．この s_k を用いて，係数 b_k は

$$b_k = [(s - b_k)F_f(s)]_{s=b_k}$$

で得られる．

運動方程式のラプラス変換と伝達関数　運動方程式が与えられているとき，ラプラス変換の基本的性質を用いて式全体をラプラス変換し，複数のラプラス変換の関係式を導くことができる．例えば，粘性減衰を有する減衰 1 自由度振動系の力励振系では，運動方程式は

$$m\ddot{x} + c\dot{x} + kx = f$$

であるから，関数 $x(t)$ と $f(t)$ のラプラス変換をそれぞれ

$$X(s) = \pounds\{x(t)\}, \quad F(s) = \pounds\{f(t)\}$$

と書くこととし，$x(0) = 0$, $\dot{x}(0) = 0$ を仮定して，両辺をラプラス変換すれば，

$$ms^2 X(s) + csX(s) + kX(s) = F(s)$$

を得る．この式からラプラス変換 $X(s)$ と $F(s)$ の関係式

$$H(s) = \frac{X(s)}{F} = \frac{1}{ms^2 + cs + k} \tag{5.63}$$

を得る．この $H(s)$ を**伝達関数 (transfer function)** という．

式 (5.63) の伝達関数に，$s = i\omega$ を代入すれば，

$$H(\omega) = \frac{1}{k - m\omega^2 + ic\omega}$$

となり，第 5.3.1 項で示した周波数応答関数 $H(\omega)$ が得られる．逆に周波数応答関数 $H(\omega)$ に $i\omega = s$ を代入すれば，伝達関数 $H(s)$ が得られる．

ラプラス変換を用いた任意励振力応答の計算 伝達関数 $H(s)$ および励振力のラプラス変換 $F(s)$ を用いて，変位 $x(t)$ のラプラス変換 $X(s)$ を計算することができる．

$$X(s) = H(s)F(s)$$

これを逆変換すれば変位 $x(t)$ が求められる．

$$x(t) = \mathcal{L}^{-1}\{X(s)\}$$

ラプラス変換を用いた任意励振力に対する応答計算をまとめると，以下となる．

(1) 任意の励振力（時間の関数）のラプラス変換（連続な s の関数）を求める．

(2) 励振力のラプラス変換と系の伝達関数を掛け算することにより，応答のラプラス変換（連続な s の関数）を求める．

(3) 応答のラプラス変換から応答（時間の関数）を求める．

上の応答計算法に従って，不足減衰状態にある粘性減衰を有する減衰 1 自由度振動系が静的平衡状態にあるとき，$t = 0$ において，大きさ 1 の力積（単位インパルス）が作用したときの応答を求めよう．ただし，等価質量 m (kg)，等価剛性 k (N/m)，等価粘性減衰係数 c (Ns/m) を用いて得られる，固有角振動数 $\omega_n = \sqrt{k/m}$ (rad/s)，減衰比 $\zeta = c/(2\sqrt{mk})$，減衰固有角振動数 $\omega_d = \omega_n\sqrt{1 - \zeta^2}$ を用いる．

5.8 任意の励振力に対する応答

まず，励振力を $f(t) = \delta(t)$ とおいて，そのラプラス変換を求めれば，

$$F(s) = 1$$

である．一方，減衰1自由度振動系の伝達関数は式 (5.63) より，

$$H(s) = \frac{1}{ms^2 + cs + k}$$

である．変位のラプラス変換の右辺は $H(s)F(s)$ であるが，$F(s)$ は1であることから，

$$\begin{aligned}
H(s)F(s) = H(s) &= \frac{1}{ms^2 + cs + k} \\
&= \frac{1}{m(s-\lambda_1)(s-\lambda_2)} \quad (\text{ただし}\lambda_{1,2} = -\zeta\omega_n \pm i\omega_d) \\
&= \frac{1}{m}\left\{\frac{1}{(\lambda_1-\lambda_2)(s-\lambda_1)} + \frac{1}{(\lambda_2-\lambda_1)(s-\lambda_2)}\right\} \\
&= \frac{1}{m}\left\{\frac{1}{(2i\omega_d)(s-\lambda_1)} + \frac{1}{(-2i\omega_d)(s-\lambda_2)}\right\}
\end{aligned}$$

と書ける．したがって，これを逆ラプラス変換した関数

$$h(t) = \mathcal{L}^{-1}\{H(s)\}$$

を $h(t)$ と定義して，逆変換を行えば，

$$\begin{aligned}
h(t) &= \frac{1}{m}\left\{\frac{1}{2i\omega_d}e^{\lambda_1 t} + \frac{1}{-2i\omega_d}e^{\lambda_2 t}\right\} \\
&= \frac{1}{m\omega_d}e^{-\zeta\omega_n t}\frac{1}{2i}\left(e^{i\omega_d t} - e^{-i\omega_d t}\right) \\
&= \frac{1}{m\omega_d}e^{-\zeta\omega_n t}\sin\omega_d t
\end{aligned} \tag{5.64}$$

となる．式 (5.64) は**単位インパルス応答関数 (unit impulse response function)** と呼ばれる重要な関数である．逆に単位インパルス応答関数 $h(t)$ をラプラス変換すれば，伝達関数 $H(s)$ が得られる．

その他の励振力に対する応答を次の例題で求めよう．

■ 例題 5.7

不減衰1自由度振動系が静的平衡状態にあるとき，図5.24(a) に示す矩形入力

$$f(t) = \begin{cases} 0 & (t < 0) \\ F_1 & (0 \le t \le T_0) \\ 0 & (t > T_0) \end{cases}$$

が作用した場合の応答 $x(t)$ を求めなさい．ただし，$T_0 > 0$ である．また，$t > T_0$ において，$x(t) = 0$ となる励振力の継続時間 T_0 (s) を求めなさい．

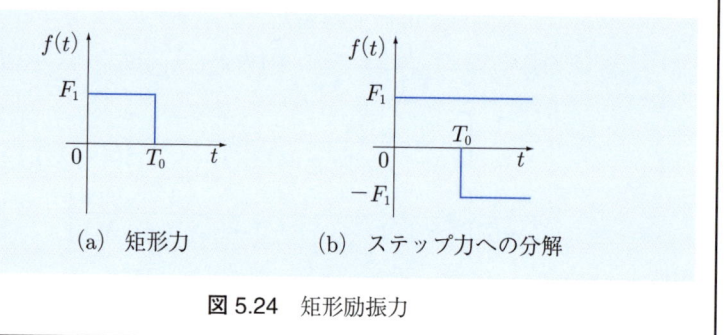

(a) 矩形力　　(b) ステップ力への分解

図 5.24　矩形励振力

【解答】
(1) $t < 0$ の場合，励振力 $f(t) = 0$ であるから自明であるが，$x(t) = 0$ である．
(2) $0 \le t \le T_0$ のとき，励振力のラプラス変換は

$$F(s) = \int_0^\infty f(t)e^{-st}dt = \int_0^\infty F_1 e^{-st}dt = \frac{F_1}{s}$$

となる．不減衰1自由度振動系の伝達関数は式 (5.63) より，$c = 0$ として

$$H(s) = \frac{1}{ms^2 + k}$$

であるから，変位 $x(t)$ のラプラス変換 $X(s)$ は

$$X(s) = H(s)F(s) = \frac{1}{ms^2 + k}\frac{F_1}{s}$$
$$= \frac{F_1}{m}\frac{1}{s(s - \lambda_1)(s - \lambda_2)} \quad (ただし \lambda_{1,2} = \pm i\omega_n = \pm i\sqrt{k/m})$$

$$
\begin{aligned}
&= \frac{F_1}{m}\left\{\frac{1}{\lambda_1\lambda_2 s} + \frac{1}{\lambda_1(\lambda_1-\lambda_2)(s-\lambda_1)} + \frac{1}{\lambda_2(\lambda_2-\lambda_1)(s-\lambda_2)}\right\} \\
&= \frac{F_1}{m}\left\{\frac{1}{\omega_n^2 s} + \frac{1}{i\omega_n(2i\omega_n)(s-i\omega_n)} + \frac{1}{-i\omega_n(-2i\omega_n)\{s-(-i\omega_n)\}}\right\}
\end{aligned}
$$

と書けるので，逆変換を行えば，

$$
\begin{aligned}
x(t) &= \frac{F_1}{m}\left\{\frac{1}{\omega_n^2} + \frac{1}{-2\omega_n^2}e^{i\omega_n t} + \frac{1}{-2\omega_n^2}e^{-i\omega_n t}\right\} \\
&= \frac{F_1}{m}\left(\frac{1}{\omega_n^2} - \frac{1}{\omega_n^2}\cos\omega_n t\right) \\
&= \frac{F_1}{k}(1-\cos\omega_n t)
\end{aligned}
$$

となる．

(3) $t > T_0$ のとき，励振力のラプラス変換は

$$
F(s) = \int_0^\infty f(t)e^{-st}dt = \int_0^{T_0} F_1 e^{-st}dt = \frac{F_1}{s}\left(1-e^{-sT_0}\right)
$$

となる．これは，矩形励振力を図 5.24 (b) のように2つのステップ力に分解したのと同じことを意味している．これに対して変位 $x(t)$ のラプラス変換 $X(s)$ は

$$
X(s) = H(s)F(s) = \frac{1}{ms^2+k}\frac{F_1}{s}(1-e^{-sT_0})
$$

となるが，右辺の小括弧の指数関数は式 (5.61) から分かるように，時間関数において時間遅れの効果を示しているだけだから，前の結果を用いて逆変換を行えば，

$$
\begin{aligned}
x(t) &= \frac{F_1}{k}\left[(1-\cos\omega_n t) - \{1-\cos\omega_n(t-T_0)\}\right] \\
&= \frac{F_1}{k}\{\cos\omega_n(t-T_0) - \cos\omega_n t\}
\end{aligned}
$$

となる．

(4) $t > T_0$ においてさらに応答 $x(t)$ を変形すると，

$$
\begin{aligned}
x(t) &= \frac{F_1}{k}\left[\cos\omega_n\{(t-T_0/2)-(T_0/2)\} - \cos\omega_n\{(t-T_0/2)+(T_0/2)\}\right] \\
&= \frac{F_1}{k}\{\cos\omega_n(t-T/2)\cos\omega_n(T_0/2) + \sin\omega_n(t-T/2)\sin\omega_n(T_0/2)
\end{aligned}
$$

$$-\cos\omega_n(t-T/2)\cos\omega_n(T_0/2)+\sin\omega_n(t-T/2)\sin\omega_n(T_0/2)\}$$
$$=\frac{2F_1}{k}\sin\omega_n(t-T_0/2)\sin\omega_n(T_0/2)$$

と書けるから，
$$\sin\frac{\omega_n T_0}{2}=0$$

であれば $t>T_0$ において常に $x(t)=0$ となることが分かる．この条件が成り立つのは $T_0>0$ を考慮すれば，n を自然数として，
$$\frac{\omega_n T_0}{2}=n\pi$$

のときであるから，固有周期 $T_n=2\pi/\omega_n$ を用いて，これを T_0 の条件に直せば，
$$T_0=\frac{2n\pi}{\omega_n}=nT_n$$

となる． ■

5.8.3　たたみ込み積分による方法

任意励振力による系の応答は，式 (5.64) に示した単位インパルス応答関数を用いても計算することができる．すなわち，単位インパルス応答関数 $h(t)$ は時刻 $t=0$ に単位インパルス（単位力積）が作用したとき，$t=t$ で観察した系の応答であるから，図 5.25 のように任意励振力を力積の列に分解し，時刻 $t=\tau$ に作用する大きさ $f(\tau)d\tau$ の力積に着目すれば，$t=t$ で観察した系の応答は，

$$h(t-\tau)f(\tau)d\tau$$

(a) 力積への分解　　(b) インパルス応答

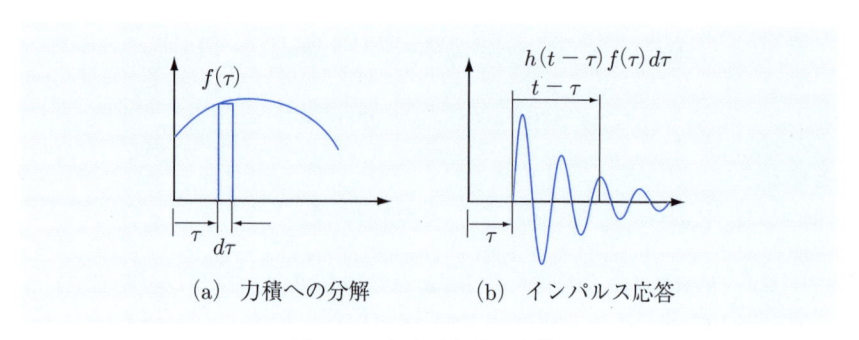

図 5.25　任意励振力と応答

5.8 任意の励振力に対する応答

と書ける．$0 \leq \tau \leq t$ の全ての時刻での励振力 $f(\tau)$ の力積の影響を足し合わせれば，積分となり，任意の励振力 $f(t)$ に対する応答 $x(t)$ は

$$x(t) = \int_0^t h(t-\tau)f(\tau)d\tau \tag{5.65}$$

で求められる．この積分をたたみ込み積分（**convolution integral**）という．

式 (5.65) の両辺をフーリエ変換して，励振力と応答のフーリエ変換の関係式が得られることを確認しよう．$\tau > t$ のとき $h(t-\tau) = 0$，$\tau < 0$ のとき $f(\tau) = 0$ を考慮すると，

$$\begin{aligned}
X(\omega) &= \int_{-\infty}^{\infty} \int_0^t h(t-\tau)f(\tau)d\tau e^{-i\omega t}dt \\
&= \int_{-\infty}^{\infty} \int_{-\infty}^{\infty} h(t-\tau)f(\tau)e^{-i\omega(t-\tau)}e^{-i\omega\tau}d\tau dt \\
&= \int_{-\infty}^{\infty} \int_{-\infty}^{\infty} h(t-\tau)e^{-i\omega(t-\tau)}dt f(\tau)e^{-i\omega\tau}d\tau \\
&= \int_{-\infty}^{\infty} h(\xi)e^{-i\omega\xi}d\xi \int_{-\infty}^{\infty} f(\tau)e^{-i\omega\tau}d\tau \\
&= H(\omega)F(\omega)
\end{aligned}$$

となり，インパルス応答関数 $h(t)$ のフーリエ変換が周波数応答関数 $H(\omega)$ となることが分かる．

■ **例題 5.8**

図 5.24 で示した矩形励振力に対する不減衰 1 自由度振動系の応答を，単位インパルス応答関数のたたみ込み積分を用いて求めなさい．

【解答】 不減衰 1 自由度振動系の単位インパルス応答関数は，式 (5.64) において，$\zeta = 0$，$\omega_d = \omega_n$ とおけば得られる．

$$h(t) = \frac{1}{m\omega_n}\sin\omega_n t$$

これを用いれば，
(1) $t < 0$ の場合，励振力 $f(t) = 0$ であるから自明であるが，$x(t) = 0$ である．

(2) $0 \leq t \leq T_0$ のとき,この領域では $f(t) = F_1$ であるから,その応答は,

$$\begin{aligned}
x(t) &= \int_0^t h(t-\tau)f(\tau)d\tau \\
&= \int_0^t \frac{1}{m\omega_n}\sin\omega_n(t-\tau)F_1 d\tau \\
&= \frac{F_1}{m\omega_n}\left[\frac{1}{\omega_n}\cos\omega_n(t-\tau)\right]_0^t \\
&= \frac{F_1}{m\omega_n^2}(1-\cos\omega_n t) \\
&= \frac{F_1}{k}(1-\cos\omega_n t)
\end{aligned}$$

と書ける.

(3) $t > T_0$ のとき,$f(t) = 0$ を考慮すると,その応答は,

$$\begin{aligned}
x(t) &= \int_0^t h(t-\tau)f(\tau)d\tau \\
&= \int_0^{T_0} \frac{1}{m\omega_n}\sin\omega_n(t-\tau)F_1 d\tau \\
&= \frac{F_1}{m\omega_n}\left[\frac{1}{\omega_n}\cos\omega_n(t-\tau)\right]_0^{T_0} \\
&= \frac{F_1}{m\omega_n^2}(\cos\omega_n(t-T_0)-\cos\omega_n t) \\
&= \frac{F_1}{k}\{\cos\omega_n(t-T_0)-\cos\omega_n t\}
\end{aligned}$$

を得る.これらの結果は例題 5.7 の結果に一致していることが分かる.

5.9 力励振系の周波数応答関数の測定

実験により実際の機構の力励振による周波数応答関数を得る方法は (1) 定常加振による方法，(2) 非定常加振による方法，の 2 つがある．

定常加振による方法では，ボイスコイル型アクチュエータ (voice coil actuator) などの加振力と加振周波数を任意に設定できる加振源を用いる．そして 1 つの励振角振動数 ω で一定振幅 F の調和励振力を振動系に加え，この励振力に対する系の定常応答を記録しフーリエ変換して，励振周波数に一致した周波数成分 $X(\omega)$ を求める．この操作を予め設定した励振振動数の刻み毎に繰り返すことにより，注目する角振動数の範囲で周波数応答関数 $X(\omega)/F$ を求める．励振振動数を逐次的に変化させていくことを**スウィープ** (**sweep**) といい，定常加振による方法はスウィープ加振法とも呼ばれる．定常加振による方法の利点は，信頼性の高いデータが取れることであるが，幅広い周波数範囲に対して細かい励振振動数の刻みを用いて周波数応答関数を求めようとするとスウィープに時間が掛かるという欠点がある．また，系の減衰比が小さい場合には共振を起こす可能性があるので，注意が必要である．

非定常加振による方法では，ボイスコイル型アクチュエータのようなアクチュエータのほか，**インパクトハンマ** (**impact hammer**) などの過渡的な加振が可能な加振源を用いる．そして過渡的な加振力および過渡応答を記録しフーリエ変換してそれらの演算から一度に広い周波数範囲の周波数応答関数を求める．ただし，多くの場合，加振力のフーリエ変換 $F(\omega)$ および応答のフーリエ変換 $X(\omega)$ を直接用いて，

$$H(\omega) = \frac{X(\omega)}{F(\omega)} \tag{5.66}$$

として周波数応答関数 $H(\omega)$ を計算するのではなく，応答に含まれるノイズを除去するために加振力のフーリエ変換の複素共役 $F^*(\omega)$ を用いて，

$$H_1(\omega) = \frac{X(\omega)F^*(\omega)}{F(\omega)F^*(\omega)} \tag{5.67}$$

という演算で周波数応答関数を計算する．このとき，分子は応答と加振力の**クロススペクトル** (**cross spectrum**) であり，分母は加振力のパワースペクトル (**power spectrum**) である．式 (5.67) の周波数応答関数はしばしば H_1 と書

かれ，式 (5.66) で計算される周波数応答関数と区別される．

ここに示したどちらの方法とも，平均化をすることにより，ランダムノイズを抑圧することができるので，周波数応答関数を測定するための **FFT**（**Fast Fourie Transformation**）装置などでは，平均化の機能が通常組み込まれている．

また，非定常加振を用いた場合，測定された応答がノイズを含んでいたり，入力のエネルギーが途中の経路で減衰してしまい応答に十分な影響を与えないなどの問題が生じる場合がある．そのため，応答に含まれる入力の影響を 0〜1 の値で示す**コヒーレンス関数** (coherence function)

$$\gamma^2 = \frac{|X(\omega)F^*(\omega)|^2}{X(\omega)X^*(\omega)F(\omega)F^*(\omega)}$$

を測定時に同時に計算し，その値が注目している周波数領域において 1 に近くなるように加振力の大きさや作用時間を調節する必要がある．FFT 装置などの周波数応答関数を測定するための装置では，一般に，コヒーレンス関数も同時に計算し，表示する機能を備えている．コヒーレンス関数は測定結果の信頼性を示しているから，周波数応答関数を記録する際には，同時に得られたコヒーレンス関数も記録しておくとよい．

5.10 基礎励振系の任意励振変位に対する応答

第 5.8 節の方法を応用することにより，基礎励振系においても任意励振変位に対する応答を求めることができる．すなわち，基礎励振系の場合でも，ラプラス変換を用いた手法や単位インパルス応答を用いた手法により，任意の基礎励振変位に対する系の絶対変位 x (m) または相対変位 z (m) の応答を計算することができる．

5.10.1 ラプラス変換を用いた方法

粘性減衰を有する減衰 1 自由度振動系の基礎励振系の絶対変位に関する運動方程式を再掲すると，

$$m\ddot{x} + c\dot{x} + kx = c\dot{y} + ky$$

であるから，関数 $x(t)$ と $y(t)$ のラプラス変換をそれぞれ

$$X(s) = \mathcal{L}\{x(t)\}, \quad Y(s) = \mathcal{L}\{y(t)\}$$

と書くこととし，$x(0) = 0$, $\dot{x}(0) = 0$, $y(0) = 0$ を仮定して，両辺をラプラス変換すれば，

$$ms^2 X(s) + csX(s) + kX(s) = csY(s) + kY(s)$$

を得る．この式からラプラス変換 $X(s)$ と $Y(s)$ の関係式

$$\begin{aligned}H_y(s) &= \frac{X(s)}{Y} \\ &= \frac{cs + k}{ms^2 + cs + k}\end{aligned} \quad (5.68)$$

を得る．この $H_y(s)$ が基礎励振系の伝達関数である．ここで，下付き添え字の y は基礎変位励振の伝達関数であることを示している．

式 (5.68) の伝達関数に，$s = i\omega$ を代入すれば，

$$H_y(\omega) = \frac{k + ic\omega}{k - m\omega^2 + ic\omega}$$

となり，周波数応答関数 $H_y(\omega)$ が得られるのは力励振系の場合と同様である．

また,力励振系と同様に伝達関数 $H_y(s)$ および励振変位のラプラス変換 $Y(s)$ を用いて,変位 $x(t)$ のラプラス変換 $X(s)$

$$X(s) = H_y(s)Y(s)$$

を計算することができるので,これを逆変換すれば変位 $x(t)$ が求められる.

$$x(t) = \mathcal{L}^{-1}\{X(s)\}$$

ラプラス変換を用いた任意励振変位に対する応答計算をまとめると,以下となる.

(1) 任意の基礎励振変位(時間の関数)のラプラス変換(連続な s の関数)を求める.
(2) 基礎励振変位のラプラス変換と系の伝達関数を掛け算することにより,応答のラプラス変換(連続な s の関数)を求める.
(3) 応答のラプラス変換から応答(時間の関数)を求める.

上の応答計算法に従って,不足減衰状態にある粘性減衰を有する減衰1自由度振動系が静的平衡状態にあるとき,$t=0$ において,大きさ1の力積(単位インパルス)に相当する基礎変位が作用したときの応答を求めよう.基礎励振系の場合,加振源である基礎励振変位 $y(t)$ は力ではないので,$y(t)$ によって直接系に与えられるのは厳密に言えば「力積」ではないが,力励振系の場合に $f(t)$ に対して仮定したデルタ関数を $y(t)$ にも適用して,これに対応する系の応答を求める.ただし,等価質量 m (kg),等価剛性 k (N/m),等価粘性減衰係数 c (Ns/m) を用いて得られる,固有角振動数 $\omega_n = \sqrt{k/m}$ (rad/s),減衰比 $\zeta = c/(2\sqrt{mk})$,減衰固有角振動数 $\omega_d = \omega_n\sqrt{1-\zeta^2}$ を用いる.

まず,基礎励振変位を $y(t) = \delta(t)$ とおいて,そのラプラス変換を求めれば,

$$Y(s) = 1$$

である.一方,基礎励振を受ける減衰1自由度振動系の伝達関数は式 (5.68) より,

$$H_y(s) = \frac{cs+k}{ms^2+cs+k}$$

5.10 基礎励振系の任意励振変位に対する応答

である.変位のラプラス変換の右辺は $H_y(s)Y(s)$ であるが,$Y(s)$ は 1 であることから,

$$\begin{aligned}
H_y(s)Y(s) &= H_y(s) \\
&= \frac{cs+k}{ms^2+cs+k} \\
&= \frac{cs+k}{m(s-\lambda_1)(s-\lambda_2)} \qquad (\text{ただし}\lambda_{1,2} = -\zeta\omega_n \pm i\omega_d) \\
&= \frac{\lambda_1(2\zeta\omega_n)+\omega_n^2}{(\lambda_1-\lambda_2)(s-\lambda_1)} + \frac{\lambda_2(2\zeta\omega_n)+\omega_n^2}{(\lambda_2-\lambda_1)(s-\lambda_2)} \\
&= \frac{\omega_n((1-2\zeta^2)\omega_n+2i\zeta\omega_d)}{(2i\omega_d)(s-\lambda_1)} + \frac{\omega_n((1-2\zeta^2)\omega_n-2i\zeta\omega_d)}{(-2i\omega_d)(s-\lambda_2)} \\
&= \frac{-2\zeta\omega_d+i(1-2\zeta^2)\omega_n}{2\sqrt{1-\zeta^2}(s-\lambda_1)} + \frac{-2\zeta\omega_d-i(1-2\zeta^2)\omega_n}{2\sqrt{1-\zeta^2}(s-\lambda_2)}
\end{aligned}$$

と書ける.したがって,これを逆ラプラス変換した関数

$$h_y(t) = \mathcal{L}^{-1}\{H_y(s)\}$$

を $h_y(t)$ と定義して,逆変換を行えば,

$$\begin{aligned}
h_y(t) &= \frac{-2\zeta\omega_d+i(1-2\zeta^2)\omega_n}{2\sqrt{1-\zeta^2}}e^{\lambda_1 t} + \frac{-2\zeta\omega_d-i(1-2\zeta^2)\omega_n}{2\sqrt{1-\zeta^2}}e^{\lambda_2 t} \\
&= \frac{e^{-\zeta\omega_n t}}{2\sqrt{1-\zeta^2}}\left[\{2\zeta\omega_d-i(1-2\zeta^2)\omega_n\}e^{i\omega_d t}\right. \\
&\qquad\qquad\qquad \left.+\{2\zeta\omega_d+i(1-2\zeta^2)\omega_n\}e^{-i\omega_d t}\right] \\
&= \frac{e^{-\zeta\omega_n t}}{\sqrt{1-\zeta^2}}\{2\zeta\omega_d\cos\omega_d t + (1-2\zeta^2)\omega_n\sin\omega_d t\} \qquad (5.69)
\end{aligned}$$

となる.式 (5.69) は基礎励振系単位インパルス応答関数であり,逆にこの単位インパルス応答関数 $h_y(t)$ をラプラス変換すれば,伝達関数 $H_y(s)$ が得られることも力励振系の場合と同様である.

その他の励振基礎変位に対する応答を次の例題で求めよう.

■ 例題 5.9

不減衰 1 自由度振動系が静的平衡状態にあるとき，図 5.26 に示す矩形基礎変位

$$y(t) = \begin{cases} 0 & (t < 0) \\ Y_1 & (0 \leq t \leq T_0) \\ 0 & (t > T_0) \end{cases}$$

が作用した場合の応答 $x(t)$ を求めなさい．ただし，$T_0 > 0$ である．

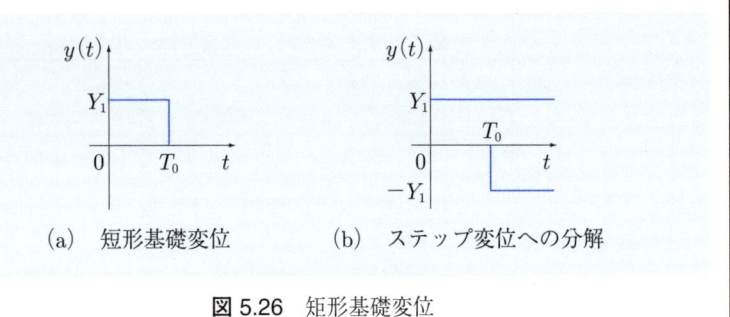

(a) 矩形基礎変位　　(b) ステップ変位への分解

図 5.26 矩形基礎変位

【解答】

(1) $t < 0$ の場合，基礎変位 $y(t) = 0$ であるから自明であるが，$x(t) = 0$ である．

(2) $0 \leq t \leq T_0$ のとき，基礎励振変位のラプラス変換は

$$Y(s) = \int_0^\infty y(t)e^{-st}dt = \int_0^\infty Y_1 e^{-st}dt = \frac{Y_1}{s}$$

となる．不減衰 1 自由度振動系の伝達関数は式 (5.68) より，$c = 0$ として

$$H_y(s) = \frac{k}{ms^2 + k}$$

であるから，変位 $x(t)$ のラプラス変換 $X(s)$ は

$$X(s) = H_y(s)F(s) = \frac{k}{ms^2 + k}\frac{Y_1}{s}$$
$$= \frac{Y_1 \omega_n^2}{s(s-\lambda_1)(s-\lambda_2)} \quad (\text{ただし}\lambda_{1,2} = \pm i\omega_n = \pm i\sqrt{k/m})$$

$$= Y_1\omega_n^2 \left\{ \frac{1}{\lambda_1\lambda_2 s} + \frac{1}{\lambda_1(\lambda_1-\lambda_2)(s-\lambda_1)} + \frac{1}{\lambda_2(\lambda_2-\lambda_1)(s-\lambda_2)} \right\}$$

$$= Y_1\omega_n^2 \left\{ \frac{1}{\omega_n^2 s} + \frac{1}{i\omega_n(2i\omega_n)(s-i\omega_n)} + \frac{1}{-i\omega_n(-2i\omega_n)\{s-(-i\omega_n)\}} \right\}$$

と書けるので,逆変換を行えば,

$$x(t) = Y_1\omega_n^2 \left\{ \frac{1}{\omega_n^2} + \frac{1}{-2\omega_n^2}e^{i\omega_n t} + \frac{1}{-2\omega_n^2}e^{-i\omega_n t} \right\}$$

$$= Y_1\omega_n^2 \left(\frac{1}{\omega_n^2} - \frac{1}{\omega_n^2}\cos\omega_n t \right)$$

$$= Y_1(1-\cos\omega_n t)$$

となる.

(3) $t > T_0$ のとき,基礎励振変位のラプラス変換は

$$Y(s) = \int_0^\infty y(t)e^{-st}dt = \int_0^{T_0} Y_1 e^{-st}dt$$

$$= \frac{Y_1}{s}\left(1-e^{-sT_0}\right)$$

となる.これは,矩形基礎励振変位を図 5.26(b) のように 2 つのステップ変位に分解したのと同じことを意味している.これに対して変位 $x(t)$ のラプラス変換 $X(s)$ は

$$X(s) = H_y(s)Y(s) = \frac{k}{ms^2+k}\frac{Y_1}{s}(1-e^{-sT_0})$$

となるが,右辺の小括弧の指数関数は式 (5.61) から分かるように,時間関数において時間遅れの効果を示しているだけだから,前の結果を用いて逆変換を行えば,

$$x(t) = Y_1\left[(1-\cos\omega_n t) - \{1-\cos\omega_n(t-T_0)\}\right]$$

$$= Y_1\{\cos\omega_n(t-T_0) - \cos\omega_n t\}$$

となる.

5.10.2 たたみ込み積分による方法

任意基礎励振変位による系の応答を,式 (5.69) に示した単位インパルス応答関数を用いても計算することができる.すなわち任意の基礎励振変位 $y(t)$ に対

する応答 $x(t)$ はたたみ込み積分を用いて，

$$x(t) = \int_0^t h_y(t-\tau)y(\tau)d\tau$$

で求められる．

■ **例題 5.10**

図 5.26 に示す矩形基礎励振変位に対する不減衰 1 自由度振動系の応答を，単位インパルス応答関数のたたみ込み積分を用いて求めなさい．

【解答】 不減衰 1 自由度振動系の単位インパルス応答関数は，式 (5.69) において，$\zeta = 0$, $\omega_d = \omega_n$ とおけば得られる．

$$h_y(t) = \omega_n \sin \omega_n t$$

これを用いれば，
(1) $t < 0$ の場合，基礎励振変位 $y(t) = 0$ であるから自明であるが，$x(t) = 0$ である．
(2) $0 \leq t \leq T_0$ のとき，この領域では $y(t) = Y_1$ であるから，その応答は，

$$\begin{aligned} x(t) &= \int_0^t h_y(t-\tau)y(\tau)d\tau = \int_0^t \omega_n \sin \omega_n(t-\tau) Y_1 d\tau \\ &= Y_1 \left[\cos \omega_n(t-\tau) \right]_0^t \\ &= Y_1 (1 - \cos \omega_n t) \end{aligned}$$

と書ける．
(3) $t > T_0$ のとき，$f(t) = 0$ を考慮すると，その応答は，

$$\begin{aligned} x(t) &= \int_0^t h_y(t-\tau)y(\tau)d\tau = \int_0^{T_0} \omega_n \sin \omega_n(t-\tau) Y_1 d\tau \\ &= Y_1 \left[\cos \omega_n(t-\tau) \right]_0^{T_0} \\ &= Y_1 \{ \cos \omega_n(t-T_0) - \cos \omega_n t \} \end{aligned}$$

を得る．これらの結果は例題 5.9 の結果に一致していることが分かる． ■

5章の問題

☐**1** 粘性減衰を有する減衰1自由度振動系において，加振力が余弦関数で表される場合，運動方程式は

$$m\ddot{x} + c\dot{x} + kx = F\cos\omega t$$

と表される．このとき，系が不足減衰状態にあるとすれば，変位 $x(t)$ の調和励振力応答は式 (5.18) の振幅 $X_a(\omega)$ (m) と式 (5.19) の位相 $\phi(\omega)$ (rad) を用いて，

$$x(t) = |X_a(\omega)|\cos\{\omega t + \phi(\omega)\}$$

と表せることを示しなさい．

☐**2** 基礎励振を受ける粘性減衰を有する減衰1自由度振動系において，減衰比 $0 < \zeta < 1$ の領域では絶対変位の動的振幅倍率の極大値が

$$\Omega = \frac{\sqrt{-1 + \sqrt{1 + 8\zeta^2}}}{2\zeta}$$

のときに生じ，そのときの動的振幅倍率は下式であることを示しなさい．

$$T_r = \frac{4\zeta^2}{\sqrt{16\zeta^4 - \left(\sqrt{8\zeta^2 + 1} - 1\right)^2}}$$

☐**3** 基礎励振を受ける粘性減衰を有する減衰1自由度振動系において，減衰比 $0 < \zeta < \sqrt{2}$ の領域では相対変位の振幅比の極大値が，

$$\Omega = \frac{1}{\sqrt{1 - 2\zeta^2}}$$

のときに生じ，そのときの振幅比は下式であることを示しなさい．

$$\frac{|Z_a(\omega)|}{Y} = \frac{1}{2\zeta\sqrt{1 - \zeta^2}}$$

☐**4** 図 5.27 (a) に示す系の周波数応答関数 $X(\omega)/F$ および図 5.27 (b) を参考に，周波数の関数となる等価剛性 $K(\omega)$ および等価粘性減衰 $C(\omega)$ を求めなさい．

☐**5** 不足減衰状態にある粘性減衰を有する減衰1自由度振動系に，図 5.28 に示す正弦半波で表される衝撃力が作用した場合の応答を (1) ラプラス変換–逆ラプラス変換を用いた方法，および (2) 単位インパルス応答関数のたたみ込み積分を用いた方法 の2通りで求めなさい．ただし，正弦半波を式で表せば，次式となる．

(a) 元の系　　(b) 等価な系

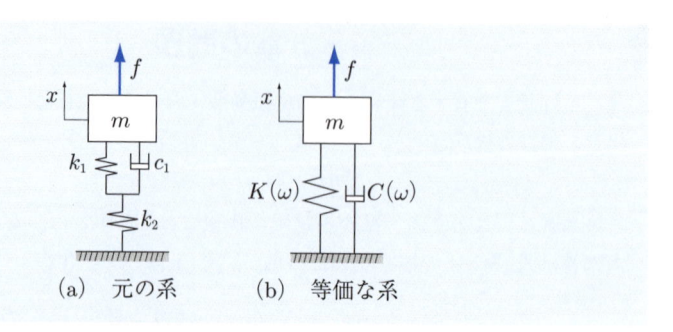

図 5.27 ばねとダッシュポットの組み合わせが複雑な例 2

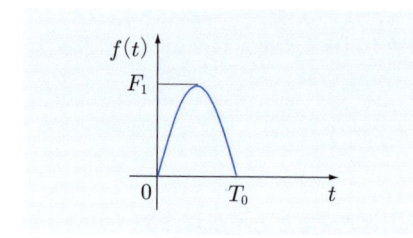

図 5.28 正弦半波で表される衝撃力

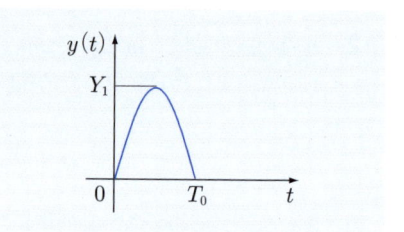

図 5.29 正弦半波で表される基礎励振変位

$$f(t) = \begin{cases} 0 & (t<0) \\ F_1 \sin \dfrac{\pi t}{T_0} & (0 \leq t \leq T_0) \\ 0 & (t>T_0) \end{cases}$$

□**6** 不足減衰状態にある粘性減衰を有する減衰 1 自由度振動系に，図 5.29 に示す正弦半波で表される基礎励振変位が作用した場合の応答を (1) ラプラス変換–逆ラプラス変換を用いた方法，および (2) 単位インパルス応答関数のたたみ込み積分を用いた方法 の 2 通りで求めなさい．ただし，正弦半波の基礎励振変位を式で表せば，以下となる．

$$y(t) = \begin{cases} 0 & (t<0) \\ Y_1 \sin \dfrac{\pi t}{T_0} & (0 \leq t \leq T_0) \\ 0 & (t>T_0) \end{cases}$$

第6章

多自由度系の運動方程式の導出

第2章では，1つの運動自由度を持つ系を対象とする運動方程式の導出法を解説したが，多自由度系となる多質点系や多剛体系でも1つ1つの質点や剛体に対してニュートンの運動の法則やダランベールの法則が成立する．また，多体系ではラグランジュ (Joseph-Louis Lagrange) の運動方程式を利用すると容易に運動方程式を導出できる場合も多い．本章では様々な例を用いて多自由度系の運動方程式の導出法について解説する．

6.1 多質点系に対するニュートンの運動の法則
6.2 多質点系に対するダランベールの原理
6.3 ラグランジュの運動方程式

6.1 多質点系に対するニュートンの運動の法則

多くの質点からなる多質点系において，j 番目の質点に作用する全ての力を $\sum \boldsymbol{f}_{ji}$ とすれば，j 番目の質点のニュートンの運動方程式は以下の式となる．

$$m_j \ddot{\boldsymbol{x}}_j = \sum \boldsymbol{f}_{ji}$$

ニュートンの運動方程式を用いれば，多質点系に対しても運動方程式を導出することは可能であるが，以下の例題 6.1 に示すように，その導出は煩雑である．

■ **例題 6.1**

図 6.1 はレール上を移動する本体とロープで吊り下げられた荷物からなる天井クレーンの解析モデルである．この天井クレーンの運動方程式をニュートンの運動方程式を用いて導出しなさい．

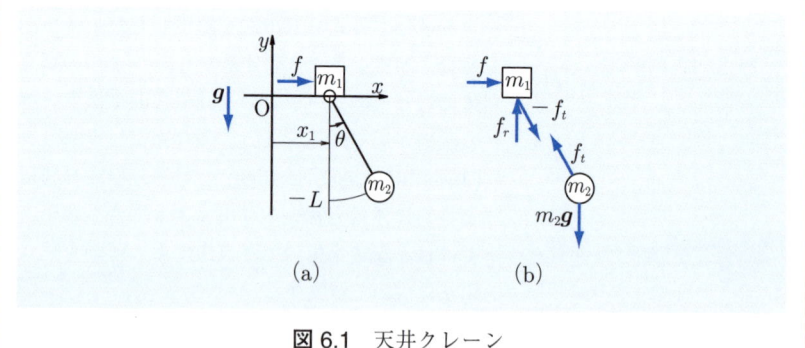

図 6.1 天井クレーン

【解答】 レール上の 1 点を原点 O とし，水平方向右向きに x 軸を，垂直方向上向きに y 軸を取る．質量 m_1 (kg) の本体の x 軸方向の位置を x_1 (m)，質量 m_2 (kg) の荷物の x 軸方向ならびに y 軸方向の位置をそれぞれ x_2 (m)，y_2 (m) とする．図 6.1 (b) のように自由体図を描き，質量 m_1 の y 軸方向の加速度は 0 であることを考慮すれば，ニュートンの運動方程式より，

$$m_1 \ddot{x}_1 = f + f_t \sin\theta \tag{6.1}$$

$$0 = f_r - f_t \cos\theta$$

$$m_2 \ddot{x}_2 = -f_t \sin\theta \tag{6.2}$$

6.1 多質点系に対するニュートンの運動の法則

$$m_2 \ddot{y}_2 = f_t \cos\theta - m_2 g \tag{6.3}$$

となる．式 (6.2) および (6.3) より，

$$f_t = -m_2 \ddot{x}_2 \sin\theta + m_2 \ddot{y}_2 \cos\theta + m_2 g \cos\theta$$

であるから，式 (6.1) に代入して，

$$m_1 \ddot{x}_1 = f + (-m_2 \ddot{x}_2 \sin\theta + m_2 \ddot{y}_2 \cos\theta + m_2 g \cos\theta) \sin\theta$$

となるが，

$$x_2 = x_1 + L \sin\theta, \quad y_2 = -L \cos\theta$$

すなわち

$$\dot{x}_2 = \dot{x}_1 + L\dot{\theta} \cos\theta, \quad \dot{y}_2 = L\dot{\theta} \sin\theta \tag{6.4}$$

$$\ddot{x}_2 = \ddot{x}_1 + L\ddot{\theta} \cos\theta - L\dot{\theta}^2 \sin\theta, \quad \ddot{y}_2 = L\ddot{\theta} \sin\theta + L\dot{\theta}^2 \cos\theta$$

であることも考慮すると，

$$m_1 \ddot{x}_1 = f + \{-m_2(\ddot{x}_1 + L\ddot{\theta} \cos\theta - L\dot{\theta}^2 \sin\theta) \sin\theta$$
$$+ m_2(L\ddot{\theta} \sin\theta + L\dot{\theta}^2 \cos\theta) \cos\theta + m_2 g \cos\theta\} \sin\theta$$

となるので，整理して以下を得る．

$$m_1 \ddot{x}_1 + m_2 \ddot{x}_1 \sin^2\theta - m_2 L\dot{\theta}^2 \sin\theta - m_2 g \cos\theta \sin\theta = f \tag{6.5}$$

また，式 (6.2) および (6.3) から内力 f_t を消去すれば，

$$m_2 \ddot{x}_2 \cos\theta + m_2 \ddot{y}_2 \sin\theta = -m_2 g \sin\theta$$

であるから，

$$m_2(\ddot{x}_1 + L\ddot{\theta} \cos\theta - L\dot{\theta}^2 \sin\theta) \cos\theta$$
$$+ m_2(L\ddot{\theta} \sin\theta + L\dot{\theta}^2 \cos\theta) \sin\theta + m_2 g \sin\theta = 0$$

となり，これを整理して以下を得る．

$$m_2 \ddot{x}_1 \cos\theta + m_2 L\ddot{\theta} + m_2 g \sin\theta = 0 \tag{6.6}$$

式 (6.5) および (6.6) がこの系の運動を支配する運動方程式である．

このように，ニュートンの第2法則を用いて運動方程式を得ることができたが，計算は煩雑で，運動方程式の導出は容易ではない．第 6.3 節において，同じ系に対してラグランジュの方程式を用いて運動方程式を導出しているので，そちらも参照のこと．

【例題 6.1 の解答の発展】 多くの場合，運動方程式は線形化され，系の特性を議論される．ここで，θ は微小であるとして，$\cos\theta = 1$, $\sin\theta = \theta$, $\theta^2 = 0$, $\theta\dot{\theta}^2 = 0$ を代入して式 (6.5) および (6.6) を線形化すると下式を得る．

$$m_1\ddot{x}_1 - m_2 g\theta = f \tag{6.7}$$

$$m_2\ddot{x}_1 + m_2 L\ddot{\theta} + m_2 g\theta = 0 \tag{6.8}$$

さらに，$\theta = (x_2 - x_1)/L$ という関係を用いて，荷物の位置座標 x_2 を陽に用いて線形化された運動方程式 (6.7) および (6.8) を変形すれば，

$$m_1\ddot{x}_1 - m_2 g\frac{x_2 - x_1}{L} = f$$

$$m_2\ddot{x}_1 + m_2 L\frac{\ddot{x}_2 - \ddot{x}_1}{L} + m_2 g\frac{x_2 - x_1}{L} = 0$$

より以下となる．

$$\begin{aligned} m_1\ddot{x}_1 + \frac{m_2 g}{L}x_1 - \frac{m_2 g}{L}x_2 &= f \\ m_2\ddot{x}_2 - \frac{m_2 g}{L}x_1 + \frac{m_2 g}{L}x_2 &= 0 \end{aligned} \tag{6.9}$$

この天井クレーンの系は図 6.2 に示す1つの振動自由度を有する一方向運動機構の力学モデルで表され，等価剛性は $k = m_2 g/L$ で計算できることが分かる．

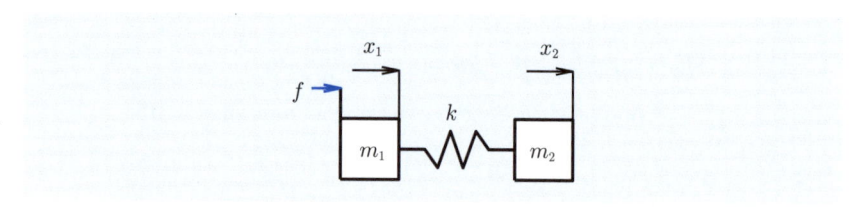

図 6.2 1つの振動自由度を有する一方向運動機構の力学モデル

6.2 多質点系に対するダランベールの原理

多自由度系となる多質点系でも 1 つ 1 つの質点に対してダランベールの原理は成立する．外力と区別して，j 番目の質点に k 番目の質点から作用する系の内力を f_{jk} と書き，j 番目の質点についてダランベールの原理を式で書けば，

$$\delta \boldsymbol{x}_j \cdot \left(\sum \boldsymbol{f}_{ji} + \sum \boldsymbol{f}_{jk} - m_j \ddot{\boldsymbol{x}}_j \right) = 0$$

となる．

■ 例題 6.2

図 6.3 に示す 2 重単振り子の運動方程式をダランベールの原理を用いて導出しなさい．

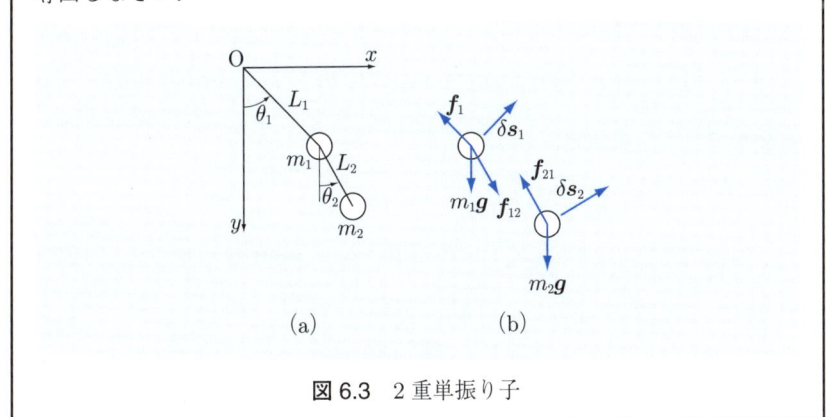

図 6.3 2 重単振り子

【解答】 質点 m_1，m_2 の座標を (x_1, y_1)，(x_2, y_2) とすると，

$$x_1 = L_1 \sin \theta_1, \quad y_1 = L_1 \cos \theta_1$$
$$x_2 = L_1 \sin \theta_1 + L_2 \sin \theta_2, \quad y_2 = L_1 \cos \theta_1 + L_2 \cos \theta_2$$

と書ける．また，各座標の 1 階および 2 階の時間微分は次のようになる．

$$\dot{x}_1 = L_1 \dot{\theta}_1 \cos \theta_1, \quad \dot{y}_1 = -L_1 \dot{\theta}_1 \sin \theta_1 \tag{6.10}$$

$$\begin{aligned} \dot{x}_2 &= L_1 \dot{\theta}_1 \cos \theta_1 + L_2 \dot{\theta}_2 \cos \theta_2 \\ \dot{y}_2 &= -L_1 \dot{\theta}_1 \sin \theta_1 - L_2 \dot{\theta}_2 \sin \theta_2 \end{aligned} \tag{6.11}$$

$$\ddot{x}_1 = -L_1\dot{\theta}_1^2 \sin\theta_1 + L_1\ddot{\theta}_1 \cos\theta_1$$
$$\ddot{y}_1 = -L_1\dot{\theta}_1^2 \cos\theta_1 - L_1\ddot{\theta}_1 \sin\theta_1 \tag{6.12}$$

$$\ddot{x}_2 = -L_1\dot{\theta}_1^2 \sin\theta_1 + L_1\ddot{\theta}_1 \cos\theta_1 - L_2\dot{\theta}_2^2 \sin\theta_2 + L_2\ddot{\theta}_2 \cos\theta_2$$
$$\ddot{y}_2 = -L_1\dot{\theta}_1^2 \cos\theta_1 - L_1\ddot{\theta}_1 \sin\theta_1 - L_2\dot{\theta}_2^2 \cos\theta_2 - L_2\ddot{\theta}_2 \sin\theta_2 \tag{6.13}$$

次に，質量 m_2 に関して，拘束力 $\boldsymbol{f}_{21}$ に直交する方向の仮想変位 $\delta\boldsymbol{s}_2$ を考えれば，仮想変位方向の力の釣り合いより，

$$-m_2 g \sin\theta_2 - m_2(\ddot{x}_2 \cos\theta_2 - \ddot{y}_2 \sin\theta_2) = 0$$

が成立するから，式 (6.13) および (6.13) を代入すれば以下を得る．

$$-m_2 g \sin\theta_2$$
$$- m_2\{(-L_1\dot{\theta}_1^2 \sin\theta_1 + L_1\ddot{\theta}_1 \cos\theta_1 - L_2\dot{\theta}_2^2 \sin\theta_2 + L_2\ddot{\theta}_2 \cos\theta_2)\cos\theta_2$$
$$+ (L_1\dot{\theta}_1^2 \cos\theta_1 + L_1\ddot{\theta}_1 \sin\theta_1 + L_2\dot{\theta}_2^2 \cos\theta_2 + L_2\ddot{\theta}_2 \sin\theta_2)\sin\theta_2\} = 0$$

これを整理して，最終的に

$$m_2 L_1 \ddot{\theta}_1 \cos(\theta_1 - \theta_2) + m_2 L_2 \ddot{\theta}_2$$
$$- m_2 L_1 \dot{\theta}_1^2 \sin(\theta_1 - \theta_2) + m_2 g \sin\theta_2 = 0 \tag{6.14}$$

を得る．

次に，質点 m_1 に関する運動方程式を導出するために，拘束力の合力 $\boldsymbol{f}_1 + \boldsymbol{f}_{12}$ と直交する方向の仮想変位 $\delta\boldsymbol{s}_1$ を仮定すべきであるが，拘束力の合力の方向は明白ではない．そこで，仮想変位 $\delta\boldsymbol{s}_1$ は拘束力 $\boldsymbol{f}_1$ と直交する方向にとり，$\boldsymbol{f}_{12}$ の仮想変位方向成分を考慮して，運動方程式を導出することとする．すなわち，仮想変位方向の力の釣り合いより，

$$-m_1 g \sin\theta_1 + f_{12}\cos\left(\theta_1 + \frac{\pi}{2} - \theta_2\right) - m_1(\ddot{x}_1 \cos\theta_1 - \ddot{y}_1 \sin\theta_1) = 0 \tag{6.15}$$

を得る．

ここで，質量 m_2 に関する力ベクトルの釣り合いは

$$m_2 \boldsymbol{g} + \boldsymbol{f}_{21} - m_2(\ddot{\boldsymbol{x}}_2 + \ddot{\boldsymbol{y}}_2) = 0$$

6.2 多質点系に対するダランベールの原理

であり，

$$\boldsymbol{f}_{12} = -\boldsymbol{f}_{21}$$

であることを考慮すると，

$$\boldsymbol{f}_{12} = m_2 \boldsymbol{g} - m_2(\ddot{\boldsymbol{x}}_2 + \ddot{\boldsymbol{y}}_2)$$

となる．したがって，拘束力 $\boldsymbol{f}_{12}$ の仮想変位 $\delta \boldsymbol{s}_1$ 方向成分は，

$$f_{12}\cos\left(\theta_1 + \frac{\pi}{2} - \theta_2\right) = -m_2 g \sin\theta_1 - m_2(\ddot{x}_2 \cos\theta_1 - \ddot{y}_2 \sin\theta_1) \tag{6.16}$$

と書ける．式 (6.16) を式 (6.15) に代入すると

$$\begin{aligned}-m_1 g \sin\theta_1 - m_2 g \sin\theta_1 - m_2(\ddot{x}_2 \cos\theta_1 - \ddot{y}_2 \sin\theta_1) \\ - m_1(\ddot{x}_1 \cos\theta_1 - \ddot{y}_1 \sin\theta_1) = 0\end{aligned}$$

となるので，さらに式 (6.12) と (6.13) を考慮して，

$$\begin{aligned}& -m_1 g \sin\theta_1 - m_2 g \sin\theta_1 \\ & - m_2\{(-L_1 \sin\theta_1 \dot{\theta}_1^2 + L_1 \cos\theta_1 \ddot{\theta}_1 - L_2 \sin\theta_2 \dot{\theta}_2^2 + L_2 \cos\theta_2 \ddot{\theta}_2)\cos\theta_1 \\ & - (-L_1 \cos\theta_1 \dot{\theta}_1^2 - L_1 \sin\theta_1 \ddot{\theta}_1 - L_2 \cos\theta_2 \dot{\theta}_2^2 - L_2 \sin\theta_2 \ddot{\theta}_2)\sin\theta_1\} \\ & - m_1\{(-L_1 \sin\theta_1 \dot{\theta}_1^2 + L_1 \cos\theta_1 \ddot{\theta}_1)\cos\theta_1 \\ & - (-L_1 \cos\theta_1 \dot{\theta}_1^2 - L_1 \sin\theta_1 \ddot{\theta}_1)\sin\theta_1\} = 0\end{aligned}$$

を得る．これを整理して，最終的に

$$\begin{aligned}(m_1 + m_2)L_1 \ddot{\theta}_1 + m_2 L_2 \cos(\theta_1 - \theta_2)\ddot{\theta}_2 \\ + m_2 L_2 \sin(\theta_1 - \theta_2)\dot{\theta}_2^2 + (m_1 + m_2)g\sin\theta_1 = 0\end{aligned} \tag{6.17}$$

を得る．式 (6.14) と (6.17) が 2 重単振り子の運動方程式である．

6.3 ラグランジュの運動方程式

例題 6.1, 6.2 で見たように，ニュートンの運動の法則やダランベールの原理により多質点系や多自由度系の運動方程式を導出することは可能であるが，その導出が煩雑になる．このような場合には，ラグランジュの方法による運動方程式の導出法が適している．**ラグランジュの運動方程式 (Lagrange equation of motion)** の導出については，工業力学や解析力学などの教科書に詳述されているので，本書ではラグランジュの運動方程式の導出は行わず，結果のみを利用する．

6.3.1 多質点系に対するラグランジュの方程式

対象とする系が n 個の質点からなり，その自由度が r であることを前提として，ラグランジュの方程式は，一般に以下の式で与えられる．

$$\frac{d}{dt}\left(\frac{\partial T}{\partial \dot{q}_k}\right) - \frac{\partial T}{\partial q_k} = Q_k \quad (k = 1, 2, \ldots, r) \tag{6.18}$$

ここで，T は系の運動エネルギー，k は着目している**一般化座標 (generalized coordinate)** q_k の番号である．Q_k は q_k に対応する**一般化力 (generalized force)** であり，i 番目の質点の座標を (x_i, y_i, z_i) とし，拘束力以外に質点に作用する力の各座標方向に成分を (X_i, Y_i, Z_i) として，

$$Q_k = \sum_{i=1}^{n}\left(X_i \frac{\partial x_i}{\partial q_k} + Y_i \frac{\partial y_i}{\partial q_k} + Z_i \frac{\partial z_i}{\partial q_k}\right)$$

で定義される．

また，一般化力 Q_k が

$$Q_k = Q_k' + Q_k^*$$

のようにポテンシャル力 Q_k' とそれ以外の成分 Q_k^* に分けられる場合には，系のポテンシャルエネルギー U を用いて，

$$Q_k' = -\frac{\partial U}{\partial q_k}$$

と書けるので，ラグランジュの方程式 (6.18) は，運動エネルギー T とポテンシャルエネルギー U を用いて下式となる．

$$\frac{d}{dt}\left(\frac{\partial T}{\partial \dot{q}_k}\right) - \frac{\partial T}{\partial q_k} + \frac{\partial U}{\partial q_k} = Q_k^* \quad (k = 1, 2, \ldots, r) \tag{6.19}$$

さらに式 (6.19) は，運動エネルギーとポテンシャルエネルギーの差である**ラグランジュ関数 (Lagrange function)**

$$L = T - U$$

を用いて，

$$\frac{d}{dt}\left(\frac{\partial L}{\partial \dot{q}_k}\right) - \frac{\partial L}{\partial q_k} = Q_k^* \quad (k = 1, 2, \ldots, r) \qquad (6.20)$$

と表記されることもある．ここで，式 (6.19) から式 (6.20) への変形は，ポテンシャルエネルギーは速度に依存しないという関係式

$$\frac{\partial U}{\partial \dot{q}_k} = 0 \quad (k = 1, 2, \ldots, r)$$

を用いている．

ラグランジュの方程式は一般化座標や一般化力という新しい概念を含んでおり理解が困難であるかもしれない．一方で，拘束力を力 (X_i, Y_i, Z_i) に含む必要がない点は運動方程式の導出に有利である．これらについて解説をするよりも，いくつかの例に対して運動方程式を実際に導出し，理解を深めよう．

■ 例題 6.3

例題 6.1 で取り上げた図 6.1 に示す天井クレーンの運動方程式をラグランジュの方程式を用いて導出しなさい．

【解答】 質量 m_1，m_2 の x, y 座標の時間微分は式 (6.4) にすでに示してあるので，これらを用いて系全体の運動エネルギー T を計算すると，以下となる．

$$\begin{aligned}
T &= \frac{1}{2}m_1(\dot{x}_1^2 + \dot{y}_1^2) + \frac{1}{2}m_2(\dot{x}_2^2 + \dot{y}_2^2) \\
&= \frac{1}{2}m_1\dot{x}_1^2 + \frac{1}{2}m_2\left\{(\dot{x}_1 + L\dot{\theta}\cos\theta)^2 + (L\dot{\theta}\sin\theta)^2\right\} \\
&= \frac{1}{2}m_1\dot{x}_1^2 + \frac{1}{2}m_2(\dot{x}_1^2 + 2L\dot{x}_1\dot{\theta}\cos\theta + L^2\dot{\theta}^2)
\end{aligned}$$

荷物が最下点 $y_2 = -L$ にあるときを原点としたポテンシャルエネルギー U は，以下のように簡単に書ける．

$$U = m_2 g L(1 - \cos\theta)$$

そこで，x_1 および θ を一般化座標として選択し，ポテンシャル力と拘束力以

外の外力

$$X_1 = f, \quad Y_1 = 0, \quad X_2 = 0, \quad Y_2 = 0$$

から計算される一般化力 Q_k^* $(k=1,2)$ を計算すると，

$$\begin{aligned}
Q_1^* &= \sum_{i=1}^{2}\left(X_i\frac{\partial x_i}{\partial x_1} + Y_i\frac{\partial y_i}{\partial x_1}\right) = X_1\times 1 + Y_1\times 0 + X_2\times 1 + Y_2\times 0 \\
&= f \\
Q_2^* &= \sum_{i=1}^{2}\left(X_i\frac{\partial x_i}{\partial \theta} + Y_i\frac{\partial y_i}{\partial \theta}\right) = X_1\times 0 + Y_1\times 0 + X_2\times 0 + Y_2\times L\sin\theta \\
&= 0
\end{aligned}$$

を計算し，ラグランジュの方程式

$$\frac{d}{dt}\left(\frac{\partial T}{\partial \dot{x}_1}\right) - \frac{\partial T}{\partial x_1} + \frac{\partial U}{\partial x_1} = Q_1^*$$

ならびに

$$\frac{d}{dt}\left(\frac{\partial T}{\partial \dot{\theta}}\right) - \frac{\partial T}{\partial \theta} + \frac{\partial U}{\partial \theta} = Q_2^*$$

を導出すれば以下を得る．

$$m_1\ddot{x}_1 + m_2(\ddot{x}_1 + L\ddot{\theta}\cos\theta - L\dot{\theta}^2\sin\theta) = f \quad (6.21)$$

$$m_2(L\ddot{x}_1\cos\theta + L^2\ddot{\theta}) + m_2gL\sin\theta = 0 \quad (6.22)$$

式 (6.21) と (6.22) は一見，ニュートンの運動の法則を用いて導出した運動方程式 (6.5) と (6.6) と異なるようであるが，式 (6.22) の両辺を L で割るとともに，その結果に $\cos\theta$ を乗じて式 (6.21) から引けば，全く同じ式となる．■

■ 例題 6.4

例題 6.2 で取り上げた図 6.3 に示す 2 重単振子の運動方程式をラグランジュの方程式を用いて導出しなさい．ただし，練習のため，重力を一般の外力として捉えるとともに拘束力も陽に考慮しなさい．

【解答】 ラグランジュの方程式を立てるためには，まず，系全体の運動エネルギー T を計算する必要がある．質量 m_1, m_2 の x, y 座標の時間微分は式 (6.10)

6.3 ラグランジュの運動方程式

と (6.11) にすでに示してあるので，これらを用いて系全体の運動エネルギ T を計算すると，

$$
\begin{aligned}
T &= \frac{1}{2}m_1(\dot{x}_1^2 + \dot{y}_1^2) + \frac{1}{2}m_2(\dot{x}_2^2 + \dot{y}_2^2) \\
&= \frac{1}{2}m_1\left\{L_1^2\cos^2\theta_1\dot{\theta}_1^2 + L_1^2\sin^2\theta_1\dot{\theta}_1^2\right\} \\
&\quad + \frac{1}{2}m_2\left\{(L_1\cos\theta_1\dot{\theta}_1 + L_2\cos\theta_2\dot{\theta}_2)^2 + (L_1\sin\theta_1\dot{\theta}_1 + L_2\sin\theta_2\dot{\theta}_2)^2\right\} \\
&= \frac{1}{2}m_1L_1^2\dot{\theta}_1^2 + \frac{1}{2}m_2\left\{L_1^2\dot{\theta}_1^2 + L_2^2\dot{\theta}_2^2 + 2L_1L_2\dot{\theta}_1\dot{\theta}_2\cos(\theta_1-\theta_2)\right\} \quad (6.23)
\end{aligned}
$$

となる．次に，各質点に作用する外力の x,y 方向成分は，自由体図より，

$$X_1 = -f_1\sin\theta_1 + f_{12}\sin\theta_2, \quad Y_1 = -f_1\cos\theta_1 + f_{12}\cos\theta_2 + m_1g$$
$$X_2 = -f_{21}\sin\theta_2, \quad Y_2 = -f_{21}\cos\theta_2 + m_2g$$

となるので，θ_1 および θ_2 を一般化座標に選択し，$f_{21} = f_{12}$ を考慮して一般化力 Q_k $(k=1,2)$ を計算すると，

$$
\begin{aligned}
Q_1 &= \sum_{i=1}^{2}\left(X_i\frac{\partial x_i}{\partial \theta_1} + Y_i\frac{\partial y_i}{\partial \theta_1}\right) \\
&= (-f_1\sin\theta_1 + f_{12}\sin\theta_2)(L_1\cos\theta_1) \\
&\quad + (-f_1\cos\theta_1 + f_{12}\cos\theta_2 + m_1g)(-L_1\sin\theta_1) \\
&\quad + (-f_{21}\sin\theta_2)(L_1\cos\theta_1) + (-f_{21}\cos\theta_2 + m_2g)(-L_1\sin\theta_1) \\
&= f_1(-L_1\sin\theta_1\cos\theta_1 + L_1\cos\theta_1\sin\theta_1) \\
&\quad + f_{12}(L_1\sin\theta_2\cos\theta_1 - L_1\cos\theta_2\sin\theta_1) \\
&\quad + f_{21}(-L_1\sin\theta_2\cos\theta_1 + L_1\cos\theta_2\sin\theta_1) \\
&\quad - m_1gL_1\sin\theta_1 - m_2gL_1\sin\theta_1 \\
&= -(m_1+m_2)gL_1\sin\theta_1 \\
Q_2 &= \sum_{i=1}^{2}\left(X_i\frac{\partial x_i}{\partial \theta_2} + Y_i\frac{\partial y_i}{\partial \theta_2}\right) \\
&= (-f_1\sin\theta_1 + f_{12}\sin\theta_2)\times 0 + (-f_1\cos\theta_1 + f_{12}\cos\theta_2 + m_1g)\times 0 \\
&\quad + (-f_{21}\sin\theta_2)(L_2\cos\theta_2) + (-f_{21}\cos\theta_2 + m_2g)(-L_2\sin\theta_2)
\end{aligned}
$$

$$= f_{21}(-L_2 \sin\theta_2 \cos\theta_2 + L_2 \cos\theta_2 \sin\theta_2) - m_2 g L_2 \sin\theta_2$$
$$= -m_2 g L_2 \sin\theta_2$$

となる．したがって，$k=1,2$ に対して，ラグランジュの方程式

$$\frac{d}{dt}\left(\frac{\partial T}{\partial \dot\theta_k}\right) - \frac{\partial T}{\partial \theta_k} = Q_k$$

を作成すると，$k=1$ に対して，

$$\frac{d}{dt}\left\{m_1 L_1^2 \dot\theta_1 + m_2 L_1^2 \dot\theta_1 + m_2 L_1 L_2 \dot\theta_2 \cos(\theta_1-\theta_2)\right\}$$
$$+ m_2 L_1 L_2 \dot\theta_1 \dot\theta_2 \sin(\theta_1-\theta_2) = -(m_1+m_2)gL_1\sin\theta_1$$

より，

$$m_1 L_1^2 \ddot\theta_1 + m_2 L_1^2 \ddot\theta_1 + m_2 L_1 L_2 \ddot\theta_2 \cos(\theta_1-\theta_2) - m_2 L_1 L_2 \dot\theta_2 \sin(\theta_1-\theta_2)(\dot\theta_1-\dot\theta_2)$$
$$+ m_2 L_1 L_2 \dot\theta_1 \dot\theta_2 \sin(\theta_1-\theta_2) + (m_1+m_2)gL_1\sin\theta_1 = 0$$

となるので，整理して以下を得る．

$$(m_1+m_2)L_1^2 \ddot\theta_1 + m_2 L_1 L_2 \ddot\theta_2 \cos(\theta_1-\theta_2)$$
$$+ m_2 L_1 L_2 \dot\theta_2^2 \sin(\theta_1-\theta_2) + (m_1+m_2)gL_1\sin\theta_1 = 0 \quad (6.24)$$

また，$k=2$ に対して，

$$\frac{d}{dt}\left\{m_2 L_2^2 \dot\theta_2 + m_2 L_1 L_2 \dot\theta_1 \cos(\theta_1-\theta_2)\right\}$$
$$- m_2 L_1 L_2 \dot\theta_1 \dot\theta_2 \sin(\theta_1-\theta_2) = -m_2 g L_2 \sin\theta_2$$

より，

$$m_2 L_2^2 \ddot\theta_2 + m_2 L_1 L_2 \ddot\theta_1 \cos(\theta_1-\theta_2) - m_2 L_1 L_2 \dot\theta_1 \sin(\theta_1-\theta_2)(\dot\theta_1-\dot\theta_2)$$
$$- m_2 L_1 L_2 \dot\theta_1 \dot\theta_2 \sin(\theta_1-\theta_2) + m_2 g L_2 \sin\theta_2 = 0$$

となるので，整理して，

$$m_2 L_1 L_2 \ddot\theta_1 \cos(\theta_1-\theta_2) + m_2 L_2^2 \ddot\theta_2$$
$$- m_2 L_1 L_2 \dot\theta_1^2 \sin(\theta_1-\theta_2) + m_2 g L_2 \sin\theta_2 = 0 \quad (6.25)$$

を得る．式 (6.24) および (6.25) は 2 重単振り子の運動方程式と一致している．
このように，ここでは拘束力を陽に考慮した定式化を行ったが，拘束力は運動
方程式には現れてこないことが確認できた．また，重力をポテンシャル力とし
て捉えなくてもよいことも分かる．

例題 6.3, 6.4 で示したように，ニュートンの運動の法則やダランベールの原
理を用いると導出が複雑になる多質点系の運動方程式も，ラグランジュの方程
式を用いれば一種機械的に導出しなさい．

例題 6.5

例題 6.2, 6.4 で取り上げた図 6.3 に示す 2 重単振子に作用する重力をポ
テンシャル力として捉え，式 (6.19) を用いて運動方程式を導出しなさい．

【解答】 まず，系の運動エネルギー T の式には変化がなく，式 (6.23) が使用
できる．一方重力によるポテンシャルエネルギー U を計算すると，

$$U = m_1 g L_1 (1 - \cos\theta_1) + m_2 g \{L_1(1 - \cos\theta_1) + L_2(1 - \cos\theta_2)\}$$

となる．また，重力以外に外力は作用していないので，ポテンシャル力を除い
た一般化力は 0 である．

$$Q_k^* = 0 \quad (k = 1, 2)$$

したがって，$k = 1, 2$ に対して，ラグランジュの方程式

$$\frac{d}{dt}\left(\frac{\partial T}{\partial \dot\theta_k}\right) - \frac{\partial T}{\partial \theta_k} + \frac{\partial U}{\partial \theta_k} = Q_k^*$$

を作成すると，$k = 1$ に対して，

$$\frac{d}{dt}\left\{m_1 L_1^2 \dot\theta_1 + m_2 L_1^2 \dot\theta_1 + m_2 L_1 L_2 \dot\theta_2 \cos(\theta_1 - \theta_2)\right\}$$
$$+ m_2 L_1 L_2 \dot\theta_1 \dot\theta_2 \sin(\theta_1 - \theta_2) + m_1 g L_1 \sin\theta_1 + m_2 g L_1 \sin\theta_1 = 0$$

となり，結果的に式 (6.24) と同じ形の以下を得る．

$$(m_1 + m_2) L_1^2 \ddot\theta_1 + m_2 L_1 L_2 \ddot\theta_2 \cos(\theta_1 - \theta_2)$$
$$+ m_2 L_1 L_2 \dot\theta_2^2 \sin(\theta_1 - \theta_2) + (m_1 + m_2) g L_1 \sin\theta_1 = 0$$

また,$k=2$ に対しても,

$$\frac{d}{dt}\left\{m_2 L_2^2 \dot{\theta}_2 + m_2 L_1 L_2 \dot{\theta}_1 \cos(\theta_1 - \theta_2)\right\}$$
$$- m_2 L_1 L_2 \dot{\theta}_1 \dot{\theta}_2 \sin(\theta_1 - \theta_2) + m_2 g L_2 \sin \theta_2 = 0$$

となり,結果的に式 (6.25) と同じ形の以下を得る.

$$m_2 L_1 L_2 \ddot{\theta}_1 \cos(\theta_1 - \theta_2) + m_2 L_2^2 \ddot{\theta}_2$$
$$- m_2 L_1 L_2 \dot{\theta}_1^2 \sin(\theta_1 - \theta_2) + m_2 g L_2 \sin \theta_2 = 0$$

6.3.2 剛体系に対するラグランジュの方程式

これまで,多質点系を対象にラグランジュの方程式を導いてきたが,解析対象が 1 つまたは複数の剛体からなる場合にはラグランジュの方程式を拡張して考える必要がある.すなわち,対象とする系が n 個の剛体からなり,その自由度が r であることを前提とすると,ラグランジュの方程式は,一般に以下の式で与えられる.

$$\frac{d}{dt}\left(\frac{\partial T}{\partial \dot{q}_k}\right) - \frac{\partial T}{\partial q_k} = Q_k \quad (k = 1, 2, \ldots, r) \qquad (6.26)$$

ここで,T は剛体の並進運動の運動エネルギーと回転運動の運動エネルギーの和であり,k は着目している一般化座標 q_k の番号である.Q_k は q_k に対応する一般化力であり,i 番目の剛体の座標を (x_i, y_i, z_i),x, y, z 軸周りの姿勢角を $(\theta_{xi}, \theta_{yi}, \theta_{zi})$ とし,拘束力以外に剛体に作用する力の各座標方向の成分を (X_i, Y_i, Z_i),拘束モーメント以外に剛体に作用するモーメントの各姿勢角方向の成分を $(\Theta_{xi}, \Theta_{yi}, \Theta_{zi})$ とすれば,

$$Q_k = \sum_{i=1}^{n} \left(X_i \frac{\partial x_i}{\partial q_k} + Y_i \frac{\partial y_i}{\partial q_k} + Z_i \frac{\partial z_i}{\partial q_k} \right.$$
$$\left. + \Theta_{xi} \frac{\partial \theta_{xi}}{\partial q_k} + \Theta_{yi} \frac{\partial \theta_{yi}}{\partial q_k} + \Theta_{zi} \frac{\partial \theta_{zi}}{\partial q_k} \right) \qquad (6.27)$$

で定義される.

また,質点系のときと同様に,一般化力 Q_k が

$$Q_k = Q'_k + Q^*_k$$

のようにポテンシャル力 Q'_k とそれ以外の成分 Q^*_k に分けられる場合には,系のポテンシャルエネルギー U を用いて,

6.3 ラグランジュの運動方程式

$$Q'_k = -\frac{\partial U}{\partial q_k}$$

と書けるので，ラグランジュの方程式 (6.26) は，運動エネルギー T とポテンシャルエネルギー U を用いて下式となる．

$$\frac{d}{dt}\left(\frac{\partial T}{\partial \dot{q}_k}\right) - \frac{\partial T}{\partial q_k} + \frac{\partial U}{\partial q_k} = Q^*_k \quad (k=1,2,\ldots,r) \quad (6.28)$$

さらに式 (6.28) は，運動エネルギーとポテンシャルエネルギーの差であるラグランジュ関数

$$L = T - U$$

を用いて，

$$\frac{d}{dt}\left(\frac{\partial L}{\partial \dot{q}_k}\right) - \frac{\partial L}{\partial q_k} = Q^*_k \quad (k=1,2,\ldots,r)$$

と表記できることも質点系と同様である．

■ 例題 6.6

図 6.4 は示す偶力により回転運動と並進運動をする円盤の解析モデルである．偶力の大きさは fL であり，回転角を θ とおく．円盤の回転角が 0 のとき，A 点は原点 O に一致しており，円盤は接地点で滑らずに運動するものとする．この剛体系の運動方程式をラグランジュの方程式を用いて導出しなさい．

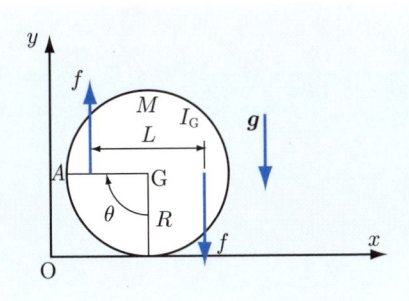

図 6.4 偶力により回転運動と並進運動をする円盤

【解答】 円盤の質量中心の座標を (x_1, y_1) とおけば，

$$x_1 = R\theta, \quad y_1 = R$$

と書ける．またその速度は

$$\dot{x}_1 = R\dot{\theta}, \quad \dot{y}_1 = 0$$

である．系の運動エネルギー T には，円盤の回転運動の運動エネルギーも考慮する必要があるので，

$$\begin{aligned} T &= \frac{1}{2}M(\dot{x}_1^2 + \dot{y}_1^2) + \frac{1}{2}I_\mathrm{G}\dot{\theta}^2 = \frac{1}{2}MR^2\dot{\theta}^2 + \frac{1}{2}I_\mathrm{G}\dot{\theta}^2 \\ &= \frac{1}{2}(MR^2 + I_\mathrm{G})\dot{\theta}^2 \end{aligned}$$

と計算する．このとき，独立な座標は θ のみであるから，これを一般化座標に選択する．次に，剛体に作用している外力の x, y 方向成分を計算すると偶力であるからそれぞれ 0 となる．

$$X = 0, \quad Y = 0$$

ここで，地面からの抗力および滑らずに運動するための摩擦力は拘束力のため，無視している．これらから求められる一般化力は 0 となってしまうが，式 (6.27) にあるように，力のモーメントの回転方向成分，

$$M = fL$$

を考える必要がある．したがって，一般化力は

$$\begin{aligned} Q &= X\frac{\partial x}{\partial \theta} + Y\frac{\partial y}{\partial \theta} + M\frac{\partial \theta}{\partial \theta} = 0 \times R + 0 \times 0 + fL \times 1 \\ &= fL \end{aligned}$$

以上より，θ に関してラグランジュの方程式を作成すると，

$$\frac{d}{dt}\left\{(MR^2 + I_\mathrm{G})\dot{\theta}\right\} = fL$$

より，

$$(MR^2 + I_\mathrm{G})\ddot{\theta} = fL \tag{6.29}$$

が得られる．ここで式 (6.29) の左辺の $MR^2 + I_G$ は接地点回りの円盤の慣性モーメントであり，物理的意味を容易に理解できる．

ラグランジュ方程式の中に拘束力などを陽に考えた場合についても解を与える．剛体に作用する外力を全て考慮すれば

$$X = f_x, \quad Y = f_y - Mg = 0$$

となる．f_x, f_y 接地点に作用する x, y 方向の力である．また，この場合，外力のモーメントは

$$M = fL - Rf_x$$

となる．一般化力 Q を計算すると，

$$\begin{aligned}Q &= X\frac{\partial x}{\partial \theta} + Y\frac{\partial y}{\partial \theta} + M\frac{\partial \theta}{\partial \theta} = f_x \times R + 0 \times 0 + (FL - Rf_x) \times 1 \\ &= fL\end{aligned}$$

となり，拘束力を考慮しない場合と同じになるので，運動方程式は式 (6.29) と同一となる． ∎

■**例題 6.7**

ラグランジュの方程式を用いずに，図 6.4 に示す系の運動方程式を導出しなさい．

【解答】 接地点で円盤が地面から x 方向に受ける力を f_x とおくと，x 方向の運動方程式は

$$M\ddot{x} = f_x$$

と書ける．回転運動の運動方程式は

$$I_G \ddot{\theta} = fL - Rf_x$$

となり，拘束力 f_x を消去するとともに，接地点が滑らずに運動する条件

$$x = R\theta$$

を代入して整理すれば，式 (6.29) と同じく，

$$(MR^2 + I_\text{G})\ddot{\theta} = fL$$

が得られる．

■ **例題 6.8**

図 6.5 は 2 重物理振子の解析モデルである．剛体系に対するラグランジュの方程式を利用してこの系の運動方程式を導出しなさい．

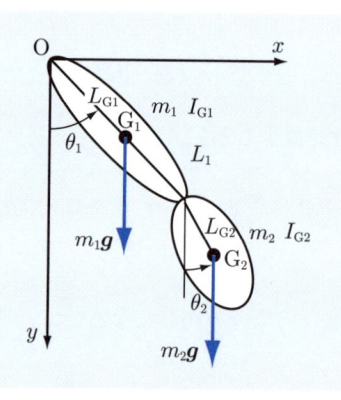

図 6.5 2 重物理振子

【解答】 剛体 m_1, m_2 の質量中心の座標を (x_1, y_1), (x_2, y_2) とすると，

$$x_1 = L_{\text{G1}} \sin\theta_1, \quad y_1 = L_{\text{G1}} \cos\theta_1$$

$$x_2 = L_1 \sin\theta_1 + L_{\text{G2}} \sin\theta_2, \quad y_2 = L_1 \cos\theta_1 + L_{\text{G2}} \cos\theta_2$$

と書ける．また，各座標の時間微分は次のように書ける．

$$\dot{x}_1 = L_{\text{G1}} \cos\theta_1 \dot{\theta}_1, \quad \dot{y}_1 = -L_{\text{G1}} \sin\theta_1 \dot{\theta}_1$$

$$\dot{x}_2 = L_1 \cos\theta_1 \dot{\theta}_1 + L_{\text{G2}} \cos\theta_2 \dot{\theta}_2, \quad \dot{y}_2 = -L_1 \sin\theta_1 \dot{\theta}_1 - L_{\text{G2}} \sin\theta_2 \dot{\theta}_2$$

これらを用いて系全体の運動エネルギー T を計算すると，

$$T = \frac{1}{2} m_1 (\dot{x}_1^2 + \dot{y}_1^2) + \frac{1}{2} m_2 (\dot{x}_2^2 + \dot{y}_2^2) + \frac{1}{2} I_{\text{G1}} \dot{\theta}_1^2 + \frac{1}{2} I_{\text{G2}} \dot{\theta}_2^2$$

$$= \frac{1}{2} m_1 \left\{ L_{\text{G1}}^2 \cos^2\theta_1 \dot{\theta}_1^2 + L_{\text{G1}}^2 \sin^2\theta_1 \dot{\theta}_1^2 \right\}$$

6.3 ラグランジュの運動方程式

$$+ \frac{1}{2}m_2 \left\{ (L_1 \cos\theta_1 \dot\theta_1 + L_{G2}\cos\theta_2 \dot\theta_2)^2 \right.$$
$$\left. +(L_1 \sin\theta_1 \dot\theta_1 + L_{G2}\sin\theta_2 \dot\theta_2)^2 \right\} + \frac{1}{2}I_{G1}\dot\theta_1^2 + \frac{1}{2}I_{G2}\dot\theta_2^2$$
$$= \frac{1}{2}m_1 L_{G1}^2 \dot\theta_1^2 + \frac{1}{2}m_2 \left\{ L_1^2 \dot\theta_1^2 + L_{G2}^2 \dot\theta_2^2 + 2L_1 L_{G2} \dot\theta_1 \dot\theta_2 \cos(\theta_1 - \theta_2) \right\}$$
$$+ \frac{1}{2}I_{G1}\dot\theta_1^2 + \frac{1}{2}I_{G2}\dot\theta_2^2$$

となる．ここで，拘束力を無視し，各剛体に作用する純粋な外力の x, y 方向成分および純粋な外力による重心回りのモーメントは，

$$X_1 = 0, \quad Y_1 = m_1 g, \quad M_1 = 0$$
$$X_2 = 0, \quad Y_2 = m_2 g, \quad M_2 = 0$$

となるので，θ_1 および θ_2 を一般化座標に選択して一般化力 Q_k $(k = 1, 2)$ を計算すると，

$$Q_1 = \sum_{i=1}^{2} \left(X_i \frac{\partial x_i}{\partial \theta_1} + Y_i \frac{\partial y_i}{\partial \theta_1} + M_i \frac{\partial \theta_i}{\partial \theta_1} \right)$$
$$= 0 \times (L_{G1}\cos\theta_1) + (m_1 g)(-L_{G1}\sin\theta_1) + 0 \times 1$$
$$+ 0 \times (L_1 \cos\theta_1) + (m_2 g)(-L_1 \sin\theta_1) + 0 \times 0$$
$$= -m_1 g L_{G1} \sin\theta_1 - m_2 g L_1 \sin\theta_1$$
$$= -(m_1 L_{G1} + m_2 L_1) g \sin\theta_1$$
$$Q_2 = \sum_{i=1}^{2} \left(X_i \frac{\partial x_i}{\partial \theta_2} + Y_i \frac{\partial y_i}{\partial \theta_2} + M_i \frac{\partial \theta_i}{\partial \theta_2} \right)$$
$$= 0 \times 0 + m_1 g \times 0 + 0 \times 0 + 0 \times (L_{G2}\cos\theta_2)$$
$$+ (m_2 g)(-L_{G2}\sin\theta_2) + 0 \times 1$$
$$= -m_2 g L_{G2} \sin\theta_2$$

となる．したがって，$k = 1, 2$ に対して，ラグランジュの方程式

$$\frac{d}{dt}\left(\frac{\partial T}{\partial \dot\theta_k} \right) - \frac{\partial T}{\partial \theta_k} = Q_k$$

を作成すると，$k = 1$ に対して，

$$\frac{d}{dt}\left\{ m_1 L_{G1}^2 \dot\theta_1 + m_2 L_1^2 \dot\theta_1 + m_2 L_1 L_{G2} \dot\theta_2 \cos(\theta_1 - \theta_2) + I_{G1}\dot\theta_1 \right\}$$

$$+ m_2 L_1 L_{G2} \dot{\theta}_1 \dot{\theta}_2 \sin(\theta_1 - \theta_2) = -(m_1 L_{G1} + m_2 L_1) g \sin \theta_1$$

より,

$$m_1 L_{G1}^2 \ddot{\theta}_1 + m_2 L_1^2 \ddot{\theta}_1 + m_2 L_1 L_{G2} \ddot{\theta}_2 \cos(\theta_1 - \theta_2)$$
$$- m_2 L_1 L_{G2} \dot{\theta}_2 \sin(\theta_1 - \theta_2)(\dot{\theta}_1 - \dot{\theta}_2)$$
$$+ I_{G1} \ddot{\theta}_1 + m_2 L_1 L_{G2} \dot{\theta}_1 \dot{\theta}_2 \sin(\theta_1 - \theta_2) + (m_1 L_{G1} + m_2 L_1) g \sin \theta_1 = 0$$

となるので,整理して以下を得る.

$$(m_1 L_{G1}^2 + m_2 L_1^2 + I_{G1}) \ddot{\theta}_1 + m_2 L_1 L_{G2} \ddot{\theta}_2 \cos(\theta_1 - \theta_2)$$
$$+ m_2 L_1 L_{G2} \dot{\theta}_2^2 \sin(\theta_1 - \theta_2) + (m_1 L_{G1} + m_2 L_1) g \sin \theta_1 = 0$$
(6.30)

また, $k = 2$ に対して,

$$\frac{d}{dt} \left\{ m_2 L_{G2}^2 \dot{\theta}_2 + m_2 L_1 L_{G2} \dot{\theta}_1 \cos(\theta_1 - \theta_2) + I_{G2} \dot{\theta}_2 \right\}$$
$$- m_2 L_1 L_{G2} \dot{\theta}_1 \dot{\theta}_2 \sin(\theta_1 - \theta_2) = -m_2 g L_{G2} \sin \theta_2$$

より,

$$m_2 L_{G2}^2 \ddot{\theta}_2 + m_2 L_1 L_{G2} \ddot{\theta}_1 \cos(\theta_1 - \theta_2) - m_2 L_1 L_{G2} \dot{\theta}_1 \sin(\theta_1 - \theta_2)(\dot{\theta}_1 - \dot{\theta}_2)$$
$$+ I_{G2} \ddot{\theta}_2 - m_2 L_1 L_{G2} \dot{\theta}_1 \dot{\theta}_2 \sin(\theta_1 - \theta_2) + m_2 g L_{G2} \sin \theta_2 = 0$$

となるので,整理して,

$$m_2 L_1 L_{G2} \ddot{\theta}_1 \cos(\theta_1 - \theta_2) + (m_2 L_{G2}^2 + I_{G2}) \ddot{\theta}_2$$
$$- m_2 L_1 L_{G2} \dot{\theta}_1^2 \sin(\theta_1 - \theta_2) + m_2 g L_{G2} \sin \theta_2 = 0 \quad (6.31)$$

を得る.式 (6.30) および (6.31) が2重物理振り子の運動方程式である.

6章の問題

☐ **1** 図 6.1 の天井クレーンの解析モデルに対して，ダランベールの原理を用いて運動方程式を導出しなさい．

☐ **2** 図 6.3 に示す 2 重単振り子の運動方程式をニュートンの運動の法則を用いて導出しなさい．

☐ **3** 図 6.6 に示す円盤とばねからなる系において，円盤の接地点でのすべりはないものとして，系の運動方程式を求めなさい．

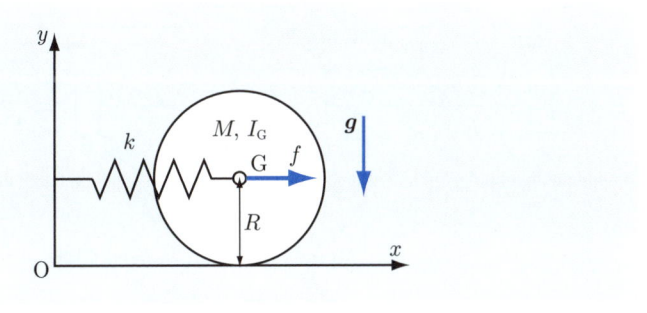

図 6.6 円盤とばねからなる振動系

☐ **4** 図 6.7 に示す滑車を含む振動系において，ロープと滑車の滑りはないものとして運動方程式を導出しなさい．

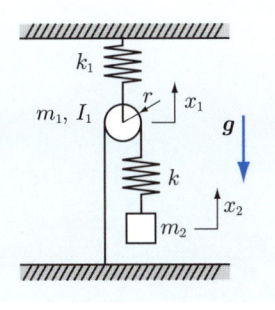

図 6.7 滑車を含む振動系

☐ **5** 図 6.8 は一方向運動するテーブル位置決め機構の模式図である．テーブルはリ

ニアガイドで 5 自由度が拘束され，ボールねじによる駆動力を受けて所望の一方向にのみ運動できる．また，ボールねじとモータ軸はカップリングによって結合されている．テーブルの質量を m (kg)，ボールねじの慣性モーメントを I_s (kgm^2)，リードを L_e (m/rev)，有効半径を r (m)，カップリングのねじり剛性を k (Nm/rad)，モータ軸（回転子）の慣性モーメントを I_m (kgm^2) とし，摩擦力は無視できるとする．モータで発生する駆動トルク T (Nm) を用いて，ボールねじの角変位 ϕ (rad) とモータ軸の回転角変位 θ (rad) に関する運動方程式を求めなさい．

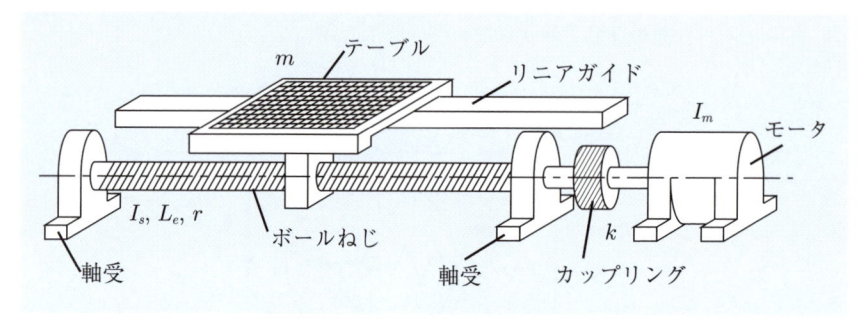

図 6.8 テーブル位置決め機構

☐ **6** 図 6.9 はモータ，プーリおよびベルトを用い，質量 m (kg) を一方向に位置決めする機構の模式図である．1 つのプーリの慣性モーメントを I_p (kgm^2)，半径を r (m)，モータ軸（回転子）の慣性モーメントを I_m (kgm^2)，質量の両側部分のベルトの等価剛性を $2k$ (N/m)，プーリの下側のベルトの等価剛性を k (N/m) とし，摩擦力は無視できるとする．モータで発生する駆動トルク T (Nm) を用いて，質量の変位 x (m)，左右のプーリの回転各変位 θ_1 (rad)，θ_2 (rad) に関する運動方程式を求めなさい．

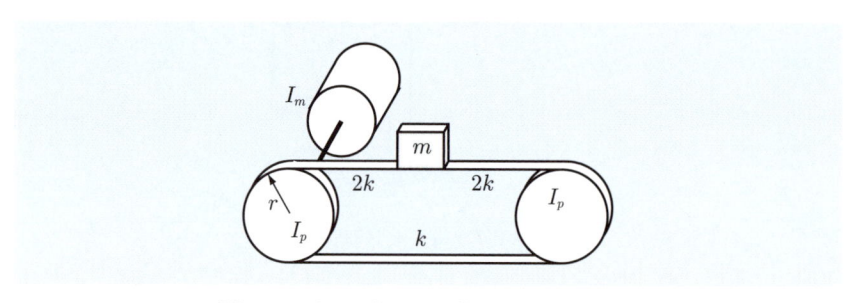

図 6.9 プーリを用いた位置決め機構

第7章

多自由度集中定数振動系の解析

振動自由度を有する多自由度系は多自由度振動系である．多自由度振動系は，質量または剛性などの単一の性質を持つ要素の組み合わせである集中定数系でモデル化できる系と，はりや平板のように質量と剛性などの性質を併せ持つ要素の組み合わせである分布定数系でなければモデル化できない系の2つに分類できる．本章では多自由度集中定数振動系の解析手法について解説する．

7.1 物理モデルと2自由度振動系モデル
7.2 モード解析
7.3 不減衰2自由度振動系のモード分離とその応答
7.4 比例粘性減衰を持つ2自由度振動系のモード分離とその応答
7.5 一般粘性減衰を持つ2自由度振動系のモード分離とその応答
7.6 動吸振器による振動系の制振
7.7 一般的な多自由度集中定数振動系の解析

7.1 物理モデルと 2 自由度振動系モデル

前章の例題 6.1 で取り上げた，運動機構の一種である天井クレーンの運動方程式は式 (6.9) のように変形でき，図 7.1 に示す 1 つの振動自由度を持ち，一方向に運動する 2 自由度系にモデル化できることを既に示した．

この力学モデルの運動方程式は，

$$m_1\ddot{x}_1 + kx_1 - kx_2 = f, \quad m_2\ddot{x}_2 - kx_1 + kx_2 = 0 \tag{7.1}$$

と書ける．また，図 7.2 (a), (b) のように，固定要素に結合された 2 つの円盤を

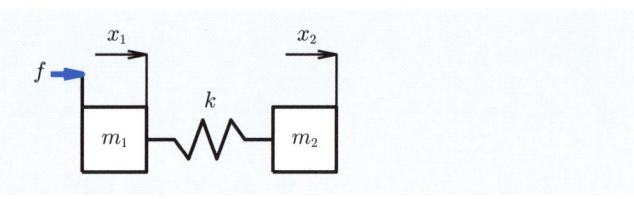

図 7.1 1 つの振動自由度を有する一方向運動機構の力学モデル

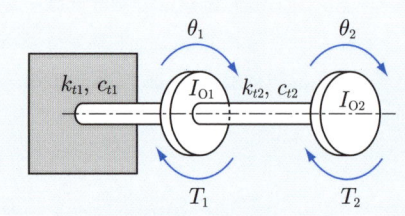

(a) 1 つの円盤のみが固定壁に結合されている場合

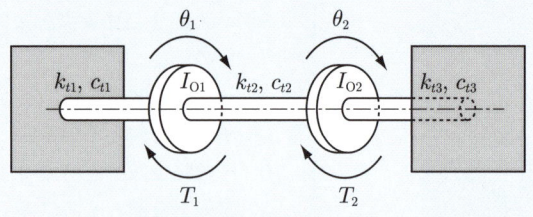

(b) 2 つの円盤が固定要素に結合されている場合

図 7.2 2 つの円盤を有するねじり振動系の物理モデル

7.1 物理モデルと 2 自由度振動系モデル

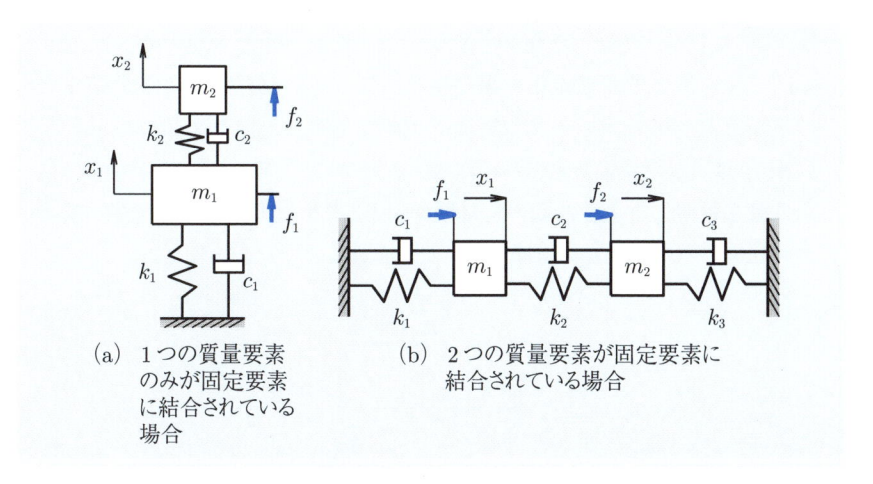

図 7.3 2 つの振動自由度を有する機構の力学モデル

(a) 1 つの質量要素のみが固定要素に結合されている場合
(b) 2 つの質量要素が固定要素に結合されている場合

有するねじり振動系も，軸の慣性モーメントを無視すれば，それぞれ図 7.3 (a)，(b) の **2 自由度振動系 (two degrees-of-freedom vibration system)** でモデル化できる．また，質量 m_1 の台の上の質量 m_2 の装置の振動は図 7.3 (a) でモデルできる．

ここで，図 7.3 (b) の力学モデルの運動方程式は

$$m_1\ddot{x}_1 + (c_1 + c_2)\dot{x}_1 - c_2\dot{x}_2 + (k_1 + k_2)x_1 - k_2 x_2 = f_1 \\ m_2\ddot{x}_2 - c_2\dot{x}_1 + (c_2 + c_3)\dot{x}_2 - k_2 x_1 + (k_2 + k_3)x_2 = f_2 \quad (7.2)$$

であり，図 7.3 (a) の力学モデルの運動方程式は式 (7.2) で，

$$c_3 = 0, \quad k_3 = 0$$

とすればよい．また，式 (7.2) において，

$$c_1 = c_2 = c_3 = 0, \quad k_1 = k_3 = 0, \quad k_2 = k, \quad f_1 = f, \quad f_2 = 0$$

とすれば，1 つの振動自由度を有する一方向運動機構の力学モデルに対する運動方程式 (7.1) となることから，図 7.3 (b) の力学モデルおよびその運動方程式 (7.2) は 2 自由度振動系を包括的に表現できると考えてよい．

さらに，他の形の振動系でも 2 自由度振動系でモデル化できる場合があることを例題を用いて示そう．

例題 7.1

図 7.4 に示す平面 2 自由度振動系は，最も単純な自動車の 2 分の 1 モデルなどとしても用いられる解析モデルである．ただし，図中の $f(\mathrm{N})$，$t(\mathrm{Nm})$ は質量要素の質量中心に作用する力ならびにモーメントである．微小振動を仮定したとき，この系は図 7.3(b) の 2 自由度振動系モデルでモデル化できることを示しなさい．

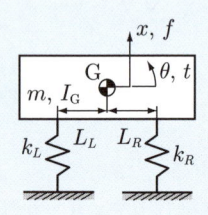

図 7.4 平面 2 自由度振動系

【解答】 図 7.4 の解析モデルより，$\sin\theta \approx \theta$ を考慮すると，運動方程式は

$$m\ddot{x} + (k_L + k_R)x + (k_R L_R - k_L L_L)\theta = f$$
$$I_G\ddot{\theta} + (k_R L_R - k_L L_L)x + (k_L L_L^2 + k_R L_R^2)\theta = t$$

となる．ここで，$L = L_L + L_R$ とし，

$$x_1 = x, \quad x_2 = L\theta, \quad m_1 = m, \quad m_2 = \frac{I_G}{L^2}, \quad k_1 = k_L + k_R - k_2,$$
$$k_2 = \frac{k_L L_L - k_R L_R}{L}, \quad k_3 = \frac{k_L L_L^2 + k_R L_R^2}{L^2} - k_2, \quad f_1 = f, \quad f_2 = \frac{t}{L}$$

とすれば，運動方程式は

$$m_1\ddot{x}_1 + (k_1 + k_2)x_1 - k_2 x_2 = f_1, \quad m_2\ddot{x}_2 - k_2 x_1 + (k_2 + k_3)x_2 = f_2$$

となり，図 7.3(b) の 2 自由度振動系モデルに対する運動方程式 (7.2) において，$c_1 = c_2 = c_3 = 0$ としたものと一致する．

7.2 モード解析

2自由度振動系の運動方程式 (7.2) は行列とベクトルを用いれば，以下のように表記できる．

$$M\ddot{x} + C\dot{x} + Kx = f \tag{7.3}$$

ここで，

$$M = \begin{bmatrix} m_1 & 0 \\ 0 & m_2 \end{bmatrix}, \quad C = \begin{bmatrix} c_1+c_2 & -c_2 \\ -c_2 & c_2+c_3 \end{bmatrix},$$

$$K = \begin{bmatrix} k_1+k_2 & -k_2 \\ -k_2 & k_2+k_3 \end{bmatrix}, \quad f = \begin{Bmatrix} f_1 \\ f_2 \end{Bmatrix}, \quad x = \begin{Bmatrix} x_1 \\ x_2 \end{Bmatrix}$$

である．式 (7.3) から，2自由度振動系も行列とベクトルを用いれば，形の上では1自由度振動系と同様に書けることが分かる．しかし，この運動方程式を2本の微分方程式として個別に見てみると，1自由度振動系と異なり，1本の微分方程式中に変位座標 x_1 および x_2 が共に表れており，変位の応答が互いに依存（連成）してしまっている．したがって，系の特徴を分析したり，系の応答を解析的に求めるための手法である**モード解析** (**modal analysis**) がしばしば用いられる．以下ではモード解析を用いて系の特徴を分析し，系の応答を求める手法を示す．

7.2.1 固有値・固有ベクトル

まず，モード解析のため系の**固有値** (eigen value) および**固有ベクトル** (eigen vector) を求める．式 (7.3) において，$f=0$, $C=0$ とおく．

$$M\ddot{x} + Kx = 0 \tag{7.4}$$

式 (7.4) に，

$$x(t) = ve^{i\omega t}$$

を代入すると以下を得る．

$$\left[K - \omega^2 M\right] ve^{i\omega t} = 0 \tag{7.5}$$

式 (7.5) において $e^{i\omega t} \neq 0$ を考慮し，$\omega^2 = \lambda$ とおくと次式を得る．

$$\boldsymbol{K}\boldsymbol{v} = \lambda \boldsymbol{M}\boldsymbol{v} \tag{7.6}$$

この方程式は数学において**一般化固有値問題** (generalized eigen value problom) として定義されており，その解法も知られている．すなわち，式 (7.6) から導かれる方程式，

$$\det\left[\boldsymbol{K} - \lambda \boldsymbol{M}\right] = 0 \tag{7.7}$$

を満たす λ がこの系の固有値であり，現在取り上げている系では，質量行列および剛性行列が 2 行 2 列なので，2 つの固有値 λ_1 と λ_2 が存在する．ここで $\lambda_1 < \lambda_2$ と置いても，一般性を失わない．このとき，固有角振動数は固有値から $\omega_i = \sqrt{\lambda_i}$ $(i = 1, 2)$ として計算でき，それぞれ，1 次モード，2 次モードの固有角振動数と呼ばれる．また，式 (7.6) を満たす $\boldsymbol{v}$ を固有ベクトルといい，それぞれの固有値 λ_i $(i = 1, 2)$ に対応して，1 次モードおよび 2 次モードの固有ベクトルが存在し，それぞれ $\boldsymbol{v}_1 = \{v_{11}\ v_{12}\}^T$ と $\boldsymbol{v}_2 = \{v_{21}\ v_{22}\}^T$ と表記する．

7.2.2 固有ベクトルの直交性およびモード質量・モード剛性

固有ベクトルには**直交性** (orthogonality) という重要な性質がある．これを以下で示そう．まず，$i = 1, 2$, $j = 1, 2$ ただし $j \neq i$ として，i 次モードおよび j 次モードの固有値と固有ベクトルは，それぞれ以下の式を満たしている

$$\boldsymbol{K}\boldsymbol{v}_i = \lambda_i \boldsymbol{M}\boldsymbol{v}_i \tag{7.8}$$

$$\boldsymbol{K}\boldsymbol{v}_j = \lambda_j \boldsymbol{M}\boldsymbol{v}_j \tag{7.9}$$

式 (7.8) および (7.9) の左からそれぞれ $\boldsymbol{v}_j^T$ および $\boldsymbol{v}_i^T$ を乗じると，以下の式を得る．

$$\boldsymbol{v}_j^T \boldsymbol{K} \boldsymbol{v}_i = \lambda_i \boldsymbol{v}_j^T \boldsymbol{M} \boldsymbol{v}_i \tag{7.10}$$

$$\boldsymbol{v}_i^T \boldsymbol{K} \boldsymbol{v}_j = \lambda_j \boldsymbol{v}_i^T \boldsymbol{M} \boldsymbol{v}_j \tag{7.11}$$

これらの式の両辺はスカラーであるから，転置を取っても等式は成り立つ．そこで式 (7.11) の両辺の転置を計算すれば，

$$\boldsymbol{v}_j^T \boldsymbol{K} \boldsymbol{v}_i = \lambda_j \boldsymbol{v}_j^T \boldsymbol{M} \boldsymbol{v}_i \tag{7.12}$$

7.2 モード解析

を得る.ここで,行列 M および K は対称行列,すなわち $M = M^T$ および $K = K^T$,であることを考慮している.式 (7.12) の両辺から式 (7.10) の両辺を引くと以下の式を得る.

$$0 = (\lambda_i - \lambda_j)\boldsymbol{v}_j^T \boldsymbol{M} \boldsymbol{v}_i \tag{7.13}$$

式 (7.13) より,一般的に 2 つの固有値 λ_1 および λ_2 は重根でないこと,すなわち $\lambda_1 \neq \lambda_2$ であること,を考慮すると,以下の式が成立している必要がある.

$$\boldsymbol{v}_j^T \boldsymbol{M} \boldsymbol{v}_i = 0 \quad (i,j=1,2; i \neq j) \tag{7.14}$$

式 (7.14) は固有ベクトルの直交性という重要な性質を示す式である.また,式 (7.14) および (7.10) より,以下の式も成立している.

$$\boldsymbol{v}_j^T \boldsymbol{K} \boldsymbol{v}_i = 0 \quad (i,j=1,2; i \neq j) \tag{7.15}$$

一般に,ベクトル a と b が存在するとき,a^T を b に左から乗じることは a と b の内積を計算することであり,b の a 方向成分を取り出すことに相当する.したがって,ベクトル a と b が直交するとき,互いに他のベクトル方向の成分を持たないから,

$$a^T b = b^T a = 0$$

が成立している.式 (7.14) および (7.15) から分かるように,異なる次数モードの固有ベクトル同士は,互いに直交している訳ではなく,行列 M または K を間に挟んで直交しているので,M 直交または K 直交などとも呼ばれる.

次に,$i=j$ の場合を考えよう.この場合,$\boldsymbol{v}_i^T \boldsymbol{M} \boldsymbol{v}_i$ および $\boldsymbol{v}_i^T \boldsymbol{K} \boldsymbol{v}_i$ は 0 である必要はなく,また 0 であることは保証されない.そこでこれらの値を記号 $\bar{m}_i$ および $\bar{k}_i$

$$\bar{m}_i \equiv \boldsymbol{v}_i^T \boldsymbol{M} \boldsymbol{v}_i \quad (i=1,2) \tag{7.16}$$
$$\bar{k}_i \equiv \boldsymbol{v}_i^T \boldsymbol{K} \boldsymbol{v}_i \quad (i=1,2)$$

を用いて表記し,それぞれ,i 次モードの**モード質量** (modal mass) および**モード剛性** (modal stiffness) と呼ぶ.また,式 (7.10) から,モード質量とモード剛性の間には,

$$\bar{k}_i = \lambda_i \bar{m}_i \tag{7.17}$$

という関係があることが分かる．

7.2.3 固有ベクトルの不定性と正規化

次に，固有ベクトル v_i ($i = 1, 2$) の不定性と正規化について説明する．まず，固有値・固有ベクトルを用いて，式 (7.8) より以下の式を得る．

$$[K - \lambda_i M] v_i = 0 \quad (i = 1, 2) \tag{7.18}$$

上式は式 (7.7) で示したように，行列 $[K - \lambda_i M]$ の行列式が 0 であるため，固有ベクトル v_i ($i = 1, 2$) を直接求めることはできず，定められるのは，固有ベクトルの要素の比のみである．これを固有ベクトルの不定性といい，直交性とともに重要な性質である．

不定性を有する固有ベクトルの要素を定めるために，固有ベクトルを正規化する方法が取られる．固有ベクトルを正規化する方法は複数存在するが，以下ではしばしば用いられる 3 つの方法について示す．

単位要素法 固有ベクトルの要素の 1 つを 1 とする方法である．このとき例えば，固有ベクトルの第 1 要素を 1 と定めれば，i 次モードの固有ベクトルは $v_i = \{1 \; v_{i2}\}^T$ と書けるから，行列 D^i を

$$D^i = [K - \lambda_i M] = \begin{bmatrix} D^i_{11} & D^i_{21} \\ D^i_{12} & D^i_{22} \end{bmatrix} \quad (i = 1, 2)$$

と定義して，

$$v_{i2} = -\frac{D^i_{11}}{D^i_{21}} = -\frac{D^i_{12}}{D^i_{22}}$$

と定めることができる．

単位ノルム法 固有ベクトルのベクトルノルム $|v_i|$ を 1 とする方法である．すなわち，

$$v_i^T v_i = 1 \quad (i = 1, 2)$$

を満たすように固有ベクトルの要素を決定する．計算機言語の Fortran や C で利用できる汎用数値演算ライブラリを用いて固有値・固有ベクトルを計算すると，多くの場合，出力される固有ベクトルは単位ノルム法で正規化されている．

単位モード質量法 式 (7.16) で定義されるモード質量を 1 とする方法である．すなわち，

$$\bar{m}_i = 1 \quad (i = 1, 2)$$

を満たすように固有ベクトルの要素を決定する．このとき，式 (7.17) より，

$$\bar{k}_i = \lambda_i = \omega_i^2 \quad (i = 1, 2) \tag{7.19}$$

であることが明らかである．

■ **例題 7.2**

図 7.1 に示す 1 つの振動自由度を持ち一方向に運動する 2 自由度系の運動方程式は式 (7.1) で表される．この系の固有角振動数および単位モード質量法で正規化された固有ベクトルを表す式を示しなさい．

【解答】 式 (7.1) より，質量行列 $\boldsymbol{M}$ および剛性行列 $\boldsymbol{K}$ は

$$\boldsymbol{M} = \begin{bmatrix} m_1 & 0 \\ 0 & m_2 \end{bmatrix}, \quad \boldsymbol{K} = \begin{bmatrix} k & -k \\ -k & k \end{bmatrix}$$

と定義できる．一般化固有値問題

$$\boldsymbol{K} = \lambda \boldsymbol{M}$$

より得られる方程式

$$\det \begin{bmatrix} k - m_1 \lambda & -k \\ -k & k - m_2 \lambda \end{bmatrix} = 0$$

すなわち系の特性を表す特性方程式

$$\lambda \{ m_1 m_2 \lambda - k(m_1 + m_2) \} = 0$$

より，固有値 $\lambda_{1,2}$ が得られる．

$$\lambda_1 = 0, \quad \lambda_2 = \frac{k(m_1 + m_2)}{m_1 m_2}$$

したがって，固有角振動数 $\omega_{1,2}$ は

$$\omega_1 = 0, \quad \omega_2 = \sqrt{\frac{k(m_1 + m_2)}{m_1 m_2}} \tag{7.20}$$

となる．また，各モードの固有ベクトルは $\lambda = \lambda_1$ のとき，式 (7.18) より，

$$\begin{bmatrix} k & -k \\ -k & k \end{bmatrix} \begin{Bmatrix} v_{11} \\ v_{12} \end{Bmatrix} = 0$$

であるから，

$$v_{11} = v_{12}$$

を得る．ここで，$v_{11} = \alpha$ とおくと，単位モード質量より，

$$\{\alpha\ \alpha\} \begin{bmatrix} m_1 & 0 \\ 0 & m_2 \end{bmatrix} \begin{Bmatrix} \alpha \\ \alpha \end{Bmatrix} = 1$$

を解いて，

$$\alpha = \frac{1}{\sqrt{m_1 + m_2}}$$

を得る．したがって，1 次モードの固有ベクトルは

$$\bm{v}_1 = \begin{Bmatrix} \dfrac{1}{\sqrt{m_1 + m_2}} \\ \dfrac{1}{\sqrt{m_1 + m_2}} \end{Bmatrix}$$

と定めることができる．同様に $\lambda = \lambda_2$ のとき，式 (7.18) より，

$$\begin{bmatrix} k - m_1 \dfrac{k(m_1 + m_2)}{m_1 m_2} & -k \\ -k & k - m_2 \dfrac{k(m_1 + m_2)}{m_1 m_2} \end{bmatrix} \begin{Bmatrix} v_{21} \\ v_{22} \end{Bmatrix} = 0$$

これを整理すると，

$$\begin{bmatrix} -\dfrac{km_1}{m_2} & -k \\ -k & -\dfrac{km_2}{m_1} \end{bmatrix} \begin{Bmatrix} v_{21} \\ v_{22} \end{Bmatrix} = 0$$

となるから，

$$v_{22} = -\frac{m_1}{m_2} v_{21}$$

を得る．ここで，$v_{21} = \beta$ とおくと，単位モード質量の条件式より，

$$\left\{ \beta \quad -\frac{m_1}{m_2}\beta \right\} \begin{bmatrix} m_1 & 0 \\ 0 & m_2 \end{bmatrix} \left\{ \begin{array}{c} \beta \\ -\dfrac{m_1}{m_2}\beta \end{array} \right\} = 1$$

を解いて，

$$\beta = \sqrt{\frac{m_2}{m_1(m_1 + m_2)}}$$

を得る．したがって，2 次モードの固有ベクトルは

$$\boldsymbol{v}_2 = \left\{ \begin{array}{c} \sqrt{\dfrac{m_2}{m_1(m_1 + m_2)}} \\ -\sqrt{\dfrac{m_1}{m_2(m_1 + m_2)}} \end{array} \right\}$$

と定めることができる．また，このとき，式 (7.19) のモード剛性と固有値の関係式を容易に確認することができる．

例題 7.2 で取り上げた系では，式 (7.20) に示す 1 次モードの固有角振動数は 0 であり，固有モード $\boldsymbol{v}_1$ の 2 つの要素が同符号で同じ大きさであることから分かるように，一方向運動する剛体のように系の各部が同じ変位をすることから，1 次モードを**剛体モード** (**rigid mode**) という．一方，2 次モードの固有振動数は 0 ではなく，固有モード $\boldsymbol{v}_2$ の 2 つの要素が互いに違符号であることから分かるように，等価質量 m_1 と m_2 が反対方向に運動し，振動することから，**振動モード** (**vibration mode**) という．

7.3 不減衰2自由度振動系のモード分離とその応答

前節で求めた固有ベクトルを用いると,変位座標が連成している不減衰2自由度振動系の運動方程式を,2本の独立な微分方程式に分けることができる.これを **モード分離** (**modal decomposition**) という.モード分離された運動方程式は,それぞれ1自由度振動系と見なせるから,第3章ならびに第5章の結果を用いて,自由応答(初期条件応答)ならびに強制応答(外力応答)を示すことができる.

7.3.1 自由応答

不減衰2自由度振動系に外力が作用していない場合を考えよう.式 (7.3) において,$C=0$,$f=0$ とおくと,以下の運動方程式が得られる.

$$M\ddot{x} + Kx = 0$$

次に,質量行列 M と剛性行列 K から固有ベクトルおよび固有値を計算し,さらに単位モード質量法で正規化された固有ベクトルからモード行列 V を作成する.

$$V = [v_1 \ v_2]$$

モード変位ベクトル (**modal displacement vector**) y を,物理座標における変位ベクトル x とモード行列 V を用いて,次のように定義する.

$$y = V^{-1}x \tag{7.21}$$

これは

$$x = Vy \tag{7.22}$$

であることを意味しているため,式 (7.22) を不減衰2自由振動系の運動方程式 (7.4) に代入し,式の両辺に左から V^T を乗じると以下の式を得る.

$$V^T M V \ddot{y} + V^T K V y = 0$$

この行列方程式は次のように書き換えられる.

$$\ddot{y} + \Lambda y = 0 \tag{7.23}$$

7.3 不減衰2自由度振動系のモード分離とその応答

ここで

$$\boldsymbol{\Lambda} = \begin{bmatrix} \omega_1^2 & 0 \\ 0 & \omega_2^2 \end{bmatrix}$$

であるから,式 (7.23) は2本の独立な微分方程式を表している.すなわち i 次モードのみを取り出せば,

$$\ddot{y}_i + \omega_i^2 y_i = 0 \quad (i = 1, 2) \tag{7.24}$$

と書け,変位座標の連成はなくなっている.式 (7.24) はモード分離された運動方程式であり,容易に解くことができる.

ここで,物理座標 $\boldsymbol{x}(t) = \{x_1(t)\ x_2(t)\}^T$ の初期条件が以下のように与えられていると仮定しよう.

$$\left\{\begin{array}{c} x_1(0) \\ x_2(0) \end{array}\right\} = \left\{\begin{array}{c} x_{10} \\ x_{20} \end{array}\right\}, \quad \left\{\begin{array}{c} \dot{x}_1(0) \\ \dot{x}_2(0) \end{array}\right\} = \left\{\begin{array}{c} v_{10} \\ v_{20} \end{array}\right\}$$

座標変換式 (7.21) を用いれば,モード座標 $\boldsymbol{y}(t) = \{y_1(t)\ y_2(t)\}^T$ における初期条件を計算することができる.

$$\left\{\begin{array}{c} y_{10} \\ y_{20} \end{array}\right\} = \boldsymbol{V}^{-1} \left\{\begin{array}{c} x_{10} \\ x_{20} \end{array}\right\}, \quad \left\{\begin{array}{c} \dot{y}_{10} \\ \dot{y}_{20} \end{array}\right\} = \boldsymbol{V}^{-1} \left\{\begin{array}{c} v_{10} \\ v_{20} \end{array}\right\}$$

これらのモード座標における初期条件を用いてモード分離された運動方程式 (7.24) を解けば,モード座標における初期条件応答は次のように計算できる.

$$y_i(t) = y_{i0} \cos \omega_i t + \frac{\dot{y}_{i0}}{\omega_i} \sin \omega_i t \tag{7.25}$$

もし,$\omega_1 = 0$ であり,着目するモードが剛体モードである場合には,式 (7.25) は適用できないが,剛体モードの初期条件応答は

$$y_1(t) = y_{10} + \dot{y}_{10} t$$

と計算できる.

さらに,座標変換式 (7.22) を用いれば,モード座標における初期条件応答から物理座標 $\boldsymbol{x}(t) = \{x_1(t)\ x_2(t)\}^T$ の初期条件応答が次のように計算できる.

$$\left\{\begin{array}{c} x_1(t) \\ x_2(t) \end{array}\right\} = \boldsymbol{V} \left\{\begin{array}{c} y_1(t) \\ y_2(t) \end{array}\right\}$$

$$= \left\{ \begin{array}{c} v_{11}y_1(t) + v_{21}y_2(t) \\ v_{12}y_1(t) + v_{22}y_2(t) \end{array} \right\} \tag{7.26}$$

7.3.2 外力応答を表す微分方程式

不減衰 2 自由度振動系に外力が作用している場合を考えよう．式 (7.3) において，$C=0$ とおくと，以下の運動方程式が得られる．

$$M\ddot{x} + Kx = F \tag{7.27}$$

式 (7.22) を式 (7.27) に代入すると，以下の式が得られる．

$$V^T M V \ddot{y} + V^T K V y = V^T F$$

この行列方程式は次のように書き換えられる．

$$\ddot{y} + \Lambda y = f_m \tag{7.28}$$

ここで，

$$f_m = \left\{ \begin{array}{c} f_{m1} \\ f_{m2} \end{array} \right\} = \left\{ \begin{array}{c} v_1^T F \\ v_2^T F \end{array} \right\} = \left\{ \begin{array}{c} v_{11}f_1(t) + v_{12}f_2(t) \\ v_{21}f_1(t) + v_{22}f_2(t) \end{array} \right\} \tag{7.29}$$

は各モードへ入力される外力のベクトルである．式 (7.28) は独立な 2 本の微分方程式を表しており，次のように書き表すことができる．

$$\ddot{y}_i + \omega_i^2 y_i = f_{mi} \quad (i=1,2) \tag{7.30}$$

7.3.3 調和励振力応答

j 番目の質量に作用する外力として複素調和励振力 $f_j(t) = F_j e^{i\omega t}$ ($j = 1, 2$) を仮定して，系の周波数応答関数を導こう．モード座標の応答も $y_i(t) = Y_{ij}(\omega) e^{i\omega t}$ のように仮定すると，式 (7.30) より，モード座標に関して以下の式を得る．

$$\frac{Y_{ij}(\omega)}{F_j} = \frac{v_{ij}}{\omega_i^2 - \omega^2} \quad (i=1,2) \tag{7.31}$$

ここで，式 (7.31) を見ると，この周波数応答関数は右辺の分子の v_{ij} に比例していることが分かる．この v_{ij} は i 次モードに対する j 番目の質量位置（入

力位置）のモード振幅を表しており，v_{ij} が大きければ，その入力位置が i 次モードの運動に対する影響率（寄与率）が大きいことを意味している．2自由度振動系ではありえないが，もし $v_{ij} = 0$ であれば，入力位置 j において入力された力は i 次モードの運動に影響しない．これは制御工学において定義されている**不可制御**の概念に一致している．

例題 7.3

図 7.3 (a) の1つの質量要素のみが固定要素に結合されている系において，

$$m_1 = 0.01\,\text{kg}, \quad m_2 = 0.01\,\text{kg}$$
$$k_1 = 100\,\text{N/m}, \quad k_2 = 50\,\text{N/m}$$
$$c_1 = 0.0\,\text{Ns/m}, \quad c_2 = 0.0\,\text{Ns/m}$$

のとき，モード座標における周波数応答関数を描きなさい．

【解答】 質量行列 $\boldsymbol{M}$ および剛性行列 $\boldsymbol{K}$ は

$$\boldsymbol{M} = \begin{bmatrix} m_1 & 0 \\ 0 & m_2 \end{bmatrix} = \begin{bmatrix} 0.01 & 0 \\ 0 & 0.01 \end{bmatrix}$$

$$\boldsymbol{K} = \begin{bmatrix} k_1 + k_2 & -k_2 \\ -k_2 & k_2 \end{bmatrix} = \begin{bmatrix} 150 & -50 \\ -50 & 50 \end{bmatrix}$$

であるから，一般化固有値問題，

$$\boldsymbol{K}\boldsymbol{v} = \lambda \boldsymbol{M}\boldsymbol{v}$$

を解くと，以下の固有値・固有ベクトルを得る．

$$\lambda_{1,2} = 0.2929 \times 10^4, \quad 1.7071 \times 10^4$$

$$[\boldsymbol{v}_1 \ \boldsymbol{v}_2] = \begin{bmatrix} v_{11} & v_{21} \\ v_{12} & v_{22} \end{bmatrix} = \begin{bmatrix} 3.8268 & 9.2388 \\ 9.2388 & -3.8268 \end{bmatrix}$$

ただし，固有ベクトルは単位モード質量法で正規化されている．また，固有値より，固有角振動数を計算すると，

$$\omega_{1,2}(\text{rad/s}) = 54.12, \quad 130.7$$

となる．これらを用いて式 (7.31) に基づいてモード座標における周波数応答関数を描けば図 7.5 となる．ただし，横軸を対数で示している．

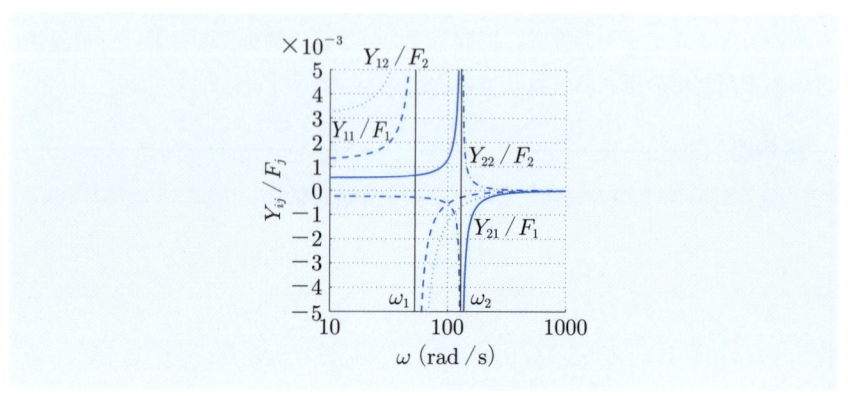

図 7.5 モード座標における周波数応答関数の例

さらに，モード座標から物理座標への座標変換式 (7.22)，またはその要素を書き下した式 (7.26) を考慮すれば，k 番目の質量の応答は以下のように表される．

$$x_k(t) = X_{kj}(\omega)e^{i\omega t}$$
$$= \{v_{1k}Y_{1j}(\omega) + v_{2k}Y_{2j}(\omega)\}e^{i\omega t}$$

したがって，j 番目の質量に作用する外力 $f_j(t)$ から k 番目の質量の変位 $x_k(t)$ までの周波数応答関数は次式となる．

$$\frac{X_k(\omega)}{F_j} = \sum_{i=1}^{2} \frac{v_{ik}v_{ij}}{\omega_i^2 - \omega^2} \quad (j, k = 1, 2) \tag{7.32}$$

ここで，式 (7.32) を見ると，i 次モードのモード座標変位に固有ベクトルの要素 v_{ik} を乗じて足し合わせている．この v_{ik} は i 次モードの変位の k 番目の質量位置（観測位置）のモード振幅を表しており，v_{ik} が大きければ，その観測位置への i 次モードの運動の影響率（寄与率）が大きいことを意味している．2 自由度振動系ではありえないが，もし $v_{ik} = 0$ であれば，観測位置 k の変位は i 次モードの運動に影響されない．これは制御工学において定義されている**不可観測**の概念に一致している．

7.3 不減衰2自由度振動系のモード分離とその応答

また，$k = j$ である特殊な場合の周波数応答関数 $X_j(\omega)/F_j$ は**自己周波数応答関数 (autoresponse function)** と呼ばれる．この周波数応答関数は，ある周波数 ω_{aj}

$$\omega_{aj} = \sqrt{\frac{v_{1j}^2 \omega_2^2 + v_{2j}^2 \omega_1^2}{v_{1j}^2 + v_{2j}^2}}$$

に対して，

$$\frac{X_j(\omega_{aj})}{F_j} = 0 \tag{7.33}$$

となる．この現象を**反共振（anti-resonance）**といい，この角振動数 ω_{aj} を**反共振角振動数（anti-resonance angular frequency）**という．反共振は，自己周波数応答関数において，各振動モードの応答関数が，固有角振動数より低い角振動数に対しては正となり，固有角振動数より高い角振動数に対しては負となることから，2つの固有角振動数の間の角振動において，2つの振動モードの応答関数が互いに打ち消しあうことにより生じる現象である．したがって，1自由度振動系では反共振は生じない．

一方，2自由度振動系では $k \neq j$ である**相互周波数応答関数（cross-response function）**は反共振を持たない．また，定義式 (7.32) より，$X_1(\omega)/F_2$ と入力点，変位観測点を入れ替えた $X_2(\omega)/F_1$ は一致することが分かる．

例題 7.4

例題 7.3 で取り上げた図 7.3 (a) の1つの質量要素のみが固定要素に結合されている系において，反共振角振動数 ω_{aj} (rad/s) ($j = 1, 2$) を求めるとともに，物理座標における周波数応答関数を描きなさい．

【**解答**】 式 (7.33) に固有角振動数および固有ベクトルの要素を代入すると，反共振角振動数として，以下を得る．

$$\omega_{a1,2}(\text{rad/s}) = 70.7107, \quad 122.4745$$

また，式 (7.32) より物理座標における周波数応答関数は図 7.6 のように描ける．

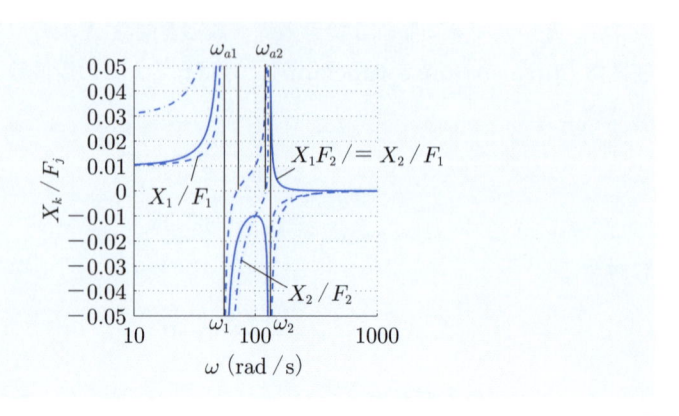

図 7.6　物理座標における周波数応答関数の例

7.3.4　過渡振動

外力を考慮したモード分離された運動方程式 (7.30) は 1 自由度振動系の運動方程式と同じ形をしているから，第 5.8 節の 1 自由度振動系に対する知識を用いて任意外力に対するモード座標における変位を計算することができる．第 5.8 節では，ラプラス変換を用いた応答計算，および，単位インパルス応答関数を用いた方法の 2 つを示したが，ここでは，単位インパルス応答関数を用いた方法で，解を示す．

すなわち，一般に，式 (7.30) の過渡振動の解は以下の式で与えられる．

$$y_i(t) = \int_0^t \frac{1}{\omega_i} \sin \omega_i (t-\tau) f_{mi}(\tau) d\tau + C_{i1} \cos \omega_i t + C_{i2} \sin \omega_i t \quad (i=1,2)$$

ただし，$\omega_1 = 0$ である剛体モードを含む場合には，$i=1$ に対する解は以下となる．

$$y_1(t) = \int_0^t (t-\tau) f_{m1}(\tau) d\tau + C_{11} + C_{12} t$$

ここで，C_{i1}，C_{i2} $(i=1,2)$ はモード座標の初期条件によって定められる定数である．これらを用いて，物理座標における過渡振動（過渡応答）は初期条件応答のときと同様に式 (7.26) で計算できる．

7.4 比例粘性減衰を持つ2自由度振動系のモード分離とその応答

多自由度振動系が一般的な粘性減衰を有する場合，モード行列 V では系を完全にモード分離することはできない．しかし，減衰行列 C が次式のように質量行列 M と剛性行列 K の線形和で表せる場合には，モード行列 V を用いてモード分離が可能である．

$$C = \alpha M + \beta K \tag{7.34}$$

これを**比例粘性減衰** (proportional viscous damping) または**レイリー減衰** (Rayleigh damping) と呼ぶ．ここで，α および β は比例粘性減衰の強さを表す定数であり，固有ベクトルの正規化に用いた係数とは異なる．比例粘性減衰は近似であるが，解析が容易であることから，減衰が小さい振動的な系に対して，しばしば用いられる．

まず，外力ベクトル $f = 0$ とした，自由応答（初期条件応答）を求めよう．比例粘性減衰を持つ系の自由応答の運動方程式は

$$M\ddot{x} + C\dot{x} + Kx = 0$$

と書けるから，式 (7.22) を代入し，式の両辺の左から V^T を乗じると次の式を得る．

$$V^T M V \ddot{y} + V^T C V \dot{y} + V^T K V y = 0$$

さらに式 (7.34) を代入し，整理すると次式を得る．

$$\ddot{y} + [\alpha I + \beta \Lambda]\dot{y} + \Lambda y = 0$$

したがって，モード分離された運動方程式

$$\ddot{y}_i + 2\zeta_i \omega_i \dot{y}_i + \omega_i^2 y_i = 0 \quad (i = 1, 2) \tag{7.35}$$

が得られる．ここで，

$$\zeta_i = \frac{\alpha + \beta \omega_i^2}{2\omega_i} \quad (i = 1, 2) \tag{7.36}$$

はモード減衰比 (modal damping ratio) である．係数 α, β は主要な 2 つの振動モードの減衰比が実験結果と一致するように定められるが，式 (7.36) から，多自由度振動系に比例粘性減衰を用いるとき，固有角振動数が高いモードほど減衰比が大きくなる性質があることが分かる．

モード減衰比 $0 < \zeta_i < 1$ とし，モード座標における初期条件を用いてモード分離された運動方程式 (7.35) を解けば，モード座標における初期条件応答は次のように計算できる．

$$y_i(t) = e^{-\zeta_i \omega_i t} \left(y_{i0} \cos \omega_{id} t + \frac{\dot{y}_{i0} + \zeta_i \omega_i y_{i0}}{\omega_{id}} \sin \omega_{id} t \right)$$

ここで，

$$\omega_{id} = \omega_i \sqrt{1 - \zeta_i^2} \qquad (i = 1, 2)$$

は i 次モードの減衰固有角振動数である．これらを用いて，物理座標における初期条件応答は不減衰のときと同様に式 (7.26) で計算できる．

次に，外力が存在する場合を考えよう．外力ベクトルを考慮した比例粘性減衰系の微分方程式は，モード分離でき，2 つの独立な微分方程式を得ることができる．

$$\ddot{y}_i + 2\zeta_i \omega_i \dot{y}_i + \omega_i^2 y_i = f_{mi} \qquad (i = 1, 2) \tag{7.37}$$

ここで，f_{mi} $(i = 1, 2)$ は式 (7.29) で求められる外力の各モード成分を表している．

次に，j 番目の質量に作用する外力として複素調和励振力

$$f_j(t) = F_j e^{i\omega t} \qquad (j = 1, 2)$$

を仮定して，系の周波数応答関数を導こう．モード座標の応答も $y_i(t) = Y_{ij}(\omega) e^{i\omega t}$ のように仮定すると，式 (7.37) より，モード座標に関して以下の式を得る．

$$\frac{Y_{ij}(\omega)}{F_j} = \frac{v_{ij}}{\omega_i^2 - \omega^2 + 2\zeta_i \omega_i i} \qquad (i = 1, 2)$$

さらに，モード座標から物理座標への座標変換式 (7.22)，またはその要素を

7.4 比例粘性減衰を持つ 2 自由度振動系のモード分離とその応答 **237**

書き下した式 (7.26) を考慮して，j 番目の質量に作用する外力 $f_j(t)$ から k 番目の質量の変位 $x_k(t)$ までの周波数応答関数を求めると以下となる．

$$\frac{X_k(\omega)}{F_j} = \sum_{i=1}^{2} \frac{v_{ik}v_{ij}}{\omega_i^2 - \omega^2 + 2\zeta_i\omega_i i} \quad (j,k=1,2)$$

系が減衰を有する場合，$k=j$ の自己周波数応答関数に対しても $X_j(\omega)/F_j = 0$ となる角振動数 ω は存在せず，厳密な意味での反共振は存在しない．

最後に過渡応答を示しておく．不減衰の場合と同様に，単位インパルス応答関数のたたみ込み積分を用いれば，一般に，式 (7.35) の過渡振動の解は以下の式で与えられる．

$$y_i(t) = \int_0^t \frac{e^{-\zeta_i\omega_i(t-\tau)}}{\omega_{di}} \sin\omega_{di}(t-\tau)f_{mi}(\tau)d\tau \\ + C_{i1}\cos\omega_i t + C_{i2}\sin\omega_i t \quad (i=1,2)$$

ここで，C_{i1}, C_{i2} はモード座標の初期条件によって定められる定数である．これらを用いて，物理座標における過渡振動（過渡応答）は初期条件応答のときと同様に式 (7.26) で計算できる．

7.5　一般粘性減衰を持つ2自由度振動系のモード分離とその応答

多自由度振動系が一般的な粘性減衰を有する場合のモード解析法を示す．モード解析では，これまでと同様に外力ベクトル $\boldsymbol{f}=\boldsymbol{0}$ とした2自由度振動系の運動方程式を考える．

$$\boldsymbol{M}\ddot{\boldsymbol{x}} + \boldsymbol{C}\dot{\boldsymbol{x}} + \boldsymbol{K}\boldsymbol{x} = \boldsymbol{0} \tag{7.38}$$

一般粘性減衰の場合，この運動方程式をモード分離できる 2×2 行列のモード行列 $\boldsymbol{V}$ は存在しない．そこで，恒等式，

$$-\boldsymbol{K}\dot{\boldsymbol{x}} = -\boldsymbol{K}\dot{\boldsymbol{x}} \tag{7.39}$$

を運動方程式 (7.38) と同時に考慮し，変位ベクトルの次数を拡大して，新たな変位ベクトル

$$\boldsymbol{x}_e = \{\boldsymbol{x}^T \; \dot{\boldsymbol{x}}^T\}^T$$

を定義して，拡大系に対する微分方程式を作成する．

$$\boldsymbol{B}\dot{\boldsymbol{x}}_e = \boldsymbol{A}\boldsymbol{x}_e \tag{7.40}$$

ただし，

$$\boldsymbol{A} = \begin{bmatrix} \boldsymbol{0}_{2\times2} & -\boldsymbol{K} \\ -\boldsymbol{K} & -\boldsymbol{C} \end{bmatrix}, \quad \boldsymbol{B} = \begin{bmatrix} -\boldsymbol{K} & \boldsymbol{0}_{2\times2} \\ \boldsymbol{0}_{2\times2} & \boldsymbol{M} \end{bmatrix}$$

である．一般粘性減衰においても，減衰係数行列 $\boldsymbol{C}$ は対称行列，すなわち $\boldsymbol{C}^T=\boldsymbol{C}$，であることは期待できるから，行列 $\boldsymbol{A}, \boldsymbol{B}$ は対称行列である．

これらの行列 $\boldsymbol{A}, \boldsymbol{B}$ に関する固有値・固有ベクトル問題

$$\boldsymbol{A}\boldsymbol{w} = \lambda\boldsymbol{B}\boldsymbol{w} \tag{7.41}$$

を解けば，固有値 λ_i ($i=1\sim4$) および対応する 4×1 行列の固有ベクトル $\boldsymbol{w}_i$ ($i=1\sim4$) が計算できる．ただし，各固有ベクトルは単位モード質量法に倣って，

$$\boldsymbol{w}_i^T \boldsymbol{B} \boldsymbol{w}_i = 1 \quad (i=1\sim4)$$

7.5 一般粘性減衰を持つ2自由度振動系のモード分離とその応答

となるように正規化されているものとする.すると,式 (7.41) を用いれば

$$\boldsymbol{w}_i^T \boldsymbol{A} \boldsymbol{w}_i = \lambda_i \quad (i = 1 \sim 4)$$

であることが容易に示せる.さらに,式 (7.41) を用い,行列 $\boldsymbol{A}$, $\boldsymbol{B}$ は対称行列であることを考慮すれば,$j \neq i$ $(i, j = 1 \sim 4)$ である,i および j に関して,固有ベクトルの直交性

$$\boldsymbol{w}_j^T \boldsymbol{A} \boldsymbol{w}_i = 0, \quad \boldsymbol{w}_j^T \boldsymbol{B} \boldsymbol{w}_i = 0 \tag{7.42}$$

が示せる.

次にこの固有ベクトル w_i $(i = 1 \sim 4)$ を用いて作成した,4×4 行列のモード行列 $\boldsymbol{W}$

$$\boldsymbol{W} = [w_1\ w_2\ w_3\ w_4]$$

を用いて,拡大されたモード座標変位

$$\boldsymbol{y}_e = \boldsymbol{W}^{-1} \boldsymbol{x}_e$$

を定義する.すなわち,

$$\boldsymbol{x}_e = \boldsymbol{W} \boldsymbol{y}_e$$

であるから,これを拡大系の微分方程式 (7.40) に代入し,左から $\boldsymbol{W}^T$ を乗じれば,

$$\boldsymbol{W}^T \boldsymbol{B} \boldsymbol{W} \dot{\boldsymbol{y}}_e = \boldsymbol{W}^T \boldsymbol{A} \boldsymbol{W} \boldsymbol{y}_e$$

となり,これを計算すると,モード分離された方程式

$$\dot{y}_{ei} = \lambda_i y_{ei} \quad (i = 1 \sim 4)$$

を得る.この式は,モード座標における初期値 $y_{ei}(0)$ を既知として,

$$y_{ei}(t) = y_{ei}(0) e^{\lambda t}$$

と解くことができる.

このように,一般粘性減衰の場合でも,式 (7.40) に示す拡大系に対する固有ベクトル $\boldsymbol{w}_i$ で作成したモード行列 $\boldsymbol{W}$ を用いれば,モード分離は可能である

が，一般に固有ベクトル w_i の要素は複素数であるため，物理的な理解は困難である．

また，ここでは自由振動のみを示したが，モード分離ができているため，不減衰ならびに比例粘性減衰の場合を参考にすれば，外力応答も容易に計算することができる．

一般粘性減衰を持つ系のモード解析で注意すべき点は，式 (7.40) における対称行列 A, B の作成である．運動方程式 (7.38) と同時に考慮した恒等式 (7.39) は，$\dot{x}$ を用いた恒等式であればよいから，A, B が対称行列であることを保証しなければ

$$M\dot{x} = M\dot{x}$$

など，様々な恒等式で行列 A, B を作成することができる．非対称な行列 A, B を用いても，式 (7.41) を解いて得られる固有値 λ_i ($i=1\sim 4$) は対称行列を用いた場合と同じ値になるが，固有ベクトル w_i は恒等式ごとに異なり，また，ここで得られた固有ベクトルは直交性の条件式 (7.42) を満足しないので，注意が必要である．

すなわち行列 A, B が非対称な場合には，別の固有値・固有ベクトル問題

$$A^T w_l = \lambda B^T w_l$$

を解いて，**左固有ベクトル** w_{li} ($i=1\sim 4$) を求める必要がある．この左固有ベクトル w_{li} ($i=1\sim 4$) と**右固有ベクトル**と呼べる従来の固有ベクトル w_i ($i=1\sim 4$) を用いれば，直交性の条件式

$$w_{lj}^T A w_i = 0, \quad w_{lj}^T B w_i = 0$$

が成立するから，左固有ベクトルを用いて作成したモード行列

$$W_l = [w_{l1}\ w_{l2}\ w_{l3}\ w_{l4}]$$

用いれば，行列 A, B が非対称行列であっても，拡大系の微分方程式 (7.40) を

$$W_l^T B W \dot{y}_e = W_l^T A W y_e$$

として，モード分離することができる．

7.6 動吸振器による振動系の制振

2自由度振動系の特徴を生かした制振装置である**動吸振器 (dynamic absorber)** について説明する．爆発力による励振力を受けるエンジンブロックや，風による励振を受けるビルなどを最も単純にモデル化すると，図7.7(a) のように励振力 f_1 (N) が作用している質量 m_1 (kg)，ばね剛性 k_1 (N/m) の1自由度振動系でモデル化できる．ここではこの系の減衰は小さいとして無視している．この励振力 f_1 (N) による質量 m_1 の振動は，望まれないものであり，抑制する方法の1つとして，図7.7(b) のように，質量 m_2 (kg)，ばね剛性 k_2 (N/m) および粘性減衰 c_2 (Ns/m) からなる動吸振器を付加する方法がある．動吸振器の動力学的パラメータの決定は定点理論に基づく最適同調と最良調整という2段階を経て行なわれる．以下では，まず，この定点について説明し，最適同調と最良調整に基づく解を示す．

解析に際しては，しばしば，質量 m_1 とばね k_1 からなる系を主系，質量 m_2，ばね剛性 k_2 および粘性減衰 c_2 からなる系を付加系と呼ぶ．この系の運動方程式は，式 (7.2) の一般的な2自由度振動系の運動方程式において，$c_1 = c_3 = 0$，$k_3 = 0$ および $f_2 = 0$ とすれば，

$$m_1 \ddot{x}_1 + c_2 \dot{x}_1 - c_2 \dot{x}_2 + (k_1 + k_2) x_1 - k_2 x_2 = f_1 \\ m_2 \ddot{x}_2 - c_2 \dot{x}_1 + c_2 \dot{x}_2 - k_2 x_1 + k_2 x_2 = 0 \tag{7.43}$$

と書ける．式 (7.43) において，

$$x_1(t) = X_1(i\omega) e^{i\omega t}, \quad x_2(t) = X_2(i\omega) e^{i\omega t}, \quad f_1(t) = F e^{i\omega t},$$

(a) 励振力を受ける系　(b) 動吸振器の付加

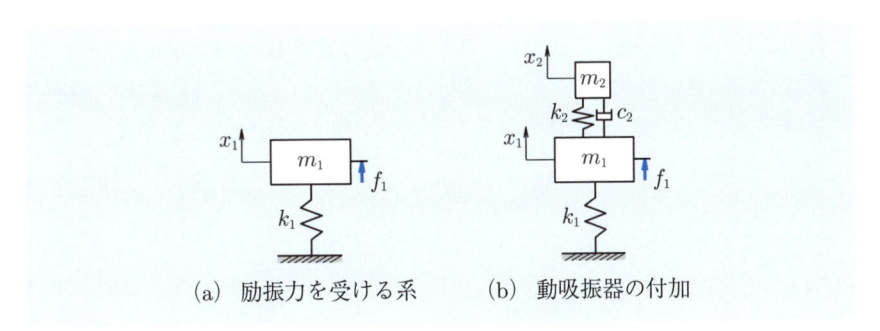

図7.7　励振力を受ける系と動吸振器

とし，さらに以下の記号を導入する．

$$\omega_1 = \sqrt{\frac{k_1}{m_1}}, \quad \omega_2 = \sqrt{\frac{k_2}{m_2}}, \quad \mu = \frac{m_2}{m_1}, \quad \nu = \frac{\omega_1}{\omega_2},$$

$$\zeta = \frac{c}{2m_2\omega_2} = \frac{c}{2\mu\nu m_1\omega_1}, \quad \Omega = \frac{\omega}{\omega_1}$$

ここで ω_1 (rad/s) は主系の固有角振動数，ω_2 (rad/s) は付加系の固有角振動数，μ は主系と付加系の質量比であり，ν は主系と付加系の固有振動数比である．これらの無次元量を用いると，主系の動的振幅倍率

$$\left|\bar{X}_1(i\Omega)\right| = \frac{|X_1(i\Omega)|/F_1}{X_1(i0)/F_1} = \frac{|X_1(i\Omega)|/F_1}{k_1/F_1}$$

は次式で表される．

$$\left|\bar{X}_1(i\Omega)\right| = \left|\frac{(\nu^2 - \Omega^2) + i2\zeta\nu\Omega}{\Delta}\right| \tag{7.44}$$

ただし，

$$\Delta = \Omega^4 - \{1 + \nu^2(1+\mu)\}\Omega^2 + \nu^2 + i2\zeta\nu\Omega\{1 - (1+\mu)\Omega^2\}$$

である．

質量比 $\mu = 0.05$ としたときの主系の動的振幅倍率の例を図 7.8 に示す．(a) は $\nu = 0.9$，(b) は $\nu = 1.0$ の場合である．また，破線のグラフは $\zeta = 0$，実線は $\zeta = 0.1$，一点鎖線は $\zeta = \infty$ の場合を示している．これらの図から (a),(b) 各々のグラフで減衰比の異なる 3 つのケースで動的振幅倍率が一致する点が 2 点あることが分かる．減衰比 ζ の大きさにかかわらず，動的振幅倍率のグラフが必ずこれらの点を通ることから，これらの点は **定点 (fixed point)** と呼ばれ，振動数の低い方から P 点，Q 点と名付けられている．式 (7.44) から，固有角振動数前後の周波数応答関数の符号を考慮して得られる定点の条件式

$$\left.\bar{X}_1(i\Omega)\right|_{\zeta=0} = -\left.\bar{X}_1(i\Omega)\right|_{\zeta=\infty}$$

すなわち，

$$\frac{\nu^2 - \Omega^2}{\Omega^4 - \{1 + \nu^2(1+\mu)\}\Omega^2 + \nu^2} = -\frac{1}{1 - (1+\mu)\Omega^2} \tag{7.45}$$

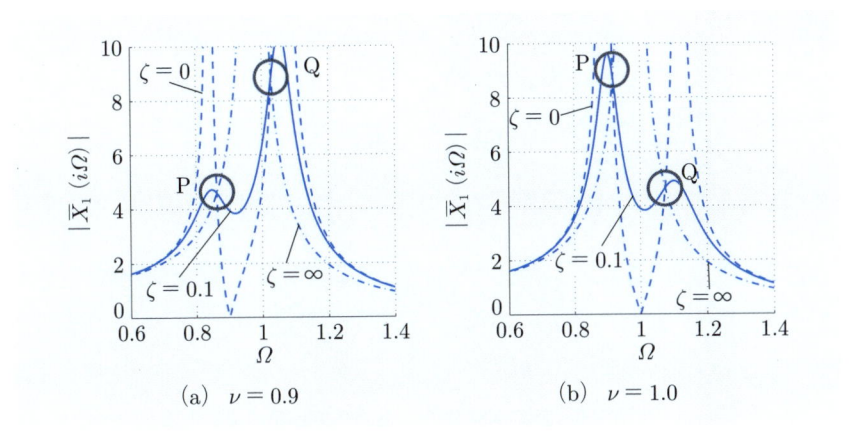

7.6 動吸振器による振動系の制振

図 7.8 固有振動数比による主系の動的振動倍率の違いと定点

を Ω について解けば，P 点，Q 点の無次元角振動数 Ω_P および Ω_Q は

$$\Omega_\mathrm{P} = \frac{1+(1+\mu)\nu^2}{2+\mu} - \frac{\sqrt{1-2\nu^2+(1+\mu)^2\nu^4}}{2+\mu}$$

$$\Omega_\mathrm{Q} = \frac{1+(1+\mu)\nu^2}{2+\mu} + \frac{\sqrt{1-2\nu^2+(1+\mu)^2\nu^4}}{2+\mu}$$

で計算でき，定点の高さは

$$\left|\bar{X}_1(i\Omega_\mathrm{P})\right| = \frac{A(\mu,\nu)}{B(\mu,\nu)+C(\mu,\nu)}$$

$$\left|\bar{X}_1(i\Omega_\mathrm{Q})\right| = \frac{A(\mu,\nu)}{-B(\mu,\nu)+C(\mu,\nu)}$$

で計算できる．ここで，

$$A(\mu,\nu) = 2+\mu, \quad B(\mu,\nu) = 1-(1+\mu)^2\nu^2,$$
$$C(\mu,\nu) = (1+\mu)\sqrt{1-2\nu^2+(1+\mu)^2\nu^4}$$

である．

　この定点 P, Q が存在しているため，減衰比 ζ の選択にかかわらず，主系の動的振幅倍率の最大値を定点の高さより小さくはできない．また，定点 P, Q における高さは，分母の $B(\mu,\nu)$ 項の符合が異なっているため，一方を小さくすると一方が大きくなるトレードオフの関係になっている．この関係は図 7.8 (a),

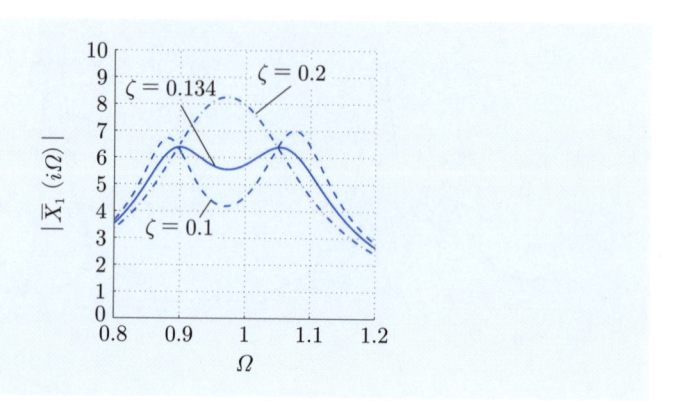

図7.9 最適同調時の主系の動的振動倍率

(b) でも確認できる．そこで，質量比 μ は固定されているとして，固有振動数比 ν を定点 P, Q の高さを一致させるように定めることが一般に行なわれている．これを**最適同調 (optimal tuning)** といい，$B(\mu,\nu)=0$ から導かれる以下の式を**最適同調条件 (optimal tuning condition)** という．

$$\nu_{\mathrm{opt}} = \frac{1}{1+\mu} \tag{7.46}$$

また，このとき定点の無次元角振動数は

$$\Omega_{\mathrm{Popt}} = \frac{1}{1+\mu}\left(1-\sqrt{\frac{\mu}{2+\mu}}\right) \tag{7.47}$$

$$\Omega_{\mathrm{Qopt}} = \frac{1}{1+\mu}\left(1+\sqrt{\frac{\mu}{2+\mu}}\right) \tag{7.48}$$

であり，動的振幅倍率は

$$\left|\bar{X}_1(i\Omega_{\mathrm{P,Q}})\right| = \sqrt{\frac{2+\mu}{\mu}} \tag{7.49}$$

となる．

最適同調時の主系の動的振幅倍率の例を図7.9に示す．ここでは $\mu=0.05$，$\nu=\nu_{\mathrm{opt}}=0.9524$ としている．この図から，まず2つの定点の高さは一致していること，$\zeta=0.1$ のときには動的振幅倍率は $\Omega=0.9$，および 1.1 の近傍で2つの極大値を有し，$\zeta=0.2$ のときには動的振幅倍率は $\Omega=1$ の近傍で1

7.6 動吸振器による振動系の制振

つの極大値しか持たないことが分かる．また，$\zeta = 0.134$ のときには，定点の近傍で 2 つの極大値を持ち，他の 2 つのケースに比べ動的振幅倍率の最大値が小さいことが分かる．したがって，減衰比 ζ を定める 1 つの方法は，定点 P, Q で主系の動的振幅倍率が極大値となる減衰比を選択する方法である．

定点 P, Q において主系の動的振幅倍率が極大値となる減衰比 ζ は以下の手順で計算できる．まず，主系の動的振幅倍率式 (7.44) から，動的振幅倍率の自乗を D と定義する．

$$D = \frac{(\nu^2 - \Omega^2)^2 + 4\zeta^2\nu^2\Omega^2}{[\Omega^4 - \{1 + \nu^2(1+\mu)\}\Omega^2 + \nu^2]^2 + 4\zeta^2\nu^2\Omega^2\{1 - (1+\mu)\Omega^2\}^2}$$

次に $O = \Omega^2$, $M = 1 + \mu$, $V = \nu^2$, $Z = \zeta^2$ とおいてこの式を変形した式

$$D[\{O^2 - (1+VM)O + V\}^2$$
$$+ 4ZVO(1 - MO)^2] - (V - O)^2 + 4ZVO = 0$$

を O で微分し，極値となる条件式 $\dfrac{dD}{dO} = 0$ を考慮すると，以下を得る．

$$D[2\{O^2 - (1+VM)O + V\}\{2O - (1+VM)\}$$
$$+ 4ZV(1 - MO)(1 - 3MO)\}] + 2(V - O) - 4ZV = 0$$

式の整理を容易にするため，式 (7.45) から得られる

$$O^2 - (1+VM)O + V = (V-O)(MO-1)$$

を代入して，Z について解くと，

$$Z = \frac{-(V-O)[1 + D(MO-1)\{2O - (1+VM)\}]}{2V\{D(1-MO)(1-3MO) - 1\}} \quad (7.50)$$

を得る．最適同調条件を考慮して，式 (7.46), (7.49) および (7.47) または (7.48) を式 (7.50) に代入すると，最終的に $Z = \zeta^2$ の解を得る．

$$\zeta_{\text{Popt}}^2 = \frac{\mu}{8(1+\mu)}\left(3 - \sqrt{\frac{\mu}{2+\mu}}\right) \quad (7.51)$$

$$\zeta_{\text{Qopt}}^2 = \frac{\mu}{8(1+\mu)}\left(3 + \sqrt{\frac{\mu}{2+\mu}}\right) \quad (7.52)$$

これは，定点 P, Q で主系の動的振幅倍率が極大となる減衰比が異なっていることを意味するが，ζ_{Popt} と ζ_{Qopt} の差は僅かであり，その平均値を用いれば

極大が 2 つの定点に近い最も制振効果の高い動吸振器が得られる．平均値の計算の仕方は相加平均，相乗平均などいくつかあるが，しばしば用いられるのは以下の式である．

$$\zeta_{\text{opt}} = \sqrt{\frac{\zeta_{\text{Popt}}^2 + \zeta_{\text{Qopt}}^2}{2}}$$

$$= \sqrt{\frac{3\mu}{8(1+\mu)}}$$

このような減衰比の決定方法を**最良調整** (**optimal adjustment**) という．

実際に $\mu = 0.05$, $\nu = \nu_{\text{opt}} = 0.9524$ に対して減衰比を計算してみると，

$$\zeta_{\text{Popt}} = 0.1301$$

$$\zeta_{\text{Qopt}} = 0.1371$$

$$\zeta_{\text{opt}} = 0.1336$$

となり，図 7.9 における $\zeta = 0.134$ が最良調整の結果を示していたことが分かる．

7.7 一般的な多自由度集中定数振動系の解析

前節までは多自由度振動系の一例である 2 自由度振動系を対象にその解析手法を示してきたが，前節まで示した解析手法は，集中定数系の多自由度振動系に一般的に用いることができる．

図 7.10 は 3 階建てのビルの風による水平方向の振動モデルを示している．このような集中定数系で表される 3 自由度以上の振動系も，図 7.11 の一般的な n 自由度系の特殊な形として表現できる．図 7.11 の系に対して運動方程式を導出すると，

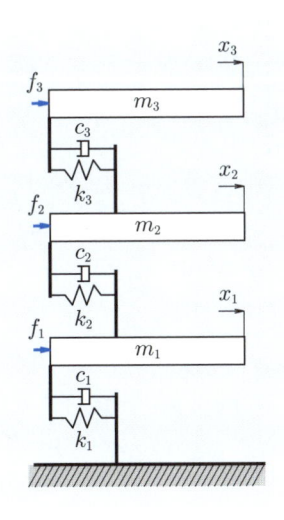

図 7.10 ビルの水平方向振動モデル

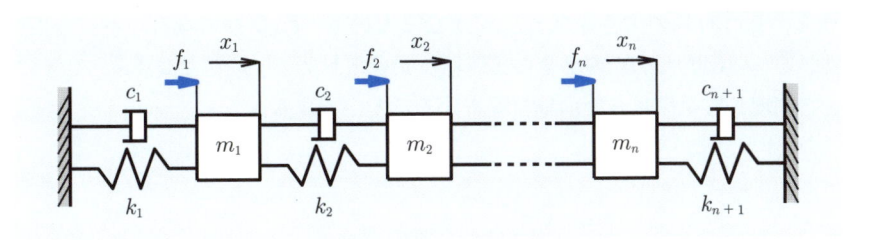

図 7.11 n 自由度振動系

$$m_1\ddot{x}_1 + (c_1+c_2)\dot{x}_1 - c_2\dot{x}_2 + (k_1+k_2)x_1 - k_2 x_2 = f_1$$
$$m_2\ddot{x}_2 - c_2\dot{x}_1 + (c_2+c_3)\dot{x}_2 - c_3\dot{x}_3 - k_2 x_1 + (k_2+k_3)x_2 - k_3 x_3 = f_2$$
$$\cdots$$
$$m_n\ddot{x}_n - c_n\dot{x}_{n-1} + (c_n+c_{n+1})\dot{x}_n - k_n x_{n-1} + (k_n+k_{n+1})x_n = f_n$$

となるので,これを整理すれば,

$$M\ddot{x} + C\dot{x} + Kx = f \tag{7.53}$$

ただし,

$$M = \begin{bmatrix} m_1 & 0 & 0 & \cdots & 0 \\ 0 & m_2 & 0 & \cdots & 0 \\ \cdots & \cdots & \cdots & \cdots & \cdots \\ 0 & 0 & 0 & \cdots & m_n \end{bmatrix}$$

$$C = \begin{bmatrix} c_1+c_2 & -c_2 & 0 & \cdots & 0 \\ -c_2 & c_2+c_3 & -c_3 & \cdots & 0 \\ \cdots & \cdots & \cdots & \cdots & \cdots \\ 0 & 0 & \cdots & -c_n & c_n+c_{n+1} \end{bmatrix}$$

$$K = \begin{bmatrix} k_1+k_2 & -k_2 & 0 & \cdots & 0 \\ -k_2 & k_2+k_3 & -k_3 & \cdots & 0 \\ \cdots & \cdots & \cdots & \cdots & \cdots \\ 0 & 0 & \cdots & -k_n & k_n+k_{n+1} \end{bmatrix}$$

$$x = \{x_1 \; x_2 \; \cdots \; x_n\}^T, \quad f = \{f_1 \; f_2 \; \cdots \; f_n\}^T$$

と書ける.式 (7.53) は 2 自由度振動系の運動方程式 (7.3) と同じ形をしているから,扱う行列の大きさが $n \times n$ となるだけで,$C = 0$ の場合の不減衰振動系,$C = \alpha M + \beta K$ の場合の比例粘性減衰系および一般粘性減衰系とともに,2 自由度振動系の場合と同様に解析することができる.

7章の問題

☐ **1** 反共振角振動数において周波数応答関数が 0 となる式 (7.33) を確認しなさい.

☐ **2** 図 7.12 の一方向運動する 2 自由度振動系において,等価質量が $m_1 = 80\,\mathrm{g}$, $m_2 = 20\,\mathrm{g}$ および等価剛性が $k = 25\,\mathrm{N/mm}$ のとき,振動モードの固有角振動数 $\omega_2\,(\mathrm{rad/s})$ の値を計算しなさい.

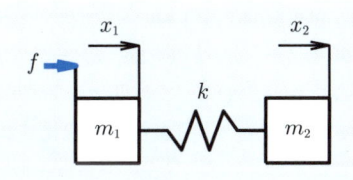

図 7.12 1 つの振動自由度を有する一方向運動機構の力学モデル

☐ **3** 図 7.12 の一方向運動する 2 自由度振動系に以下の駆動力が作用した場合の応答を求めなさい.

$$f(t) = \begin{cases} 0 & (t < 0) \\ F_a & (0 \leq t \leq \alpha T_2) \\ -F_a & (\alpha T_2 \leq t \leq 2\alpha T_2) \\ 0 & (t > 2\alpha T_2) \end{cases}$$

ここで,$T_2 = 2\pi/\omega_2$ かつ $\alpha > 0$ である.

☐ **4** ある位置決め機構の自己周波数応答関数が図 7.13 のように測定された.ただし,

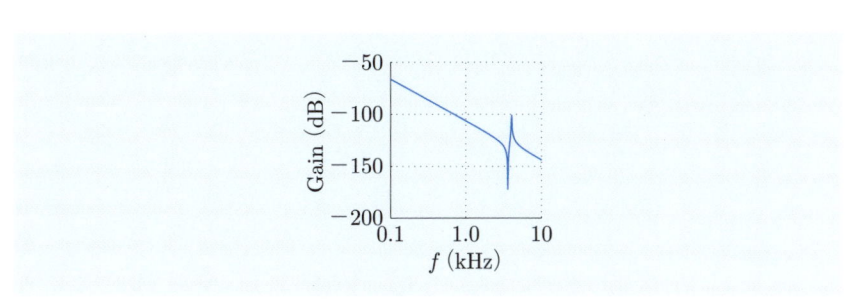

図 7.13 位置決め機構の自己周波数応答関数

Gain (dB) @ 100 Hz　−67.5
反共振振動数 (Hz)　1633
共振振動数 (Hz)　4000

である．このとき，この周波数の範囲において，位置決め機構は図 7.12 に示す一方向運動する 2 自由度振動系でモデル化できる．2 自由度振動系モデルの等価質量 m_1 (kg), m_2 (kg) および等価剛性 k (N/m) を同定しなさい．

☐ **5** 図 7.14 に示す 3 自由度位置決め機構モデルに対し，以下の問いに答えなさい．
(1) この系の運動方程式を導きなさい．
(2) $m_1 = m_2 = m$, $m_3 = 2m$, $k_1 = 2k$, $k_2 = k_3 = k$ として，この系の固有角振動数を求めなさい．
(3) 各モードに対して単位モード質量法で正規化された固有ベクトルを示しなさい．

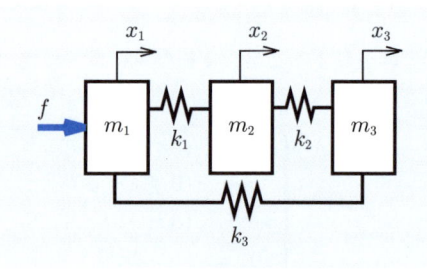

図 7.14　3 自由度位置決め機構モデル

付録A

連続体の振動解析

質量要素とばね要素が明確に分離できる集中定数系ではモデル化できない連続体は分布定数系としてモデル化する必要がある．ここでは連続体の振動解析について簡単に紹介する．

A.1 はりのねじり振動解析
A.2 はりの縦振動解析
A.3 はりの横振動解析

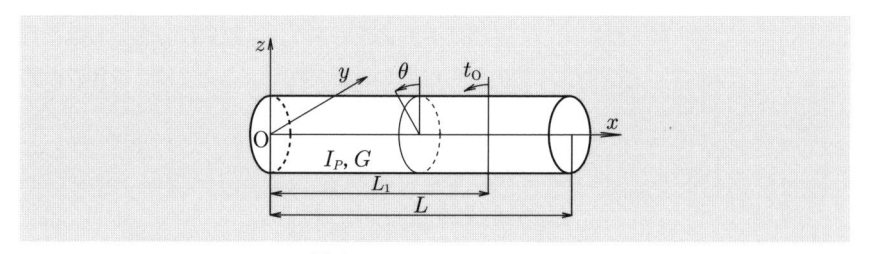

A.1 はりのねじり振動解析

はりのねじりに関して，そのねじり剛性のみに注目した等価剛性については第 3.4 節で既に示したが，はりを連続体として捉えた場合のねじり振動について示す．図 A.1 の一様なはりにおいて位置 $x = L_1$ に単位長さ辺りのトルク $t_\mathrm{O}\,(\mathrm{Nm/m})$ が作用している場合のねじり振動の運動方程式は，微小要素の回転運動に関する運動方程式から，以下の式で表される．

$$\rho I_P \frac{\partial^2 \theta}{\partial t^2} - G I_P \frac{\partial^2 \theta}{\partial x^2} = \delta(x - L_1) t_\mathrm{O} \quad \text{または} \quad \rho \frac{\partial^2 \theta}{\partial t^2} - G \frac{\partial^2 \theta}{\partial x^2} = \delta(x - L_1) \frac{t_\mathrm{O}}{I_P} \tag{A.1}$$

ここで，$\rho\,(\mathrm{kg/m^3})$，$G\,(\mathrm{Pa})$ および $I_P\,(\mathrm{m^4})$ は，それぞれ，はりの密度，横弾性係数，断面の極慣性モーメントであり，一定値である．また，$\theta(t,x)\,(\mathrm{rad})$ および $t\,(\mathrm{s})$ は，ねじり角と時間を表しており，δ はディラックのデルタ関数である．

図 A.1 はりのねじり振動

A.1.1 自由振動

式 (A.1) において，$t_\mathrm{O} = 0\,(\mathrm{Nm/m})$ とした自由振動について考えよう．

$$\rho \frac{\partial^2 \theta}{\partial t^2} - G \frac{\partial^2 \theta}{\partial x^2} = 0 \tag{A.2}$$

式 (A.2) は偏微分同次方程式となっているから，変数分離系を仮定して，$\theta(t,x) = X(x)T(t)$ とおき，式 (A.2) に代入すると以下の式を得る．

$$\frac{\ddot{T}(t)}{T(t)} = \frac{G X''(x)}{\rho X(x)} \equiv -\omega^2 \tag{A.3}$$

ここで，記号・は時間 t に関する微分を表し，記号 ′ は座標 x に関する微分を表している．式 (A.3) の左辺は時間 t のみの関数であり，中辺は座標 x のみの関数であるから，この等式が成立するためには定数である必要がある．ここではその定数を式の

A.1 はりのねじり振動解析

次元を考慮するとともに後の計算の準備のため $-\omega^2$ とおいている.これにより,式 (A.3) から 2 つの常微分方程式を得る.

$$X'' + a^2 X = 0 \quad \text{ただし} \quad a^2 = \frac{\rho}{G}\omega^2 \tag{A.4}$$

$$\ddot{T} + \omega^2 T = 0 \tag{A.5}$$

まず,式 (A.4) を解けば,関数 $X(x)$ の解が得られる.

$$X(x) = X_1 \cos ax + X_2 \sin ax$$

この $X(x)$ は集中定数系の場合の固有ベクトルに相当するものであり,**固有関数 (eigen function)** と呼ばれる.

固有関数の中の a を定めるためには,はりの境界条件を用いる必要がある.ここで一例として,両端固定の場合すなわち境界条件として $\theta(t,0) = \theta(t,L) = 0$ を考慮すれば,以下の連立方程式を得る.

$$\begin{bmatrix} 1 & 0 \\ \cos aL & \sin aL \end{bmatrix} \begin{Bmatrix} X_1 \\ X_2 \end{Bmatrix} = \begin{Bmatrix} 0 \\ 0 \end{Bmatrix}$$

この式は解析的に解くことができ,$X_1 = 0$ および

$$X_2 \sin aL = 0 \quad \rightarrow \quad a = \frac{n\pi}{L} \quad (n = 0, \pm 1, \pm 2, \cdots)$$

を得るが,無意味な解を無視して,以下の解を得る.

$$a = \frac{n\pi}{L} \quad (n = 1, 2, \cdots)$$

集中定数系の固有ベクトルと同様に,X_2 を定めるには適当な正規化が必要となるが,簡単に $X_2 = 1$ とおけば,n 次モードの固有関数は以下の式となる.

$$X_n(x) = \sin \frac{n\pi}{L} x \quad (n = 1, 2, \cdots) \tag{A.6}$$

式 (A.6) から連続体の場合には,無限に固有モードが存在することが分かる.これは連続体が無限の自由度を有しているからである.また,固有ベクトルと同様に,固有関数は直交性を有している.すなわち,式 (A.6) の固有関数に関して,以下の式が成立することは容易に確認できる.

$$\int_0^L X_i(x) X_j(x) dx = \begin{cases} 0 & (i \neq j) \\ \dfrac{L}{2} & (i = j) \end{cases} \tag{A.7}$$

また，式 (A.4) を考慮すれば以下の式が成立することも分かる．

$$\int_0^L X_i''(x)X_j(x)dx = \begin{cases} 0 & (i \neq j) \\ -\dfrac{a_i^2 L}{2} & (i = j) \end{cases} \quad \text{(A.8)}$$

次に，式 (A.5) を解けば，時間の関数 $T(t)$ の解が得られる．

$$T(t) = T_1 \cos \omega t + T_2 \sin \omega t \quad \text{(A.9)}$$

ここで T_1 と T_2 は初期条件から定められる定数である．式 (A.9) より，ω は固有角振動数を示していることが分かる．ω と a の関係式より，n 次モードの固有角振動数は次のように計算できる．

$$\omega_n = \sqrt{\dfrac{G}{\rho}} a_n = \dfrac{n\pi}{L}\sqrt{\dfrac{G}{\rho}} \quad (n = 1, 2, \cdots)$$

連続体では固有角振動数も無限に存在する．したがって，式 (A.9) も無限に存在し，n 次モードに関して，

$$T_n(t) = T_{1n} \cos \omega_n t + T_{2n} \sin \omega_n t \quad \text{(A.10)}$$

と書き表す必要がある．

最終的なねじり振動の解は式 (A.6) および (A.10) を用いて次式で表される．

$$\theta(t,x) = \sum_{n=1}^{\infty} X_n(x) T_n(t) \quad \text{(A.11)}$$

次に，初期条件に対する自由応答を求めよう．初期条件 $\theta(0,x)$ および $\dot{\theta}(0,x)$ が与えられているとき，式 (A.11) の解から以下の式を得る．

$$\theta(0,x) = \sum_{n=1}^{\infty} X_n(x) T_{1n} \quad \text{および} \quad \dot{\theta}(0,x) = \sum_{n=1}^{\infty} X_n(x) \omega_n T_{2n}$$

固有関数の直交性 (A.7) を考慮すれば i 次モードの時間の関数 $T_i(t)$ 中の定数 T_{1i} および T_{2i} は以下の式で計算できる．

$$T_{1i} = \dfrac{2}{L}\int_0^L \theta(0,x)X_i(x)dx \quad \text{および} \quad T_{2i} = \dfrac{2}{L\omega_i}\int_0^L \dot{\theta}(0,x)X_i(x)dx$$

この定数を $i \to n$ と読み替えて式 (A.11) で用いれば，初期条件に対応した自由振動が得られる．式 (A.11) は無限個のモードの和で表現されているが，実用的には有限の個数のモードの和をとれば十分なことが多い．

A.1.2 強制振動

式 (A.1) において，外力トルク t_O (Nm/m) が存在する強制振動について考えよう．外力によって固有関数ならびに固有角振動数の変化がないとすれば，強制振動の解も式 (A.11) で表される．式 (A.11) を式 (A.1) に代入すると，

$$\rho\frac{\partial^2}{\partial t^2}\left\{\sum_{n=1}^{\infty}X_n(x)T_n(t)\right\} - G\frac{\partial^2}{\partial x^2}\left\{\sum_{n=1}^{\infty}X_n(x)T_n(t)\right\} = \delta(x-L_1)\frac{t_O}{I_P}$$

すなわち

$$\rho\left\{\sum_{n=1}^{\infty}X_n(x)\ddot{T}_n(t)\right\} - G\left\{\sum_{n=1}^{\infty}X_n''(x)T_n(t)\right\} = \delta(x-L_1)\frac{t_O}{I_P}$$

を得るため，式の両辺に $X_i(x)$ を乗じて $x=0 \sim L$ の範囲で積分すれば，固有関数の直交性 (A.7) および (A.8) を用いて以下の式を得る．

$$\rho\frac{L}{2}\ddot{T}_i + G\frac{L}{2}a_i^2 T_i = \frac{X_i(L_1)}{I_P}t_O$$

これを整理して $b_i = 2X_i(L_1)/\rho L I_P$ とおくと以下の式を得る．

$$\ddot{T}_i + \omega_i^2 T_i = b_i t_O \tag{A.12}$$

式 (A.12) を用いれば，1 自由度振動系と同様に i 次モードの周波数応答関数や過渡振動などの強制振動が計算できるので，$i \to n$ と読み替えれば式 (A.11) のモードの重ね合わせにより，物理座標であるねじり角 $\theta(t,x)$ の応答も計算できる．

A.2 はりの縦振動解析

はりを連続体として捉えた場合の縦振動について示す．図 A.2 の一様なはりにおいて縦振動が生じている場合の運動方程式は，微小要素の並進運動に関する運動方程式

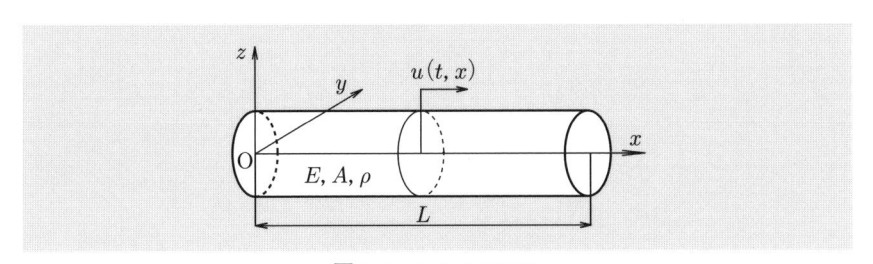

図 A.2 はりの縦振動

から，以下の式で表される．

$$\rho A \frac{\partial^2 u}{\partial t^2} - EA \frac{\partial^2 u}{\partial x^2} = 0 \quad \text{または} \quad \rho \frac{\partial^2 u}{\partial t^2} - E \frac{\partial^2 u}{\partial x^2} = 0 \quad (A.13)$$

ここで，$\rho\,(\mathrm{kg/m^3})$，$E\,(\mathrm{Pa})$ および $A\,(\mathrm{m^2})$ は，それぞれ，はりの密度，縦弾性係数（ヤング率）および断面積であり，一定値である．また，$u(t,x)\,(\mathrm{m})$，$x\,(\mathrm{m})$，および $t\,(\mathrm{s})$ は，微小な縦振動変位，座標および時間を表している．ここで，式 (A.13) は記号を $u(t,x) \to \theta(t,x)$，$E \to G$ と読み替えれば式 (A.2) と一致するから，その解析方法も同じでよい．

A.3　はりの横振動解析

はりを連続体として捉えた場合の横振動について示す．一様なはりにおいて横振動が生じている場合には，図 A.3 に示す微小要素の並進運動に関する運動方程式から，以下の式が得られる．

$$\rho A \frac{\partial^2 y}{\partial t^2} + EI \frac{\partial^4 y}{\partial x^4} = 0 \quad (A.14)$$

ここで，$\rho\,(\mathrm{kg/m^3})$，$E\,(\mathrm{Pa})$ および $A\,(\mathrm{m^2})$ は，それぞれ，はりの密度，縦弾性係数（ヤング率）および断面積であり，一定値である．また，$y(t,x)\,(\mathrm{m})$，$x\,(\mathrm{m})$，および $t\,(\mathrm{s})$ は，微小な縦振動変位，座標および時間を表している．この式 (A.14) はオイラー–ベルヌーイはりと呼ばれるはりの横振動の 1 つのモデルである．

式 (A.14) を解き，自由振動解を示そう．式 (A.14) は偏微分同次方程式であるから，変数分離系を仮定して，$y(t,x) = X(x)T(t)$ とおき，式 (A.14) に代入すると以下の

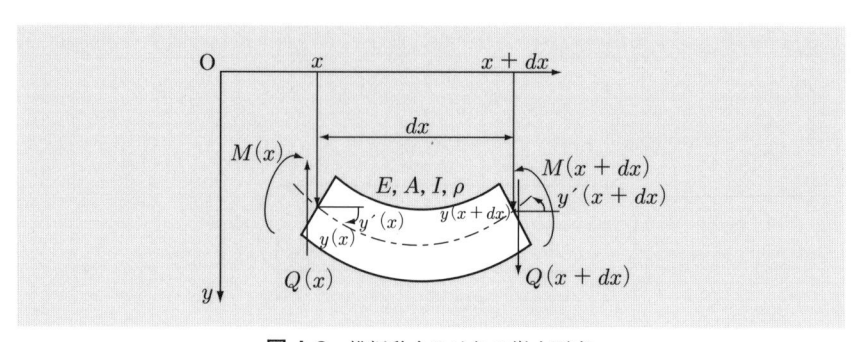

図 A.3　横振動するはりの微小要素

A.3 はりの横振動解析

式を得る．

$$\frac{\ddot{T}(t)}{T(t)} = -\frac{EIX''''(x)}{\rho A X(x)} \equiv -\omega^2 \quad (A.15)$$

ここで，記号・は時間 t に関する微分を表し，記号 ′ は座標 x に関する微分を表している．式 (A.15) の左辺は時間 t のみの関数であり，中辺は座標 x のみの関数であるから，この等式が成立するためには定数である必要がある．ここではその定数を式の次元を考慮するとともに後の計算の準備のため $-\omega^2$ とおいている．これにより，式 (A.15) から 2 つの常微分方程式を得る．

$$X'''' - a^4 X = 0 \quad \text{ただし} \quad a^4 = \frac{\rho A}{EI}\omega^2 \quad (A.16)$$

$$\ddot{T} + \omega^2 T = 0 \quad (A.17)$$

まず，式 (A.16) を解けば，固有関数 $X(x)$ の解が得られる．

$$X(x) = X_1 \cos ax + X_2 \sin ax + X_3 \cosh ax + X_4 \sinh ax$$

固有関数の中の a を定めるためには，はりの境界条件を用いる必要がある．ここで一例として，両端単純支持の場合すなわち境界条件として $y(t,0) = y(t,L) = 0$, $y''(t,0) = y''(t,L) = 0$ を考慮すれば，以下の連立方程式を得る．

$$\begin{bmatrix} 1 & 0 & 1 & 0 \\ -a^2 & 0 & a^2 & 0 \\ \cos aL & \sin aL & \cosh aL & \sinh aL \\ -a^2 \cos aL & -a^2 \sin aL & a^2 \cosh aL & a^2 \sinh aL \end{bmatrix} \begin{Bmatrix} X_1 \\ X_2 \\ X_3 \\ X_4 \end{Bmatrix} = \begin{Bmatrix} 0 \\ 0 \\ 0 \\ 0 \end{Bmatrix}$$

この式を整理すると，$X_1 = X_3 = 0$ および

$$\begin{bmatrix} \sin aL & \sinh aL \\ -a^2 \sin aL & a^2 \sinh aL \end{bmatrix} \begin{Bmatrix} X_2 \\ X_4 \end{Bmatrix} = \begin{Bmatrix} 0 \\ 0 \end{Bmatrix} \quad (A.18)$$

が得られるため，$X_2 = X_4 = 0$ 以外の有意な解が存在するためには，

$$\det \begin{bmatrix} \sin aL & \sinh aL \\ -a^2 \sin aL & a^2 \sinh aL \end{bmatrix} = 2a^2 \sin aL \sinh aL = 0$$

である必要がある．$a \neq 0$ に対して，$\sinh aL \neq 0$ であることを考慮すると，

$$\sin aL = 0 \quad \rightarrow \quad a = \frac{n\pi}{L} \quad (n = 0, \pm 1, \pm 2, \cdots)$$

を得るが，無意味な解を無視して，以下の解を得る．

$$a = \frac{n\pi}{L} \quad (n = 1, 2, \cdots)$$

また，同時に式 (A.18) より，$X_4 = 0$ である必要があることも分かる．

集中定数系の固有ベクトルの場合と同様に，X_2 の値を定めるには適当な正規化が必要となるが，簡単に $X_2 = 1$ とおけば，n 次モードの固有関数は以下の式となる．

$$X_n(x) = \sin \frac{n\pi}{L} x \quad (n = 1, 2, \cdots) \tag{A.19}$$

式 (A.19) からはりの横振動の場合にも無限に固有モードが存在することが分かる．また，固有関数の直交性は以下の式で表される．

$$\int_0^L X_i(x) X_j(x) dx = \begin{cases} 0 & (i \neq j) \\ \dfrac{L}{2} & (i = j) \end{cases}$$

また，式 (A.16) を考慮すれば以下の式が成立することも分かる．

$$\int_0^L X_i''''(x) X_j(x) dx = \begin{cases} 0 & (i \neq j) \\ \dfrac{a_i^4 L}{2} & (i = j) \end{cases}$$

次に，式 (A.17) を解けば，時間の関数 $T(t)$ の解が得られる．

$$T(t) = T_1 \cos \omega t + T_2 \sin \omega t$$

ここで T_1 と T_2 は初期条件から定められる定数であり，ω は固有角振動数を示している．ω と a の関係式より，n 次モードの固有角振動数は次のように計算できる．

$$\omega_n = \sqrt{\frac{EI}{\rho A}} a_n^2 = \left(\frac{n\pi}{L}\right)^2 \sqrt{\frac{EI}{\rho A}} \quad (n = 1, 2, \cdots)$$

連続体では固有角振動数も無限に存在する．したがって，式 (A.9) も無限に存在し，n 次モードに関して，

$$T_n(t) = T_{1n} \cos \omega_n t + T_{2n} \sin \omega_n t \tag{A.20}$$

と書き表す必要がある．

最終的な横振動の解は式 (A.19) および (A.20) を用いて次式で表される．

$$\theta(t, x) = \sum_{n=1}^{\infty} X_n(x) T_n(t)$$

はりの境界条件に依存して，固有関数の係数を求める式が複雑な式となることもあるが，どのような境界条件でも，同様な手順で固有関数および固有角振動数を計算することができる．

付録B

回転体の振動と釣り合わせ

　回転運動は限られた空間内で実現でき，運動自体にはエネルギーを消費しない理想的な運動形態であることから，回転機構は各種の動力変換・伝達，エネルギー変換および情報変換機械に広く用いられている．ここでは回転体の振動と釣り合わせについて簡単に紹介する．

B.1　回転機構
B.2　剛性ロータに作用する慣性力と釣り合わせ
B.3　弾性ロータの危険速度と釣り合わせ

B.1 回転機構

図 B.1 は**回転機構** (rotating mechanism) の基本構造を示している．回転機構は一般に**回転体** (rotating body) または**ロータ** (rotor) とよぶ回転部品，**ハウジング** (housing) や**ケーシング** (casing) 等とよぶロータを囲む固定枠，およびロータの回転運動を拘束することなくロータとハウジングの相対位置を決定する**軸受** (bearing) の 3 大要素からなる．実際の回転機構ではこれらの 3 大要素の他，用途や構造に応じてカップリングやモータを伴って全体を構成している．また，用途によっては図 B.1 のようにロータの両端を支持する両持ち構造ではなく，ロータの片端のみを支持する片持ち構造を採るものもあるが，大きなものでは発電所の大型タービンから小さいものでは携帯電話の振動モータまで回転機構の基本的な構造に変化はない．

回転機構のロータは一般に軸受によって規定された軸受中心線まわりに高精度に回転することが要求される．そのため，ロータの質量中心が軸受中心線に一致するようにロータを製作するが，材料の不均一・工作時の僅かな加工誤差などにより，ロータの質量は完全には軸受中心線のまわりに均一に分布しないためロータの回転中心と質量中心の間には距離（**偏重心**）が存在する．このため回転時には遠心力やモーメントが発生し，回転体は激しく振動する（**不釣り合い振動**）．このことは騒音の原因となるばかりでなく，機械の耐久性や信頼性に悪影響をおよぼす．とくに，回転体の角速度が軸の曲げ振動の固有角振動数にほぼ等しければ，遠心力の作用によって軸の振れまわり運動が非常に大きくなる．これを**危険速度** (critical velocity) という．

以下ではまず，回転軸の曲げ変形や軸受部の変形を無視できる剛性ロータに作用する遠心力とその釣り合わせ法について説明し，次に，回転軸の曲げ変形や軸受部の変形を無視できない弾性ロータの危険速度ならびに釣り合わせ法について説明する．

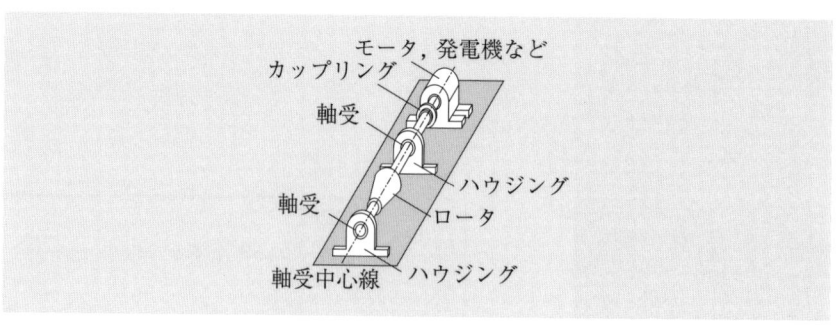

図 B.1 回転機構の基本構造

B.2 剛性ロータに作用する慣性力と釣り合わせ

まず，軸の曲げ剛性および軸受剛性を無限大と仮定したロータについて考えよう．これを**剛性ロータ** (rigid rotor) という．図 B.2 は剛性ロータの解析モデルである．図では軸受中心線すなわち回転中心線を z 軸に選び，ロータとともに回転する回転座標 O–xy をとり，座標 x, y, z 方向の単位ベクトルを $\boldsymbol{i}, \boldsymbol{j}, \boldsymbol{k}$ と定義している．

位置 z における微小要素 dz の断面積を $A_z \mathrm{(m^2)}$，ロータの密度を $\rho \mathrm{(kg/m^3)}$ としたとき，偏重心ベクトル $\boldsymbol{\varepsilon}_z \mathrm{(m)}$ は，

$$\boldsymbol{\varepsilon}_z = \left(\int_{A_z} x dm \boldsymbol{i} + \int_{A_z} y dm \boldsymbol{j}\right) / \left(\int_{A_z} dm\right)$$
$$= \left(\int_{A_z} x \rho dA dz \boldsymbol{i} + \int_{A_z} y \rho dA dz \boldsymbol{j}\right) / (A_z \rho dz)$$
$$= x_{\mathrm{G}z} \boldsymbol{i} + y_{\mathrm{G}y} \boldsymbol{j}$$

と計算できる．$x_{\mathrm{G}z}, y_{\mathrm{G}y}$ は位置 z の微小要素の質量中心位置座標である．これを用いて微小要素の**不釣り合いベクトル** $\boldsymbol{u}_z dz \mathrm{(kgm)}$ は

$$\boldsymbol{u}_z dz = A_z \rho \boldsymbol{\varepsilon}_z dz$$

と書ける．ロータの z 軸まわりの角速度 $\omega \mathrm{(rad/s)}$ を一定とすると，微小要素の不釣り合い $\boldsymbol{u}_z dz$ による慣性力の合力 $\boldsymbol{f}_R \mathrm{(N)}$ と原点 O に関する合モーメント $\boldsymbol{m}_R \mathrm{(Nm)}$ は，

$$\boldsymbol{f}_R = \omega^2 \int \boldsymbol{u}_z dz \tag{B.1}$$

$$\boldsymbol{m}_R = \omega^2 \boldsymbol{k} \times \int z \boldsymbol{u}_z dz \tag{B.2}$$

と計算できる．これらの力は慣性力であるが，ロータに外部から力やモーメントが作用しているのと等価であり，軸受からこれらの慣性力を打ち消す力がロータに与えら

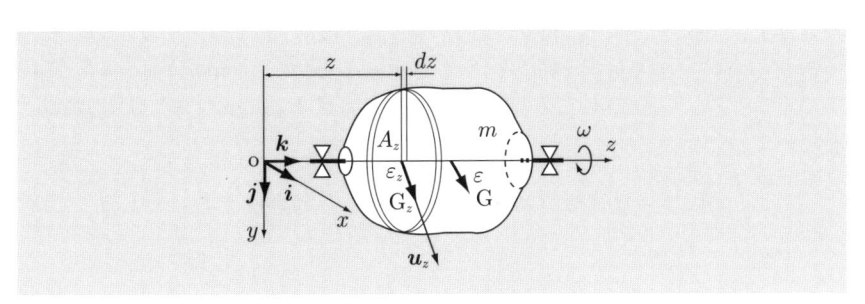

図 B.2　剛性ロータの解析モデル

れなければならない．今，軸の曲げ剛性および軸受剛性を無限大と考えているので，これらの力は問題ないように思えるが，これらの力は軸受を固定している基礎に作用し，周囲の機械に対して基礎励振の振動源となったり，繰り返し力による軸受部の疲労や破壊などの原因となる．したがって，ロータの目的に合わせて不釣り合いを低減する必要がある場合が存在する．

B.2.1 静釣り合い条件

式 (B.1) より，ロータ全体の質量 m (kg)，ロータ全体の偏重心ベクトルを ε (m) とすれば，ロータに作用する遠心力の大きさは

$$\boldsymbol{f}_R = \omega^2 \int \boldsymbol{u}_z dz = \omega^2 \int \boldsymbol{\varepsilon}_z A_z \rho dz = m\varepsilon\omega^2$$

と書くことができる．ここで，

$$\varepsilon = \frac{\int \boldsymbol{\varepsilon}_z A_z \rho dz}{m} = \frac{\int x dm \boldsymbol{i} + \int y dm \boldsymbol{j}}{m} = x_G \boldsymbol{i} + y_G \boldsymbol{j}$$

である．このとき，

$$\varepsilon = 0 \tag{B.3}$$

とすれば，ロータに作用する遠心力の合力は 0 となる．これは，ロータ全体の質量中心が回転中心軸上にあることを意味し，**静釣り合い条件**（**static balance**）という．

実際のロータにおいてこの静釣り合い条件の成立を調べるためにはロータを回転させる必要はなく，軸受中心線を水平とした摩擦の少ない軸受でロータの両端を支持してやり，回転停止位置が任意に選択できる場合には軸受の摩擦の効果の範囲内で静釣り合い条件が満たされていることが確認できる．

B.2.2 動釣り合い条件

ロータが静釣り合い条件を満たしている場合，ロータの回転時に軸受に作用する力の合力 $\boldsymbol{f}_R$ の大きさは 0 となるが，個々の軸受に作用する力を 0 とすることを保証するものではない．これは，一般に式 (B.2) に示す合モーメント $\boldsymbol{m}_R$ がロータに作用するためである．式 (B.2) の右辺の項の一部は慣性乗積 I_{zx} (kgm^2) および I_{zy} (kgm^2) を用いて

$$\int z\boldsymbol{u}_z dz = \int zA_z \rho \boldsymbol{\varepsilon}_z dz = \int zx dm \boldsymbol{i} + \int zy dm \boldsymbol{j} = I_{zx}\boldsymbol{i} + I_{zy}\boldsymbol{j}$$

と書き換えられるので，

$$I_{zx} = I_{zy} = 0 \tag{B.4}$$

B.2 剛性ロータに作用する慣性力と釣り合わせ

とすれば，ロータに作用する合モーメントは 0 となる．これは，ロータの慣性主軸の 1 つが回転中心軸に一致していることを意味し，**動釣り合い条件（dynamic balance）**という．

B.2.3 剛性ロータの釣り合わせ

位置 $z = z_A$ および $z = z_B$ にある剛性ロータを支持する軸受 A および B にロータから作用する力ベクトルを回転座標 O–xyz から見た $\boldsymbol{f}_{RA}$ および $\boldsymbol{f}_{RB}$ は，ロータの偏重心に起因する慣性力の合力 $\boldsymbol{f}_R$ と合モーメント $\boldsymbol{m}_R$ と，

$$\boldsymbol{f}_R = \boldsymbol{f}_{RA} + \boldsymbol{f}_{RB}, \quad \boldsymbol{m}_R = z_A \boldsymbol{f}_{RA} + z_B \boldsymbol{f}_{RB}$$

という関係式が成立しているから，軸受に作用する力 $\boldsymbol{f}_{RA}$ および $\boldsymbol{f}_{RB}$ を $\boldsymbol{0}$ にするためには，静釣り合い条件 (B.3) と動釣り合い条件 (B.4) の両方が成立していなければならない．静釣り合い条件ならびに動釣り合い条件が成立していないロータの一部に，質量を付加したり，質量を除去したりして，釣り合い条件を満たす作業を**釣り合わせ（バランシング (balancing)）**という．

釣り合わせを行うためには，図 B.3 のように，$z = z_{c1}$ および $z = z_{c2}$ の位置に 2 つの修正面を選択し，**修正不釣り合い** $\boldsymbol{u}_{c1}$ および $\boldsymbol{u}_{c2}$ を付加し，

$$\boldsymbol{f}_{Rc} = \omega^2 \left(\int \boldsymbol{u}_z dz + \boldsymbol{u}_{c1} + \boldsymbol{u}_{c2} \right) = \boldsymbol{f}_{RA} + \boldsymbol{f}_{RB} + \omega^2 (\boldsymbol{u}_{c1} + \boldsymbol{u}_{c2}) = \boldsymbol{0} \tag{B.5}$$

$$\begin{aligned}\boldsymbol{m}_{Rc} &= \omega^2 \boldsymbol{k} \times \left(\int z \boldsymbol{u}_z dz + z_{c1} \boldsymbol{u}_{c1} + z_{c2} \boldsymbol{u}_{c2} \right) \\ &= z_A \boldsymbol{f}_{RA} + z_B \boldsymbol{f}_{RB} + \omega^2 \boldsymbol{k} \times (z_{c1} \boldsymbol{u}_{c1} + z_{c2} \boldsymbol{u}_{c2}) = \boldsymbol{0}\end{aligned} \tag{B.6}$$

を満たせば，釣り合わせが行える．これを剛性ロータの **2 面釣り合わせ**という．軸受

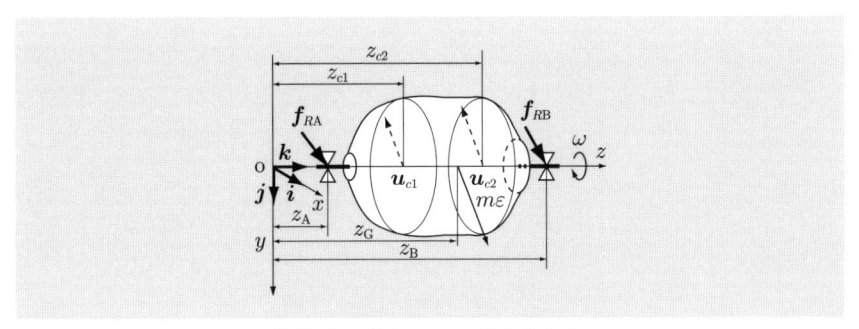

図 B.3　剛性ロータの釣り合わせ

作用力が直接計測できる装置を用いた場合には，式 (B.5) および (B.6) から直接修正不釣り合いを算出できる．また，軸受作用力が直接計測できない場合には，軸受を弾性支持し，定常回転中の軸受の変位応答から軸受作用力を推定する方法などがある．

さらに，剛性ロータの幅が軸受間距離と比較して非常に薄い場合には，ロータの偏重心に起因する原点 O まわりの合モーメントベクトル $\bm{m}_R$ は，合力ベクトル $\bm{f}_R$ とロータの質量中心 G の z 座標 z_G を用いて，

$$\bm{m}_R = \omega^2 \bm{k} \times z_G \bm{f}_R$$

と書くことができる．この場合には，この薄いロータに1つの修正面を選択し，

$$\bm{f}_{Rc} = \omega^2 \left(\int \bm{u}_z dz + \bm{u}_{c1} \right) = \bm{f}_{RA} + \bm{f}_{RB} + \omega^2 \bm{u}_{c1} = \bm{0}$$

を満たす修正不釣り合い $\bm{u}_{c1}$ を付加すれば合モーメントも $\bm{0}$ にできる．これを剛性ロータの 1 面釣り合わせという．

B.3 弾性ロータの危険速度と釣り合わせ

実際のロータは理想的な剛体でなく細長くなればなるほど曲げ変形しやすくなり，多自由度の曲げ振動系を形成する．また実際の軸受は理想的な拘束要素でなく，ばねおよび減衰からなる位置決め要素である．したがって弾性変形の無視できない軸と円板からなるロータを **弾性ロータ (flexible rotor)** といい，一般に複数のロータを有する弾性ロータ・軸受系は図 B.4 に示すようにばねと減衰で支持された，たわみやすいはりに，回転速度に同期した振れまわり励振力が軸方向に分布的に作用する曲げ振動系にモデル化される．

しかし図 B.4 のロータ・軸受系は解析法もその特性も複雑である．そこでまずはじ

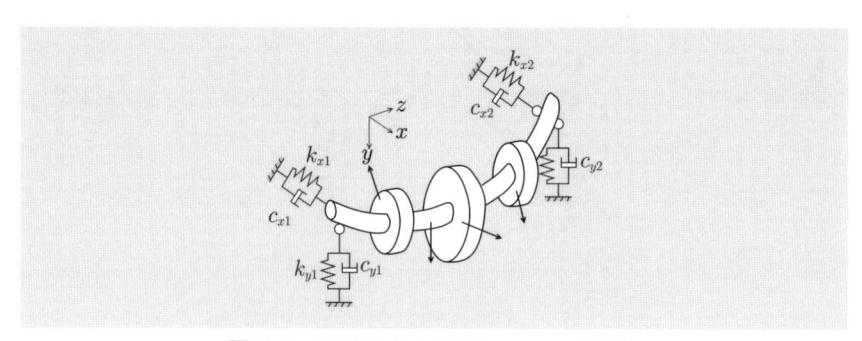

図 B.4 多円板を有する弾性ロータ・軸受系

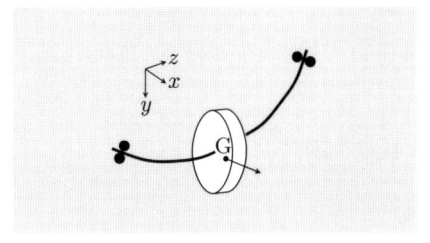

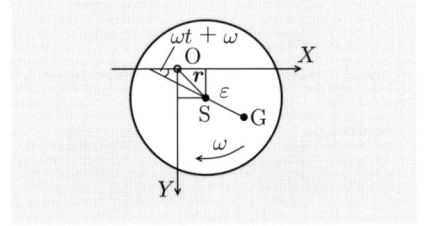

図 B.5 基本弾性ロータモデル　　　**図 B.6** 座標系

めに図 B.5 に示す一円板を有する弾性ロータ・軸受系のモデルを用いて，回転体に特有な振動問題のメカニズムを示す．

B.3.1 基本弾性ロータの危険速度の計算

基本弾性ロータの運動方程式　図 B.5 において，円板の質量は m (kg) とし弾性軸の質量は無視できるものとする．弾性軸の両端は単純支持とみなすことができる高剛性の軸受で支えられており，円板取り付け位置である弾性軸中央における軸のたわみによる等価剛性を k (N/m) とする．図 B.6 に示す様に軸受中心線とロータの交点を原点 O とする静止座標系 O–XY をとり，軸中心 S はロータが回転していないとき原点 O に一致し，ロータが回転しているときの座標を (x, y) とする．円板に作用する力は不釣り合いによる遠心力と，軸のたわみによる復元力であるから，円板の並進運動の運動方程式は次式となる．

$$m\ddot{x} + kx = m\varepsilon\omega^2 \cos(\omega t + \varphi), \quad m\ddot{y} + ky = m\varepsilon\omega^2 \sin(\omega t + \varphi) \quad (B.7)$$

軸受中心 O から軸中心 S までの位置ベクトルを $\boldsymbol{r} = x + iy$，偏重心ベクトルを $\boldsymbol{\varepsilon} = \varepsilon e^{i\varphi}$ として変形すると，式 (B.7) は

$$\ddot{\boldsymbol{r}} + \omega_n^2 \boldsymbol{r} = \boldsymbol{\varepsilon}\omega^2 e^{i\omega t} \quad (B.8)$$

となる．ここで，$\omega_n = \sqrt{k/m}$ (rad/s) は式 (B.7) において右辺を 0 とおいた場合，すなわち曲げ振動の固有角振動数である．

基本弾性ロータの自由振動　自由振動解を求めるために式 (B.8) の右辺を 0 とおくと，

$$\ddot{\boldsymbol{r}} + \omega_n^2 \boldsymbol{r} = 0$$

となり，解は

$$\boldsymbol{r} = \boldsymbol{r}_1 e^{i\omega_n t} + \boldsymbol{r}_2 e^{-i\omega_n t} \quad (B.9)$$

となる.式 (B.9) の第 1 項は半径 r_1 で回転速度 ω と同じ方向に回転角速度 ω_n で旋回する前回り旋回運動を表し,第 2 項は,半径 r_2 で回転速度 ω と逆の方向に回転角速度 ω_n で旋回する後回り旋回運動を表す.

基本弾性ロータの不釣り合い振動　式 (B.8) の特解は

$$\boldsymbol{r} = \boldsymbol{r}_\varepsilon e^{i\omega t}$$

と表すことができるから,これを式 (B.8) に代入すれば,

$$\boldsymbol{r}_\varepsilon = \frac{\varepsilon\left(\dfrac{\omega}{\omega_n}\right)^2}{1-\left(\dfrac{\omega}{\omega_n}\right)^2} = \frac{\varepsilon\Omega^2}{1-\Omega^2} \tag{B.10}$$

と書ける.ただし,$\Omega = \omega/\omega_n$ である.

図 B.7 に式 (B.10) より求めた回転中心の振幅と回転数の関係を絶対値で示す.$\Omega < 1$ の領域では回転数が高くなるにつれ振幅が大きくなり,$\Omega \to 1$ で $|\boldsymbol{r}_\varepsilon| \to \infty$ となる.この回転数を**危険速度**と呼ぶ.このとき,$\boldsymbol{r}_\varepsilon/\varepsilon$ は正である.また,$\Omega > 1$ では回転数が高くなるにつれ振幅は小さくなり,$\omega \to \infty$ で $|\boldsymbol{r}_\varepsilon| \to \varepsilon$ となる.このとき,$\boldsymbol{r}_\varepsilon/\varepsilon$ は負である.この $\boldsymbol{r}_\varepsilon/\varepsilon$ の符号は,図 B.8 に示すように,$\Omega < 1$ の場合には,軸受中心から見て軸中心の外側に質量中心があり,$\Omega > 1$ の場合には,軸受中心から見て軸中心の内側に質量中心が来ていることを意味している.

ここで基本弾性ロータの自由振動で示したように,ω_n は軸の曲げ振動の固有角振動数であるから,軸の回転の角速度が軸の曲げ振動の固有角振動数に一致すると,軸の振れ回り振幅は著しく大きくなることが分かる.

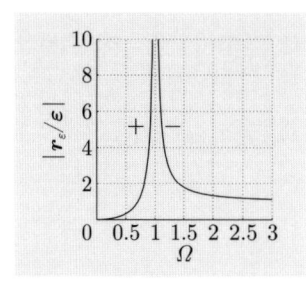

図 B.7　回転中心の振動振幅と回転数の関係

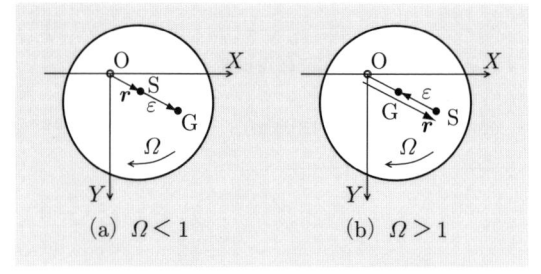

図 B.8　質量中心と回転中心の位置関係

B.3 弾性ロータの危険速度と釣り合わせ

B.3.2 一般の弾性ロータの危険速度の計算

複数ロータ回転体の曲げ振動の固有角振動数を第 3.5.4 項で示した，レイリー法を用いて計算することにより，一般の弾性ロータの危険速度を求めよう．

回転軸のみの場合 回転軸のみの場合の固有角振動数を ω_{n0} (rad/s) とし，回転軸に振動モード $Y(z)$ を初期変位として与えて離せば，

$$y = Y(z)\cos\omega_{n0}t$$

で自由振動する．このときの位置エネルギーの最大値を $V_{\max}$ とすると，

$$V_{\max} = \frac{1}{2}\int_0^L EI\left(\frac{d^2Y}{dz^2}\right)^2 dz \tag{B.11}$$

となる．ここで E (Pa) は軸のヤング率，I (m^4) は軸の断面 2 次モーメント，L (m) は軸受間距離である．

一方，$\frac{dy}{dt} = -\omega_{n0}Y(z)\sin\omega_{n0}t$ であり，$|\frac{dy}{dt}|_{\max} = \omega_{n0}Y(z)$ のときに運動エネルギーは最大となるから，

$$T_{\max} = \frac{\omega_{n0}^2}{2}\int_0^L \rho A Y^2 dz \tag{B.12}$$

となる．ここで ρ (kg/m^3) は軸の密度，A (m^2) は軸の断面積である．

曲げ振動モードを $Y(z) = A\sin(\pi z/L)$ と仮定し，式 (B.11) および (B.12) に代入し，$V_{\max} = T_{\max}$ と置いて ω_{n0} について解けば，

$$\omega_{n0}^2 = \left(\frac{\pi}{L}\right)^4 \frac{EI}{\rho A}$$

となる．よって回転軸のみの場合の危険速度 n_0 は次のように計算できる．

$$n_0 = \frac{1}{2\pi}\omega_{n0} = \frac{\pi}{2L^2}\sqrt{\frac{EI}{A\rho}} \quad \text{(rps)}$$

質量 m_i の円板を z_i の距離に取り付けた場合 このときの固有角振動数を ω_{ni} (rad/s) とおくと，位置エネルギーの最大値 $V_{\max}$ は，

$$V_{\max} = \frac{1}{2}\int_0^L EI\left(\frac{d^2Y}{dz^2}\right)^2 dz \tag{B.13}$$

である．一方，運動エネルギーの最大値 $T_{\max}$ は

$$T_{\max} = \frac{\omega_{ni}^2}{2}m_i Y(z_i)^2 \tag{B.14}$$

となる.

曲げ振動モードを回転軸のみの場合と同様に $Y(z) = A\sin(\pi z/L)$ と仮定し,式 (B.13) および (B.14) に代入し,$V_{\max} = T_{\max}$ と置いて ω_{ni} について解けば

$$\omega_{ni}{}^2 = \frac{1}{2}\left(\frac{\pi}{L}\right)^4 \frac{EIL}{m_i \sin^2 \frac{\pi}{L}z_i}$$

となる.よって危険速度 n_i は

$$n_i = \frac{1}{2\pi}\sqrt{\frac{1}{2}\left(\frac{\pi}{L}\right)^4 \frac{EIL}{m_i \sin^2 \frac{\pi}{L}z_i}} \quad \text{(rps)}$$

となる.

複数の円板を取り付けた場合 複数の円板を取り付けた場合の固有角振動数を ω_n とすると,

$$\frac{1}{\omega_n^2} = \frac{\frac{1}{2}\int_0^l \rho A Y^2 dz + \sum \frac{1}{2}m_i Y(z_i)^2}{\frac{1}{2}\int_0^l EI\left(\frac{d^2Y}{dz^2}\right)^2 dz} = \frac{1}{\omega_{n0}{}^2} + \sum \frac{1}{\omega_{ni}{}^2}$$

となる.よって危険速度 n は以下で求められる.

$$\frac{1}{n^2} = \frac{1}{n_0^2} + \sum \frac{1}{n_i^2} \tag{B.15}$$

なお,ここでは式 (B.15) を解析的に導いたが,古くはダンカレー (Dunkerley) による実験結果から導かれており,**ダンカレーの実験公式**と呼ばれている.

B.3.3 影響係数法による基本弾性ロータの釣り合わせ

図 B.5 に示した基本弾性ロータモデルにおいて,不釣り合い振動が発生せず,軸受に作用する力も 0 とするには,$m\varepsilon = 0$ とすればよい.ここでは基本弾性ロータの釣り合わせ法として,**影響係数法 (influence coefficient method)** を紹介する.

図 B.9 は不釣合いによる軸の振れ回り運動を示した図である.図 B.9 (a) で XY 座標原点近傍の小さい円は軸中心 S の軌跡を表しており,S–xy はロータに固定された座標軸である.図 B.9 (b) をロータを危険速度 $\omega_n/(2\pi)$ 以下の一定の回転数 $\omega/(2\pi)$ で回転させた時の軸中心 S の x 方向の変位 x_S (m) の時刻歴応答の一例としよう.x_S (m) の応答は周期的であり,その周期 T (s) は角速度 ω (rad/s) と $T = 2\pi/\omega$ の関係がある.また,x 軸が X 軸と平行になった時刻を $t = 0$ とし,変位 x_S が最大になる時刻を $t = t_d$ とすると,x 軸に対してロータの質量中心 G は

$$\theta = \frac{-2\pi t_d}{T} \tag{B.16}$$

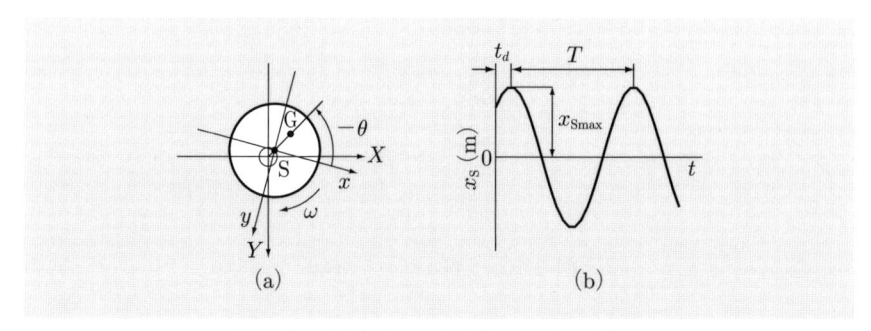

B.3 弾性ロータの危険速度と釣り合わせ

図 B.9 不釣り合いによる軸の振れ回り振動

の位置にあると考えられる．式 (B.16) の右辺の負号は，時刻 t_d が正であれば質量中心 G は x 軸に対して回転方向と反対方向にあり，θ は負になることを示している．このように軸中心の変位の時刻歴応答を見ると質量中心 G の方向は分かるが，偏重心量 $m\epsilon$ は未知である．軸に作用する力を直接測定できる場合には偏重心量は力の最大値 $F_{\max}$ および角速度 ω を用いて，

$$m\epsilon = \frac{F_{\max}}{\omega^2}$$

で計算できるが，通常，軸に作用する力は直接測定できない．そこで，ここでは影響係数法と呼ばれる手法を紹介する．

影響係数法では，まず，釣り合わせ前の状態で危険速度 $\omega_n/(2\pi)$ (Hz) よりも低い回転数 $\omega/(2\pi)$ (Hz) において軸の振れ回り運動を測定し，図 B.9 (b) のような軸中心変位の時刻歴応答から，式 (B.16) で求められる位相角 θ_0 (rad) と軸中心振れ回り振幅 $x_{S\max 0}$ (m) を読み取り，これらを図 B.10 に示すように S–xy 平面上のベクトル $\boldsymbol{x}_0$ として表す．

次に既知の質量 m_1 (kg) の試し錘を角度 ϕ_1 (rad)，半径 r_1 (m) の位置に取り付け，同様に回転数 $\omega/(2\pi)$ (Hz) で軸の振れ回り運動を測定する．このときの軸中心変位の時刻歴応答から，1 度目の測定と同様に位相角 θ_1 (rad) と振れ回り振幅 $x_{S\max 1}$ (m) を読み取り，これらをベクトル $\boldsymbol{x}_1$ として表す．このベクトル $\boldsymbol{x}_1$ と元のベクトル $\boldsymbol{x}_0$ の差のベクトル

$$\boldsymbol{E}_1 = \boldsymbol{x}_1 - \boldsymbol{x}_0$$

は角度 ϕ_1 (rad) における試し錘による不釣合い $m_1 r_1$ (kgm) の効果を示す**影響ベクトル**である．

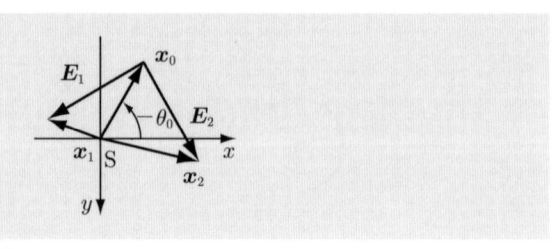

図 B.10 影響ベクトルの導出

さらに，前回の測定で用いた試し錘 m_1 (kg) を外し，元の状態に既知の質量 m_2 (kg) の試し錘を角度 $\phi_2 (\neq \phi_1, \phi_1+\pi)$ (rad)，半径 r_2 (m) の位置に取り付け，同様に回転数 $\omega/(2\pi)$ (Hz) で軸の振れ回り運動を測定する．測定した軸中心変位の時刻歴応答から，同様に位相角 θ_2 (rad) と振れ回り振幅 $x_{S\max 2}$ (m) を読み取り，これらをベクトル $\boldsymbol{x}_2$ として表し，角度 ϕ_2 (rad) における試し錘による不釣り合い $m_2 r_2$ (kgm) の効果を示す影響ベクトル

$$\boldsymbol{E}_2 = \boldsymbol{x}_2 - \boldsymbol{x}_0$$

を求める．図 B.10 にベクトル $\boldsymbol{x}_1$, $\boldsymbol{x}_2$ と影響ベクトル $\boldsymbol{E}_1$, $\boldsymbol{E}_2$ の一例を図示している．

次に，元のベクトル $\boldsymbol{x}_0$ と 2 つの影響ベクトル $\boldsymbol{E}_1$, $\boldsymbol{E}_2$ の xy 成分からなる代数ベクトルを，例えば $\{\boldsymbol{x}_0\} = [x_{S\max 0}\cos\theta_0 \quad x_{S\max 0}\sin\theta_0]^T$ などと表して定数 A_1 および A_2 を

$$\begin{bmatrix} A_1 \\ A_2 \end{bmatrix} = -\begin{bmatrix} \{\boldsymbol{E}_1\} & \{\boldsymbol{E}_2\} \end{bmatrix}^{-1} \{\boldsymbol{x}_0\} \tag{B.17}$$

と計算すれば，定数 A_1 および A_2 は

$$\boldsymbol{x}_0 + A_1 \boldsymbol{E}_1 + A_2 \boldsymbol{E}_2 = 0$$

を満たすため，修正不釣り合いを ϕ_1 および ϕ_2 の角度に $A_1 m_1 r_1$ および $A_2 m_2 r_2$ だけ付ければ元の不釣り合いによる振れ回り振動をなくせる．

ただし式 (B.17) の解が負になる場合には，(1) 負になった係数 A_i に対応する角度 ϕ_i (rad) に π (rad) を加えた角度を新たに修正錘取り付け角度 ϕ_i (rad) として，係数 A_i の絶対値を新たな係数 A_i とする，または (2) 角度 ϕ_i (rad) の位置で $|A_i| m_i r_i$ (kgm) の修正不釣り合いを除去する（回転体を削る），のどちらかで釣り合わせを行う．

また，ϕ_1 (rad) と ϕ_2 (rad) の選択に当たっては，なるべくその間の角 $|\phi_1 - \phi_2|$ (rad) が $\pi/2$ (rad) に近い方がよい．これはその間の角が $\pi/2$ (rad) であれば 2 つの影響ベクトルが互いに独立となり，小さな修正錘で釣り合わせを可能にするからである．

基本弾性ロータにおける振れ回り振動が不釣り合いに対して線形で外乱や観測ノイズもなく軸の初期変形もない理想的な系である場合には，2 つの影響ベクトルの間の角は $|\phi_1 - \phi_2|$ となり，影響ベクトルの大きさは試し不釣り合い $m_i r_i$ (kgm) に比例する．そして 1 度の修正錘の付加によって完全に振れ回り振幅を 0 にできる．しかし，実際の系の振れ回り振動は必ずしも線形ではなく軸の初期曲がりなども存在するため，影響ベクトル間の角は $|\phi_1 - \phi_2|$ に一致せず，影響ベクトルの大きさも試し不釣り合い $m_i r_i$ (kgm) に比例しない．したがって 1 度の釣り合わせでは振れ回り振幅を完全に 0 にできないが，釣り合わせの作業を何度か繰り返すことによって振れ回り振動を小さくすることが可能である．

B.3.4 一般弾性ロータのモード釣り合わせ

前項では，基本弾性ロータの釣り合わせ法について示したが，多円板を有する一般の弾性ロータの場合は多自由度振動系と考えるのが妥当であり，釣り合わせに関しても着目する次数の危険速度に関して釣り合わせを行う必要がある．これを**モード釣り合わせ (mode balancing)** という．ここではまず，図 B.4 に示す多円板を有する弾性ロータに関して，両端単純支持と見なすことができる高剛性軸受で支えられている場合の不釣り合い振動を明らかにする．

位置 z (m) における単位長さ当たりの質量 m_z (kg/m) の軸中心線の並進運動 $\boldsymbol{r}$ に関する運動方程式は次式で表される．

$$m_z \frac{\partial^2 \boldsymbol{r}}{\partial t^2} + EI \frac{\partial^4 \boldsymbol{r}}{\partial z^4} = m_z \boldsymbol{\varepsilon} \omega^2 e^{i\omega t} \tag{B.18}$$

となる．式 (B.18) の同次解を $\boldsymbol{r} = \boldsymbol{\psi}(z) e^{i\omega t}$ と仮定すると，固有角振動数 ω_k と対応する固有モード $\boldsymbol{\psi}_k(z)$ は

$$m_z \omega_k^2 \boldsymbol{\psi}_k + (EI \boldsymbol{\psi}_k'')'' = 0$$

を満たす．ここで，記号 ′ は座標 z に関する微分を表している．

強制振動の変位分布は固有モード $\boldsymbol{\psi}_k(z)$ の 1 次結合で完全に表すことができるから

$$\boldsymbol{r} = \sum_{k=0}^{\infty} \boldsymbol{a}_k \boldsymbol{\psi}_k e^{i\omega t} \tag{B.19}$$

とおいて式 (B.18) に代入し，dx を乗じて微小要素の力の釣り合いの式に変え，さらに $\boldsymbol{\psi}_j$ を乗じて 0 から L まで積分し，物理座標系の運動方程式を j 次モード成分の

運動方程式に変換すると固有モードの直交性より次式を得る．

$$-\omega^2 \overline{m}_j \boldsymbol{a}_j e^{i\omega t} + \overline{k}_j \boldsymbol{a}_j e^{i\omega t} = \omega^2 \int_0^l m\boldsymbol{\varepsilon}\boldsymbol{\psi}_j dz\, e^{i\omega t} \tag{B.20}$$

ここで，

$$\begin{aligned}\overline{m}_j &= \int_0^L m\boldsymbol{\psi}_j{}^2 dz \quad (j\text{次モードのモード質量}) \\ \overline{k}_j &= \int_0^L EI\boldsymbol{\psi}_j{}''^2 dz \quad (j\text{次モードのモード剛性})\end{aligned} \tag{B.21}$$

である．式 (B.20) および (B.21) より次式を得る．

$$\boldsymbol{a}_j = \frac{\omega^2}{\omega_j{}^2 - \omega^2} \frac{\int_0^l m\boldsymbol{\varepsilon}\boldsymbol{\psi}_j dz}{\overline{m}_j} = \frac{\omega^2}{\omega_j{}^2 - \omega^2} \frac{\boldsymbol{u}_j}{\overline{m}_j} = \frac{\omega^2 \boldsymbol{\varepsilon}_j}{\omega_j{}^2 - \omega^2}$$

ただし，$\omega_j{}^2 = \overline{k}_j/\overline{m}_j$ である．

$\boldsymbol{a}_j$ は j 次モードの曲げ振動の振動ベクトルで，式 (B.10) と比較して，

$$\boldsymbol{u}_j = \int_0^L m\boldsymbol{\varepsilon}\boldsymbol{\psi}_j dz \quad (j\text{次モードのモード不釣り合い})$$

$$\boldsymbol{\varepsilon}_j = \frac{\int_0^L m\boldsymbol{\varepsilon}\boldsymbol{\psi}_j dz}{\overline{m}_j} \quad (j\text{次モードのモード質量偏心})$$

と考えれば，多自由度系の不釣り合い振動解 (B.19) は 1 自由度系の不釣り合い振動の重ね合わせにすぎないことが分かる．

回転角速度 ω が j 次の固有角振動数 ω_j に近づくと，j 次のモード不釣り合いがあれば，式 (B.19) において $\boldsymbol{a}_j$ の項のみが卓越して大きくなり，$\boldsymbol{r} \approx \boldsymbol{a}_j \boldsymbol{\psi}_j e^{i\omega t}$ となる．そこで，このモード不釣り合い $\boldsymbol{u}_j$ を除去することにより，ロータの j 次の振動を低減することができる．

参考文献

[1] メカトロニクス時代の機械力学,小野京右,培風館,1999.
[2] 新・工業力学—例解から応用への展開,大熊政明,数理工学社,2005.
[3] 原子力安全委員会 原子炉安全専門審査会,動力炉・核燃料開発事業団高速増殖原型炉もんじゅ2次系ナトリウム漏えい事故に関する調査審議の状況について,1996.
[4] 科学技術振興機構 失敗知識データベース,http://shippai.jst.go.jp

索　引

あ　行

アクティブサスペンション　2, 136
1自由度振動系　6
1自由度振動系モデル　6
1面釣り合わせ　264
一端固定軸　51
一端固定段付き軸　52
一般化固有値問題　222
一般化座標　202
一般化力　202
イナータンス周波数応答関数　144
インシュレータ　2
インパクトハンマ　185
うなり　118
運動の法則　11, 12
運動方程式　9, 11
影響係数法　268
影響ベクトル　270
エネルギー法　67
オイラー—ベルヌーイはり　256

か　行

解析モデル　6
回転機構　260
回転体　260
回転体の釣り合わせ　2, 10
過減衰　87

過減衰系　87
仮想仕事の原理　19
仮想変位　19
片持ちはり　43, 56
過渡振動　10
慣性の法則　12
慣性力　19
乾性摩擦　99
危険速度　260, 266
基礎励振系　131
共振　119
強制振動　10
クーロン摩擦　98
クロススペクトル　185
傾斜ばね　36
ゲイン　148
ケーシング　260
減衰1自由度振動系　9, 84
減衰器　8
減衰固有角振動数　92
減衰比　84
コイルばね　36, 50
剛性ロータ　261
剛体モード　227
コクアド線図　151
コヒーレンス関数　186
固有角振動数　29

索　引　　**275**

固有関数　253
固有周期　30
固有振動数　30
固有振動モード　5
固有値　221
固有ベクトル　221
コンプライアンス周波数応答関数　144

さ 行

サーボ機構　156
サーボ系　156
最適同調　244
最適同調条件　244
最良調整　246
作用・反作用の法則　12
軸受　260
自己周波数応答関数　233
質点　7
質量　6
自由振動　9
修正不釣り合い　263
自由度　5, 10
周波数応答関数　144, 148
周波数スペクトル　165
周波数成分　163
除振台　2, 154
振動型ジャイロスコープ　3
振動自由度　6
振動制御技術　2
振動伝達率　134
振動モータ　3
振動モード　227
振動モード形　69

水晶発振器　3
スウィープ　185
スカイフックダンパ　136
スペクトル密度　169
静剛性　160
静釣り合い条件　262
静的不安定　61
静的平衡状態　5
静的平衡点　13
絶対変位　131
相互周波数応答関数　233
相対変位　131

た 行

対数減衰率　101
多自由度振動系　10
多自由度振動系モデル　10
たたみ込み積分　183
ダッシュポット　6
ダランベール　11
単位インパルス応答関数　179
単位インパルス関数　174
単位ステップ関数　174
ダンカレーの実験公式　268
弾性ロータ　264
ダンパ　8
単振り子　15
断面2次極モーメント　51
断面2次モーメント　43
力励振系　114
超音波モータ　3
調和関数　114
調和励振応答　114

索　引

直動ばね　36
直列ばね　38
直交性　222
追従誤差　131
釣り合わせ　263
定常振動　10
定点　242
てこばね　39, 54
デシベル　148
伝達関数　178
ドアクローザ　8
等価減衰　9, 108
等価剛性　9
等価質量　9, 62
動吸振器　2, 241
動剛性　160
動釣り合い条件　263
動的振幅倍率　123
動的不安定　97
動特性　6
動力学的パラメータ　98
倒立振り子　59

な　行

ナイキスト線図　152
2自由振動系　219
2枚平行板ばね　47
2面釣り合わせ　263
ニュートン　11
ねじりばね　50
粘性減衰系　98
粘性減衰係数　7, 98

は　行

ハウジング　260
ばね　6
ばね剛性係数　7
パラメータ同定　98
バランシング　263
パワースペクトル　185
反共振　233
反共振角振動数　233
左固有ベクトル　240
比例粘性減衰　235
不安定　61
フーリエ逆変換　170
フーリエ級数　164
フーリエ変換　170
不可観測　232
不可制御　231
複素振幅　141
複素フーリエ級数　166
複素変位　141
複素励振力　141
不減衰1自由度振動系　9, 26
不減衰系　95
負減衰系　95
不減衰固有角振動数　93
負減衰状態　95
不足減衰　94
不足減衰系　94
フックの法則　7
不釣り合い　261
不釣り合い振動　260
振り子時計　2
分配ばね　41

並列ばね　37
変位　5, 13
変位励振系　131
偏重心　260
ホイールバランシング　2
防振鋼板　2
ボード線図　148

臨界減衰系　89
臨界減衰係数　89
レイリー減衰　235
レイリー法　33, 69
連続体　5, 10
ロータ　260
ロピタルの定理　119

ま 行

右固有ベクトル　240
免振装置　2
モード解析　221
モード形　69
モード減衰比　236
モード剛性　223
モード質量　223
モード釣り合わせ　271
モード分離　228
モード変位ベクトル　228
モデリング　6
モデル化　6
モビリティ周波数応答関数　144

ら 行

ラグランジュ関数　203
ラグランジュの運動方程式　202
らせんばね　50
ラプラス変換　172
力学モデル　6, 11
両端固定段付き軸　53
両端固定はり　46
両端単純支持はり　45, 56
臨界減衰　89

欧文

analytical model　6
anti-resonance　233
anti-resonance angular frequency　233
autoresponse function　233
balancing　263
base excitation system　131
bearing　260
beat　118
Bode plot　148
casing　260
coefficient of stiffness　7
coefficient of viscous damping　7
coherence function　186
complex amplitude　141
complex displacement　141
complex exciting force　141
complex Fourier series　166
continuum　5
convolution integral　183
co-quad plot　151
critical damping　89
critical damping coefficient　89
critical damping system　89

278　　　索　引

critical velocity　260
cross spectrum　185
cross-response function　233
damped natural angular frequency　92
damped one-degree-of-freedom system　84
damper　8
dashpot　6
dB　148
de l'Hospitall's rule　119
Degree-of-freedom　5
displacement excitation system　131
dynamic absorber　241
dynamic amplitude ratio　123
dynamic balance　263
dynamic characteristics　6
dynamic stiffness　160
dynamical model　6
dynamics parameters　98
eigen function　253
eigen value　221
eigen vector　221
equation of motion　9
equivalent damping　9
equivalent mass　9
equivalent stiffness　9
FFT (Fast Fourie Transformation)　186
fixed point　242
flexible rotor　264
forced vibration　10

forced vibration system　114
Fourier series　164
Fourier transformation　170
free vibration　9
frequency component　163
frequency spectrum　165
frequency response function　144
Gain　148
generalized coordinate　202
generalized eigen value problom　222
generalized force　202
harmonic excitation response　114
housing　260
impact hammer　185
influence coefficient method　268
inverse Fourier transformation　170
Lagrange equation of motion　202
Lagrange function　203
Laplace transformation　172
mass　6
modal analysis　221
modal damping ratio　236
modal decomposition　228
modal displacement vector　228
modal mass　223
modal stiffness　223
mode balancing　271
modeling　6
multi-degree-of-freedom system model　10
natural angular frequency　29
natural frequency　30

natural period 30
natural vibration mode 5
Nyquist plot 152
one degree-of-freedom system model 6
optimal adjustment 246
optimal tuning 244
optimal tuning condition 244
orthogonality 222
overdamped system 87
overdamping 87
parameter identification 98
power spectrum 185
proportional viscous damping 235
Rayleigh damping 235
Rayleigh method 69
resonance 119
rigid mode 227
rigid rotor 261
rotating body 260
rotating mechanism 260
rotor 260
servo mechanism 156

servo system 156
simple pendulum 15
spectrum density 169
spring 6
static balance 262
static stiffness 160
steady vibration 10
sweep 185
transfer function 178
transient vibration 10
two degrees-of-freedom vibration system 219
undamped natural angular frequency 93
undamped one-degree-of-freedom system 26
unit impulse function 174
unit impulse response function 179
unit step function 174
vibration isolator 154
vibration mode 227
vibration transfer ratio 134

著者略歴

山浦 弘（やまうら ひろし）
1988年　東京工業大学大学院理工学研究科修了
1988年　東京工業大学工学部助手
1994年　東京工業大学工学部助教授
2001年　東京工業大学大学院理工学研究科准教授
現　在　東京工業大学大学院理工学研究科教授
　　　　博士（工学）

機械工学＝EKK-1
基礎から学ぶ 機械力学

2008年12月10日 ©　　　　初 版 発 行
2023年 9 月25日　　　　　初版第5刷発行

著者　山浦　弘　　　　発行者　矢沢和俊
　　　　　　　　　　　印刷者　山岡影光
　　　　　　　　　　　製本者　小西惠介

【発行】　　　株式会社　数理工学社
〒151-0051　東京都渋谷区千駄ヶ谷1丁目3番25号
編集 ☎ (03) 5474-8661（代）　　サイエンスビル

【発売】　　　株式会社　サイエンス社
〒151-0051　東京都渋谷区千駄ヶ谷1丁目3番25号
営業 ☎ (03) 5474-8500（代）　　振替 00170-7-2387
FAX ☎ (03) 5474-8900

印刷　三美印刷　　　　製本　ブックアート
《検印省略》

本書の内容を無断で複写複製することは，著作者および
出版者の権利を侵害することがありますので，その場合
にはあらかじめ小社あて許諾をお求め下さい．

ISBN978-4-901683-61-6
PRINTED IN JAPAN

サイエンス社・数理工学社の
ホームページのご案内
http://www.saiensu.co.jp
ご意見・ご要望は
suuri@saiensu.co.jp まで．